"十四五"职业教育国家规划教材

"十三五"江苏省高等学校重点教材
（编号：2016-1-067）

微生物应用技术

第三版

万洪善　主　编

许同桃　范思思　副主编

U0254057

化学工业出版社
·北京·

内容简介

本书是"十四五"职业教育国家规划教材、"十三五"职业教育国家规划教材、江苏省"十四五"首批职业教育规划教材、江苏省优秀培育教材、江苏省高等学校重点教材。遵循高素质技术技能人才成长规律,校企深度融合,采用项目化编写,工学结合、知行合一、德技并修。

全书以党的二十大精神为指引,强化基础能力建设,推进科技创新,立足服务国家战略、对接产业需求,满足行业对高素质、复合型技术技能人才的需求。具体内容包括四大模块:认识微生物、微生物基础知识、微生物技能操作、拓展项目;十四个项目:原核微生物、真核微生物、病毒、微生物的营养及生长测定技术、微生物的分布与控制技术、药品生产过程中微生物控制技术、微生物菌种保藏技术、免疫学技术、环境微生物检测技术、药物微生物限度检查、药物的体外抗菌性检测、食品卫生微生物检查、发酵型乳酸饮料的制作和微生物技术助力碳中和。为了提高学生职业道德素养、拓宽知识面,开阔视野,培养新时代人才,本书还设计了生动有趣的思政元素、知识链接、视野拓展等内容。

本书配有电子课件,可从www.cipedu.com.cn下载参考;配有丰富的数字化资源,可扫码二维码观看学习。

本书可作为高职高专院校药品生物技术、药品生产技术、化学制药技术、药品质量与安全、环境监测技术等专业师生的教材,也可作为相关企业技术人员的岗位培训教材和工具书。

图书在版编目(CIP)数据

微生物应用技术/万洪善主编. —3版. —北京:
化学工业出版社,2022.1(2025.1重印)
ISBN 978-7-122-40700-9

Ⅰ. ①微… Ⅱ. ①万… Ⅲ. ①微生物学-高等职业教育-教材 Ⅳ. ①Q93

中国版本图书馆CIP数据核字(2022)第022853号

责任编辑:窦　臻　李　瑾
责任校对:边　涛　　　　　　　　　　装帧设计:王晓宇

出版发行:化学工业出版社(北京市东城区青年湖南街13号　邮政编码100011)
印　　装:河北鑫兆源印刷有限公司
787mm×1092mm　1/16　印张17　字数421千字　2025年1月北京第3版第7次印刷

购书咨询:010-64518888　　　　　　　　售后服务:010-64518899
网　　址:http://www.cip.com.cn

凡购买本书,如有缺损质量问题,本社销售中心负责调换。

定　　价:49.00元

编写人员名单

主　　编：万洪善

副主编：许同桃　范思思

编　　者（以姓氏笔画为序）

　　　　万洪善（连云港职业技术学院）

　　　　王　冲（连云港职业技术学院）

　　　　许　榕（江苏绿源工程设计研究有限公司）

　　　　许同桃（连云港职业技术学院）

　　　　范思思（连云港职业技术学院）

　　　　封宽裕（江苏科伦多食品配料有限公司）

　　　　袁　芹（连云港职业技术学院）

前言

《微生物应用技术》自2013年出版以来，已被全国多所院校作为教材使用，深受广大同行和读者的欢迎。2018年出版第二版，同年被评为江苏省高等学校重点教材；2020年被教育部列为"十三五"职业教育国家规划教材；2021年被评为江苏省优秀培育教材；2022年被评为江苏省"十四五"首批职业教育规划教材；2023年本书第三版被教育部列为"十四五"职业教育国家规划教材。

《微生物应用技术》第三版（2023年重印版）以党的二十大精神为指引，充分发挥教材铸魂育人作用，体现了教材建设是育人育才的重要依托，凸显了教材的时代性、思想性、职业性和适用性，在第二版教材基础上进行了以下几方面修改和补充：

1．本书在讲授专业知识的同时，有机融入"家国情怀、科教兴国、健康中国、法治中国建设"等课程思政元素，培养学生爱国精神、提高学生道德素养。此次修订在原有基础上，为每模块增加了典型的思政事例及启示，如模块一部分介绍了"糖丸爷爷"顾方舟的事例，原核微生物部分介绍了"衣原体之父"汤飞凡的事例，真核微生物部分介绍了"中国真菌学的创始人"戴芳澜的事例，病毒部分介绍了"共和国勋章"获得者钟南山对新冠疫情防控的贡献，微生物技能操作部分介绍了张树政、童村的事例，微生物菌种保藏技术部分介绍了方心芳的事例，免疫基础知识部分介绍了"中国生物化学的奠基人之一"王应睐的事例，通过这些事例弘扬爱国情怀，树立民族自信，厚植社会主义核心价值观；将党的二十大报告中体现的新思想、新理念、科学方法论与专业知识、技能有机融合，帮助学生在学习专业技能的同时，提高道德素养，树立正确的世界观和价值观。

2．模块三新增了微生物检测新技术、新方法，如分子生物学技术、生理生化鉴定系统、快速自动化检测仪器与设备等内容，校企深度融合，有利于学生掌握先进、快速、有效的微生物检测技术与方法，有机融入了党的二十大报告中强调的"必须牢固树立和践行绿水青山就是金山银山的理念，站在人与自然和谐共生的高度谋划发展"精神。

3．适应国家战略需求，开辟发展新领域、新赛道，不断塑造发展新动能、新优势，本版教材紧密对接国家发展重大战略需求，不断更新升级。模块四新增了微生物技术助力碳中和，紧密对接产业升级和技术变革趋势，介绍了生物制造技术、合成生物学技术等内容，引导学生树立创新、协调、绿色、开放、共享的新发展理念，服务产业基础高级化、产业链现代化发展目标，拓宽了读者的知识面，更好服务于高水平科技自立自强、拔尖创新人才培养，将党的二十大报告中提出的"积极稳妥推进碳达峰碳中和"精神有机融入。

4．电子资源新增了培养皿包扎、污水处理等视频资源，进一步丰富了教材的数字化资源，体现了党的二十大报告中提出的"加强教材建设和管理""推进教育数字化，建设全民终身学习的学习型社会、学习型大国"。

5．再版编写过程中，传染性新型冠状肺炎病毒正在世界许多国家蔓延，本版教材对新冠病毒的变异株及核酸检测方法做了简要介绍，并介绍了我国科学家在新冠肺炎病毒研究中取得的进展，充分体现了党的二十大精神中"牢牢把握过去5年工作和新时代10年伟大变革的重大意义"。

6．对原书中不完善之处进行了勘误，勘误后的内容更能准确反映教材内容。

第三版主要由万洪善、许同桃、范思思、王冲和袁芹担任修订编写工作，同时邀请了来自行业企业的专家封宽裕、江苏省产业教授许榕参与编写。模块一、二和模块三项目一、二、四、五及模块四项目一、四由万洪善编写，模块四项目五由范思思、许榕编写，思政元素由万洪善、王冲、许同桃共同编写，模块三项目六由王冲编写，模块三项目三、模块四项目二和三由袁芹、封宽裕编写。全书由万洪善统稿，张浩审核。编写过程中得到化学工业出版社、连云港职业技术学院、连云港高等师范专科学校、连云港中医药高等职业技术学校、江苏绿源工程设计研究有限公司的全力支持；连云港恒瑞医药股份有限公司、江苏正大天晴药业股份有限公司给予了相关技术上的支持；家人给予了精神上的支持，并为全书的核对工作付出了辛勤劳动，在此表示衷心的感谢。

限于作者的知识水平和能力，书中疏漏之处敬请读者批评指正。

万洪善

  《微生物应用技术》是高职高专教材,适用的主要专业为药物制剂技术、生物制药技术、食品/药品质量检测技术等与药学相关的制药技术类专业。本书针对高等职业教育和高职高专学生的特点,面向制药企业生产和管理第一线,按照药品行业技术领域的相关职业岗位(药品检验、药品生产加工、药品工业发酵等)的任职要求,以强化技能训练和素质教育这一理念编写的。

  本书以国内现有的微生物应用技术相关教材及讲义为基础,根据教学需要,结合编者长期的教学实践经验,本着"理实一体化,突出技能操作"的原则,采用项目化编写,在每一项目中,注重突出岗位要求的核心知识与技能,边讲边练,工学结合,校企合作,同时兼顾学生的可持续发展。

  本书共分四大模块、十个项目,分别介绍了认识微生物、微生物基本知识、微生物技能操作(微生物的分布与控制技术,微生物的接种、分离与培养技术,微生物菌种保藏技术以及免疫学技术)的内容;为了培养学生综合训练能力和创新能力,在拓展项目中,安排了药物微生物限度检查、食品卫生微生物检查检验和发酵型乳酸饮料制造等内容。为了增强教材内容的可读性、趣味性,突出培养学生合作能力和创新能力,教材中设立了"知识目标""能力目标""知识链接""视野拓展""案例分析""课堂互动""知识小结""目标检测"等内容,供学习者提高学习效果;根据实际需要安排了相应的实操内容,每个实操任务有任务描述和任务执行过程(接受指令、查阅依据、制订计划、实施操作和结果报告),其间按需插入"训练""注意事项"和"思考讨论",避免了实操过程的失误;项目小结采用树状结构,一目了然;项目后安排了目标检测内容,便于学生自学。各学校可根据专业培养目标、专业知识结构需要、职业技能要求及学校教学实验条件选取教学内容。为方便选用本教材的学校开展教学,本书配有教学大纲和ppt电子课件,请发邮件至cipedu@163.com免费索取。

  全书由万洪善主编并统稿,袁芹参与编写工作。编写过程中得到连云港职业技术学院、连云港高等师范专科学校、连云港中医药高等职业技术学校的全力支持。另外在编写过程中,连云港恒瑞医药股份有限公司、江苏正大天晴药业股份有限公司给予了相关技术上的支持,在此表示衷心感谢。

  由于微生物技术涉及面广,各个区域行业、企业有各自特点,加之编者的水平和能力有限,书中不当之处敬请读者批评指正。

万洪善
2012年12月

第二版前言

2013年为了配合"化学制药技术"国家重点建设专业的建设，我们出版了《微生物应用技术》教材。该教材在以往的教学中发挥了较好的作用。

本教材适用的主要专业为药品生产技术、药品生物技术、食品/药品质量检测技术等与药学相关的制药技术类专业。本书针对高职高专教育和高职高专学生的特点，面向制药企业生产和管理第一线，按照药品行业技术领域相关职业岗位（药品检验、药品生产加工、药品工业发酵等）的任职要求，以强化技能训练和素质教育这一理念编写的。

本书以国内现有的微生物应用技术相关教材及讲义为基础，根据教学需要，结合编者长期的教学实践经验，本着"理实一体化，突出技能操作"的原则，采用项目化编写，在每一项目中，注重突出岗位要求的核心知识与技能，边讲边练，工学结合，校企合作，同时兼顾学生的可持续发展。

本教材为"十三五"江苏省高等学校重点教材（编号：2016-1-067）、江苏省高等职业教育高水平骨干专业建设项目（编号：GGZY2017-97）。

本次重新修订的教材在原有教材基础上增加了药品生产最新版GMP中的微生物控制、污染防控知识，以及《中华人民共和国药典》最新版要求的主要微生物检验等内容。学习内容即工作所需，并且增加了目标检测的答案；为顺应"互联网＋"时代的发展趋势，深化高等教育教学改革，推动信息技术与教育教学深度融合，教材修订以纸质教材为核心，以互联网为载体，以信息技术为手段，将数字资源与纸质教材充分交融，比如通过加上二维码，扫描生成相对应的各种案例、动画、微课，让学生充分利用手机等工具，拓展学习外延网络，加强纸质教材和数字化资源的一体化建设。

本书共分四大模块，十二个项目，分别介绍了认识微生物、微生物基础知识、微生物技能操作（微生物的营养及生长测定技术、微生物的分布与控制技术、药品生产过程中微生物控制技术、微生物菌种保藏技术以及免疫学技术）的内容；为了培养学生综合训练能力和创新能力，在拓展项目中，安排了药品微生物限度检查、药物的体外抗菌性检测、食品卫生微生物检查和发酵型乳酸饮料的制作等内容。为了增强教材内容的可读性、趣味性，突出培养学生合作能力和创新能力，教材中设立了"知识目标""能力目标""知识链接""视野拓展""案例分析""课堂互动""知识小结""目标检测"等内容，供学习者提高学习效果；根据实际需要安排了相应的实操内容，每个实操任务有任务描述和任务执行过程（接受指令、查阅依据、制订计划、实施操作和结果报告），其间按需插入"训练""操作注意事项"和"思考讨论"等，避免了实操过程的失误；项目小结采用树状结构，一目了然；项目后安排了目标检测内容，便于学生自学。为方便选用本教材的学校开展教学，本书配有教学大纲和电子课件，使用本教材的学校可以与化学工业出版社联系

（cipedu@163.com），免费获取。

全书由万洪善主编并统稿，模块三中的项目三及模块四拓展项目由袁芹编写，书中的二维码资源由范思思制作。编写过程中得到连云港职业技术学院、连云港高等师范专科学校、连云港中医药高等职业技术学校的全力支持，另外在编写过程中，连云港恒瑞医药股份有限公司、江苏正大天晴药业股份有限公司给予了相关技术上的支持，在此表示衷心的感谢。

由于微生物技术涉及面广，各个区域行业、企业有各自特点，加之编者的水平和能力有限，书中疏漏之处在所难免，敬请广大读者批评指正。

万洪善

2018年5月

模块四　拓展项目　　208

附录　　244

二维码资源目录

模块一
认识微生物

 知识目标

1. 掌握微生物的概念和特点；
2. 熟悉微生物学的发展简史；
3. 了解微生物与人类的关系、微生物技术在工农业生产中的应用。

 能力目标

1. 熟练掌握实验室规则；
2. 学会生物废弃物的处置方法；
3. 学会实验室发生意外时的应急处理办法；
4. 学会配制微生物实验室常用洗涤剂；
5. 能够熟练清洗玻璃器皿并对其进行包扎。

 素质目标

1. 树立辩证唯物主义世界观，科学分析问题；
2. 培养爱国主义精神；
3. 激发学习兴趣，培养透过现象看本质的品质。

一、微生物

微生物与人类的关系十分密切，它们的生命活动与人类日常生活和生产息息相关；一方面部分微生物可给人类带来毁灭性的疾病和灾害；另一方面大多数微生物对人类不仅是无害的，而且是有益的。如何正确使用微生物这把"双刃剑"，利用有益微生物，控制有害微生物，造福于人类，是我们学习微生物应用技术的目的。

（一）微生物的概念

微生物不是分类学上的名词，而是指一群个体微小、结构简单、肉眼难以看清、必须借助于光学显微镜或电子显微镜才能观察到的微小生物（<0.1mm）类群的总称。它们大多为单细胞，少数为多细胞，还包括一些没有细胞结构的生物。按其结构、组成分为三大类：非细胞微生物、原核微生物和真核微生物。

（二）微生物的特点

微生物和动植物一样具有新陈代谢等生物的基本特征，但微生物也有其自身的特点。

1．个体微小，结构简单

微生物的个体极其微小（见表1-1），测量其大小通常以微米（μm，如细菌）或纳米（nm，如病毒）为单位。如一个典型的球菌体积仅为1μm³；最近芬兰科学家E. O. Kajander等发现了一种能引起尿结石的纳米细菌，其直径最小仅为50nm，甚至比最大的病毒更小一些。这种细菌分裂缓慢，三天才分裂一次，是目前所知的最小的具有细胞壁的细菌。迄今为止，所知的个体最大的细菌是硫细菌，其大小一般在0.1 ～ 0.3mm，能够清楚地用肉眼看到。

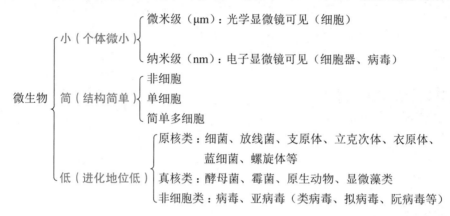

表1-1　微生物形态、大小和细胞类型

微生物	大小近似值	细胞的特性
病毒	0.01 ～ 0.25μm	非细胞的
细菌	0.1 ～ 10μm	原核生物
真菌	2 ～ 1000μm	真核生物
原生动物	2 ～ 1000μm	真核生物
真核藻类	几微米至几米	真核生物

微生物本身具有极为巨大的比表面积，小体积大面积必然有一个巨大的营养物质的吸收面、代谢废物的排泄面和环境信息的交换面，这对于微生物与环境之间进行物质、能量和信息的交换极为有利。比表面积示例如下：

$$
\text{表面积}/\text{体积}\begin{cases} \text{乳酸菌}=120000，\text{大肠杆菌}=300000 \\ \text{人}=0.3 \\ \text{鸡蛋}=1.5 \end{cases}
$$

微生物和动植物相比，它们的结构也是非常简单的，大多数微生物为单细胞，只有少数为简单的多细胞。又如马铃薯纺锤形块茎病类病毒（PSTV）是由359个核苷酸组成的RNA，长度为50nm；朊病毒仅由蛋白质分子组成。

2．吸收多，转化快

科学家研究发现，微生物吸收和转化物质的能力比动物、植物要高很多倍，如在合适的环境下，大肠杆菌（*Escherichia coli*）每小时可消耗其自重2000倍的乳糖。产朊假丝酵母（*Candidautilis*）合成蛋白质的能力比大豆强100倍，比食用公牛强10万倍，微生物的这个特性为它们的高速生长繁殖和产生大量代谢产物提供了充分的物质基础，从而使微生物有可能更好地发挥"活的化工厂"的作用，人类对微生物的利用主要体现在它们的生物化学转化能力上。

3．生长旺，繁殖快

生物界中，微生物具有惊人的生长繁殖速度，其中二等分裂的细菌尤为突出。人们研究得最透彻的微生物是大肠杆菌（*Escherichia coli*），其细胞在合适的生长条件下，每繁殖一代的时间是 12.5～20.0min。如按 20min 繁殖一代计，则每小时繁殖 3 代，24h 可繁殖 72 代，菌体数目可达到 $4.722×10^{24}$ 个（约 $4.722×10^{6}$kg），如果把这些细胞排列起来可将整个地球表面覆盖。但事实上，由于营养、空间、代谢产物等种种条件的限制，细菌的指数分裂速度只能维持数小时，而在液体培养基中，细菌细胞的浓度一般仅能达到 10^{8}～10^{9} 个/mL。

微生物快速繁殖的特点为在短时间内获得大量菌体提供了极为有利的条件。同样，如果是微生物引起污染、腐败等，其破坏速度也是惊人的。

4. 适应强、易变异

微生物有极其灵活的适应性，这是高等动植物无法比拟的，诸如抗热性、抗寒性、抗盐性、抗酸性、抗压力等能力。例如：在海洋深处的某些硫细菌可在 250～300℃之间生长；嗜盐细菌可在饱和盐水中正常生长繁殖；氧化硫杆菌（*Thiobacillus thiooxidans*）在 pH 1～2 酸性环境中生长。芽孢杆菌属（*Bacillus*. sp.）的芽孢在琥珀内蜜蜂肠道中已保存了 2500 万～4000 万年。

微生物的个体一般都是单倍体，加之它具有繁殖快、数量多以及与外界环境直接接触等特性，虽然微生物的变异频率仅为 10^{-9}～10^{-6}，但也可在短时间内产生大量变异的后代。在微生物育种中利用变异这一特性可获得高产菌株。如在 1943 年，利用产黄青霉（*Penicillium chrysogenum*）发酵生产青霉素，每毫升青霉素发酵液中只能产生 20 单位的青霉素，生产 1 茶匙青霉素约需数千英镑。而现在通过微生物遗传育种工作者的不懈努力，使该菌产量变异逐渐累积，加之其他条件的改进，每毫升发酵液中达到 5 万单位，甚至达到 10 万单位，成本大大降低。这在动植物育种工作中是不可思议的。这是对人类有益的变异。

实践中常遇到一些有害变异，在医疗中最常见的是致病菌对抗生素所产生的抗药性变异。青霉素于 1943 年刚问世时，对金黄色葡萄球菌（*Staphylococcus aureusr*）最低抑菌浓度为 0.02μg/mL，过了几年，抑菌浓度不断提高，有的菌株的耐药性竟比原始菌株提高了 1 万倍。如在 20 世纪 40 年代用青霉素治疗时，即使是严重感染的病人，每天只需 10 万单位，而现在成人需 800 万单位，新生儿也不少于 40 万单位。病情严重时，甚至用数千万单位。同时也说明了"滥用抗生素无异于玩火"的口号是有充分科学依据的。

 知识链接

微生物容易变异，使得微生物育种工作相对高等动植物育种容易得多。但也存在许多不利的方面，会给菌种保藏工作带来一定不便。若致病菌发生耐药性变异，会造成原来的有效药物失去药效，迫使人们不得不去寻找新的药物。

5. 分布广，种类多

微生物在自然界的分布极为广泛。土壤中、海洋内、河流里、空气中、高山上、岩石内到处都有微生物。人们用地球物理火箭在距地球表面 85km 的空中找到了微生物，在万米深的海底找到了微生物，在 427m 的沉积岩心中也找到了活的细菌。食物（手指甲盖大的生肉上有上万个）中、粮食（1g 上有几千到几万个）内、饮料（1 汤匙生牛奶中有 2000 万个）里、动植物体内外及人的肠道（100 万亿个，近 400 种）中都有微生物。

微生物种类繁多，目前已发现的微生物约有 15 万种。但据苏联科学家估计这只占微生物总量的 5%～10%。随着分离、培养方法的改进和研究工作的进一步深入，将会有更多的微生物被发现。因而研究和开发微生物资源的前景是十分灿烂的。

二、微生物学

（一）微生物学及其研究内容

微生物学是研究微生物及其生命活动规律和应用的学科。研究内容涉及微生物在群体、细胞或分子水平上的形态结构、分类鉴定、生理生化、生长繁殖、遗传变异、生态分布以及微生物各类群之间、微生物与其他生物之间的相互作用、相互影响，微生物在农业、工业、环境保护、医疗卫生事业等方面的应用。

（二）微生物学的任务

微生物学是研究微生物及其生命活动规律，以及其与人类关系的一门学科，它的根本任务就是发掘微生物资源，充分利用和改善有益微生物；控制、消灭或改造有害微生物，消除其有害影响，使其更好地造福人类。

（三）微生物学的发展

1. 我国古代对微生物的认识和利用

我国具有5000年的文明史，是最早认识和利用微生物的国家之一，特别是在酿造酒、酱油、醋等微生物产品以及用种痘、麦曲等进行防病治疗等方面具有巨大贡献。在人类正式发现微生物之前，我国劳动人民很早就认识到了微生物的存在，并在生产中应用它们，早在4000～5000年前的"龙山文化"时期已能用谷物制酒。酿酒的复式发酵法是我国古代劳动人民的一大发明，我国驰名世界的黄酒（善酿等）和白酒（茅台等）的生产工艺，均是在此基础上发展而产生的。

在认识病原和防治疾病方面，中国也先于西方各国。公元前6世纪我国已获知狂犬病来源于疯狗。公元2世纪张仲景提出禁食病死兽类的肉和不洁食物，以防伤寒。名医华佗（约公元141—208年）首创麻醉术和剖腹外科，主张割去腐肉以防传染。公元4世纪葛洪在《肘后方》一书中，详细记载了天花的病症，并注意到天花流行的方式。在宋真宗时我国已广泛应用种人痘以防天花，这是医学上的伟大创举。明末时期，我国医生吴又可认为传染病的病因是一种看不见的"戾气"，传播途径以口、鼻为主。

关于微生物与动植物病害的关系，我国也认识很早。在2000年前就有对鼠疫流行的记载，公元2世纪《神农本草经》中就有蚕"白僵（病）"的记载，明朝李时珍所著《本草纲目》中记载了不少植物病害。我国很早就应用茯苓、灵芝等真菌治疗疾病。历代劳动人民对作物、蚕病也有各种防治措施。这些工作为后人研究微生物奠定了基础。

2. 微生物学的发现和微生物学的发展

（1）发展简史　微生物学的发展是随着人类认识自然和改造自然的过程中发展起来的。微生物学的发展史分为5个时期：史前期、初创期、奠基期、发展期和成熟期（见表1-2）。

表1-2　微生物学的发展简史

发展时期	经历时间	实质	特点	代表人物
史前期	约8000年前～1676年	朦胧阶段	人类已在应用微生物，如发酵、酿造等，但未发现微生物的存在	各国劳动人民，其中尤以我国的制曲、酿酒技术著称
初创期	1676～1861年	形态描述阶段	世界上第一次发现了微生物的存在（当时称为"微动体"）	列文·虎克——微生物学的先驱者
奠基期	1861～1897年	生理水平研究阶段	①微生物学开始建立；②创立了一整套独特的微生物学基本研究方法；③开始运用"实践-理论-实践"的思想方法开展研究；④建立了许多应用性分支学科；⑤进入寻找人类和动物病原微生物的"黄金时期"	①巴斯德——微生物学奠基人；②科赫——细菌学奠基人

续表

发展时期	经历时间	实质	特点	代表人物
发展期	1897～1953年	生化水平研究阶段	①对单细胞酵母菌"酒化酶"进行生化研究；②发现微生物的代谢统一性；③开始寻找各种有益微生物代谢产物；④普通微生物学开始形成；⑤各相关学科和技术方法相互渗透、相互促进，加速了微生物学的发展	E. Buchner——生物化学奠基人
成熟期	1953年至今	分子生物学水平研究阶段	①微生物学从一门在生命科学中较为孤立的以应用为主的学科，成为一门十分热门的前沿基础学科；②在基础学理论的研究方面，逐步进入到分子水平的研究，微生物迅速成为分子生物学研究中最主要的对象；③在应用研究方面，向着更自觉、更有效和可被人控制的方向发展	J. Watso和F. Crick——分子生物化学奠基人

（2）微生物学的先驱及其贡献

① 国内微生物学的先驱及其贡献

1910～1921年间，伍连德用近代微生物学知识对鼠疫和霍乱病原进行探索和防治，在中国最早建立起卫生防疫机构，培养了第一支预防鼠疫的专业队伍，在当时这项工作居于国际先进地位。

20世纪20～30年代，我国学者开始对医学微生物学有了较多的实验研究，其中汤飞凡、林宗杨等在医学细菌学、病毒学和免疫学等方面的某些领域取得过较高水平的成绩，例如，沙眼病原体的分离和确证就是具有国际领先水平的开创工作。

20世纪30年代，我国开始在高等学校设立酿造科目和农产品制造系，以酿造为主要课程，创建了一批与应用微生物学有关的研究机构。魏岩寿等在工业微生物方面开展了开拓性工作；戴芳澜和俞大绂等是我国真菌学和植物病理学的奠基人；张宪武和陈华癸等对根瘤菌固氮作用的研究开创了我国农业微生物学；高尚荫创建了我国病毒学的基础理论研究和第一个微生物学专业。

新中国成立后，建立了一批主要进行微生物学研究的单位，并在重点大学创设微生物学专业；现代化的酿造工业、抗生素工业、生物农药和菌肥生产形成一定规模。

改革开放以来，我国微生物学在应用和基础理论研究方面都取得了重要的成果，例如，我国抗生素的总产量已跃居世界首位，我国的两步法生产维生素C的技术居世界先进水平。

21世纪，我国学者瞄准世界微生物学科发展前沿，进行微生物基因组学的研究，并在2002年完成了我国第一个微生物（从云南省腾冲地区热海沸泉中分离得到的腾冲嗜热厌氧菌）全基因组测序。我国微生物学进入了一个全面发展的新时期。

2019年发生的新型冠状病毒肺炎（以下简称"新冠"）是人类近百年来遭遇的影响范围最广的全球性大流行病，其在全世界形成了危害社会的重大疫情。疫情初期，中国第一时间将新冠疫情上报世界卫生组织，向世界各国发出预警，并采取果断措施，阻断疫情的蔓延，有效减缓了疫情扩散的速度，为世界各国疫情防控工作争取了宝贵的时间。在中国共产党的领导下，我国各科研机构、制药单位短时间内在病毒检测、疫苗预防及药物治疗三大板块建立了完备的技术体系，使得中国在新冠医药方面专利申请和授权发明专利上均位居全球第一。2020年1月至2022年6月间，中国获批上市6款疫苗，包括灭活疫苗、重组蛋白疫苗及腺病毒载体疫苗，其中国药集团、科兴康希诺及智飞生物研发的新冠疫苗，已在阿联酋、巴林、玻利维亚、印尼、土耳其、巴西、菲律宾、泰国、墨西哥、巴基斯坦、匈牙利及乌兹别克斯坦等多个国家获批上市或紧急使用，为世界疫情防控工作做出了巨大贡献。

② 国外微生物学的先驱及其贡献

列文·虎克（荷兰，1632—1723 年）用自制的放大倍数为50 ～ 300倍显微镜于1676年观察到了一些细菌和原生动物，当时称为"微动体"，首次揭示了微生物世界。由于他的杰出贡献，1680年他当选为英国皇家学会会员。

巴斯德（Louis Pasteur，法国，1822—1895 年）是微生物学的奠基人。他把微生物学的研究从形态描述推进到生理学研究的水平，并开创了寻找病原微生物的兴盛时期，使微生物学开始以独立的学科形式形成。巴斯德的卓越贡献主要集中在以下几个方面：a. 彻底否定了"自然发生学说"。1857年巴斯德根据曲颈瓶实验（图1-1）证实，空气中确实含有微生物，它们引起有机质的腐败。把培养基中的微生物加热杀死后，曲颈瓶弯曲的瓶颈阻挡了空气中微生物到达有机物浸液内，但如果将瓶颈打断，空气中的微生物可进入瓶内，使有机质发生腐败。结果表明，是微生物引起发酵，而不是发酵制造了微生物，生命只能从现有生物产生，不能从无机物或有机质直接产生。b. 巴斯德消毒法，在解决法国酒病（葡萄酒、啤酒等在放置过程中变酸）过程中建立了巴斯德消毒法，即低温消毒法，在60 ～ 65℃短时间加热处理，可杀死有害微生物。该消毒方法一直沿用至今，广泛应用于食品和饮料等的消毒。③免疫学——将病原菌减毒，使其转变为疫苗。巴斯德发明了接种减毒病原菌以预防鸡霍乱病和牛、羊炭疽病，并制成狂犬病疫苗，为人类防病、治病作出了重大贡献。

科赫（Robert Koch，德国，1843—1910年）作为细菌学的奠基人，在病原菌的研究及细菌的分离、培养等方面做出了杰出的贡献：a. 发明了明胶固体培养基，并建立通过固体培养分离纯化微生物的技术。用自创的方法分离到许多病原菌，如炭疽芽孢杆菌（1877年）、链球菌（1882年）、结核分枝杆菌（1882年）和霍乱弧菌（1883年）。b. 创立了许多显微镜技术，如细菌鞭毛染色法、悬滴培养法、显微摄影技术等。c. 在研究鉴定病原微生物的基础上，提出了科赫法则（图1-2），即证明某种微生物为某种疾病病原体所必须具备的条件，这一法则至今仍指导着动、植物病原菌的鉴定。

（3）微生物学的发展　20世纪以后，相邻学科研究成果的应用使微生物学沿着两个方向发展，即应用微生物学和基础微生物学。在应用方面，对人类疾病和躯体防御技能的研究，促进了医学微生物学和免疫学的发展，同时农业微生物学、兽医微生物学也相继成为重要的应用学科。应用成果不断涌现，促进了基础研究的深入，细菌和其他微生物的分类系统得到不断完善。对细胞化学结构和酶及其功能的研究发展了微生物生理学和生物化学。

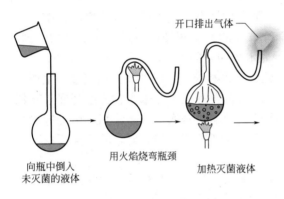

向瓶中倒入　　　　　用火焰烧弯瓶颈　　　　加热灭菌液体
未灭菌的液体

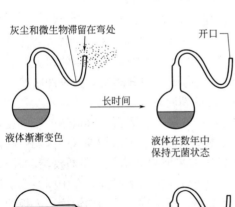

液体渐渐变色　　　　　　　　　液体在数年中
　　　　　　　　　　　　　　　保持无菌状态

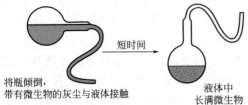

将瓶倾倒，　　　　　　　　　　液体中
带有微生物的灰尘与液体接触　　长满微生物

图1-1　曲颈瓶实验

微生物遗传与变异的研究导致了微生物遗传学的诞生。微生物生态学在20世纪60年代也形成了独立的学科。

在基础理论研究的同时，微生物学的实验技术同样发展迅速，19世纪后期微生物的培养技术已趋成熟，如显微技术、灭菌方法、加压灭菌器、纯化培养技术、革兰染色法、培养皿和琼脂作凝固剂等。如今微生物学实验技术已相当完善，包括形态研究、纯培养技术、微生物的营养与环境条件、微生物的分离纯化与鉴定、微生物遗传学实验、应用微生物实验等。这些技术已不仅仅作为基础研究的手段，更重要的是其在应用学科的发展中发挥了巨大的作用。

（四）微生物学研究的基本方法

在自然科学中，微生物世界难以被认识的主要障碍是：个体微小、外貌不显、杂居混生、因果难联。在微生物学的创立和发展中，克服这四道难关的主要代表是列文·虎克、巴斯德、科赫等人。由他们所创建的显微镜技术、无菌技术、纯种分离技术和微生物纯种培养技术四项独特研究方法，为微生物学的创建和发展奠定了基础，而且至今仍有力地推动着现代生物学的研究和生产实践的发展。

1. 显微镜技术

栖居于自然界中的微生物是以肉眼难以分辨地

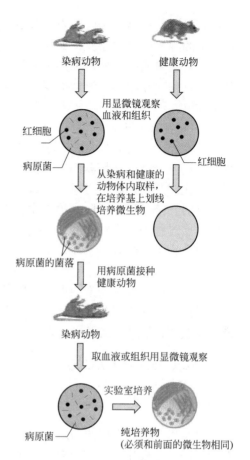

图1-2 **科赫法则**

杂居丛生着。在显微镜问世之前，人们是无法目睹这个丰富多彩的微生物世界的。光学显微镜的诞生，将肉眼的分辨率提高到微米级水平，而电子显微镜的出现使人眼分辨率达到纳米水平。从此过去视而不见、触而不觉的微生物世界就展现在人们的眼前。第一台显微镜是由荷兰的詹森父子发明的。列文·虎克是第一个用显微镜来观察和描述微生物的人。以后光学显微镜中相继出现了相差、暗视野和荧光等新附件，加上良好的制片和染色技术等又大大推动着微生物学形态、解剖和分类等研究。20世纪30年代初电子显微镜技术，以及与之配套的各种新技术和新方法的应用，使微生物学的研究从细胞水平逐渐向亚细菌和分子水平迈进。所以显微镜技术的问世和完善，不仅为揭开微生物世界作出贡献，同是也为揭示微观领域的奥秘提供了强有力的工具。

2. 无菌技术

要真正揭开微生物世界的奥秘，就得深入研究，也就是必须创造一个无其他微生物干扰的无菌环境，即我们常说的无菌技术。无菌技术是在分离、转接及培养纯培养物时防止其被其他微生物污染的技术。现代无菌技术是由法国人阿贝特（Appert）在食品保藏中偶然发现的。而对灭菌技术的原理等作出科学解释的是巴斯德，他所进行的举世闻名的曲颈瓶实验，不仅彻底否定了当时十分流行的"生命自然发生学说"，而且为微生物学中的无菌技术的创立和发展奠定了理论和实践基础。

3. 纯种分离技术

纯种分离技术是人类揭开微生物世界奥秘的重要手段。要揭开在自然条件下处于杂居混生状态的某一微生物的特点，以及它们对人类是有益还是有害，就必须采用在无菌技术基础上的纯种分离方法。早期对微生物群体进行单个纯化分离者是李斯特，但真正取得突破的是科赫发明的培养皿琼脂平板技术。从此，它为微生物的纯种分离技术奠定了扎实的基础。直到现在它仍广泛地应用于微生物菌种的筛选、鉴定、育种、计数及各种生物测定等工作中。

4. 微生物纯种培养技术

微生物纯种培养技术在科学实验和生产实践中有着极其重大的理论与实践意义。若为微生物提供一个初级培养的实验方法并不复杂，但要使微生物在大规模生产中良好地生长或累积代谢产物，就得考虑一些最为合理的培养装置和有效的工艺条件，并且还要在整个微生物的发酵过程中严防其他微生物的干扰，即防止杂菌污染。在整个微生物纯种培养技术的发展过程中，大规模液体深层通气搅拌发酵装置，即发酵罐的发明及大规模地普及使用，为生物工程学开辟了崭新的前景。同时微生物发酵工业也已成为国民经济的重要支柱之一。

综上所述，微生物学中四项独特的基本研究技术无疑为微生物学的创始、奠基和发展提供了基础。随着微生物在工、农、医及环保等领域中日益广泛地应用，微生物学的研究方法和技术必将日趋完善和发挥更大的作用。

三、微生物技术的应用

（一）微生物与制药工业的关系

微生物与制药工业、药品质量和人的关系非常密切，在制药工业中，有些药品和制剂本身就是微生物。有些药品是以微生物的代谢产品作为原料或以其有效作用参与制药过程。在现代医药工业中，微生物技术的开发日趋显示出其广阔的前景，不少药品和精细化学制品已可应用遗传工程的技术利用微生物进行生产。常见的微生物药有：抗生素（青霉素、链霉素、氯霉素、土霉素、金霉素等）、维生素（B族维生素、维生素C等）、氨基酸（谷氨酸、苏氨酸、丙氨酸等）、核酸类物质、酶制剂和酶抑制剂（链激酶、青霉素酶、蛋白酶、脂肪酶等）、甾体化合物（胆甾醇、胆酸、肾上腺素等）。

微生物给药品生产、销售、使用三方面带来的麻烦，造成的重大损失越来越引起人们的重视。无处不在的微生物对药品原料、生产环境和成品的污染，是造成生产失败、成品不合格，直接或间接对人类造成危害的重要因素。药物被污染后，微生物在适当条件下生长繁殖，促使药物发生物理或化学性质的改变，使药品疗效降低或失效或产生毒害作用。污染微生物的药品还可直接导致患者感染，引起药源性疾病，或是败血症。

医药产品是人类与疾病斗争的工具，在世界各国的医药实践中，由药品污染微生物而引发的悲剧时有发生。1970年10月和1971年4月，美国疾病控制中心（CDC）报告有败血症流行，该病的流行与静脉输液药剂有关。调查报告称截至1971年3月6日，在美国7个州中的8家医院里发现150例细菌污染病例；到1971年3月27日，败血症的病例达到405人；1971年4月22日，生产导致上述败血症的输液药剂的厂家的注册文号被取消。美国1976年的统计数字表明，前10年内因质量问题从市场上撤回输液产品的事件超过600起，410人受到伤害，54人死亡。药品中污染的微生物通过微生物体及其分泌代谢产物导致机体过敏、中毒、感染等，严重的可直接导致菌血症危及生命。此外，某些药品中污染的微生物通过代谢活动改变药物组成，破坏有效成分而造成疗效改变或失效。药品中发现的污染菌见表1-3。

表1-3 药品中发现的污染菌

年份/年	品名	污染菌
1907	鼠疫疫苗	破伤风梭菌
1943	荧光素滴眼液	铜绿假单胞菌
1946	免疫血清疫苗	金黄色葡萄球菌
1948	滑石粉	破伤风梭菌
1966	抗生素眼药膏	铜绿假单胞菌
1970	氯己定消毒剂	洋葱假单胞菌
1972	静脉注射液	假单胞菌、欧文菌、肠杆菌属亚种
1977	隐形眼镜护理水	黏质沙雷菌、肠道细菌属亚种
1981	外科敷药	梭菌属亚种
1983	水性肥皂	斯氏假单胞菌
1986	漱口剂	大肠杆菌

因此，世界各国高度重视药品生产过程及成品的无菌或微生物限度检测。在药品生产过程中严格执行《药品生产质量管理规范》（GMP），确保药品生产质量。为确保药品生产过程不受污染，对生产环境实施全面净化。生产环境的全面净化，目的在于阻止环境对药品生产的不良影响。而造成药品生产污染和交叉污染的主要原因来自生产环境中的微粒（灰尘、药尘等）和微生物，它们寄居于空气、工业用水、原辅料、设备设施、生产人员等各种载体，并直接或间接地污染药品。因此，微粒和微生物是药品生产环境控制的主要对象。由于微生物具有分布广、适应强、生长力旺等特点，即使在已经净化的环境中，引发微生物大量繁殖的因素依然随处可见，它所产生的二次污染（细菌代谢产物等）和交叉污染，对药品质量造成严重影响，因此，控制微生物是净化生产环境的重中之重。

（二）食品领域

通过微生物技术对农产品原料的发酵作用，可获得许多食品和饮料。利用微生物的生理生化作用，使最终产品的口味、色泽等发生感官上的改善，使产品更具营养，更易消化，口味更好，并且无病原微生物、无毒害，更易储藏。比如大家熟悉的面包、乳酪、泡菜、酱油以及啤酒、葡萄酒、白兰地、威士忌等。当然，微生物的滋生也会使食品腐败变质而失去食用价值，如水果腐烂、食品发霉等。

（三）工农业生产

1. 微生物在工业生产中的应用

如上所述，微生物发酵技术已成为医药、食品工业的支柱产业，形形色色的产品已成为人类生产必不可少的组成部分。除此之外，微生物技术在其他行业的应用也进展很快，如：石油工业，从石油资源的勘探、开发到下游的炼化、污水处理等流程，微生物技术也发挥着巨大作用。

在环境治理领域，如水的生化降解技术、固体废物的处理处置等方面，微生物技术的应用都显示了其高效、环保、经济以及操作简单的优势。

2. 微生物在农业生产中的应用

由于环境污染，生态资源遭到破坏，导致农产品质量下降，更为严重的是残留污染物带来的"瓜不甜、果不香、菜无味"等致病致癌物质的增多已严重威胁着人类健康。微生物技术的应用是改变这一现状的有效途径。

将有益微生物制成生物制剂，可加速分解土壤中的有害物质，促进植物生长。如由日本科学家研制的一种新型高科技复合微生物菌剂，其中含有光合菌、酵母菌、乳酸菌、放线菌等。光合菌以土壤接受的光和热为能源，以根系的有机物或有害气体为食饵，产生氨基酸、核酸等代谢物，促进植物的生长发育，这些代谢物既可被植物直接吸收，又可为其他微生物的繁殖提供活动基质，提高植物的固氮能力。乳酸菌有很强的杀菌力，可抑制有害微生物的繁殖，加剧有机物的腐败分解，减轻病害发生。酵母菌分泌激素，能促进根系生长和细胞分裂，还可以为其他微生物生长繁殖提供所需的基食。放线菌产生抗生素物质能抑制病原菌的繁殖，在和光合菌共生的条件下，放线菌的杀菌效果成倍提高，丝状菌对土壤中酯的生成有良好的作用，并有分解、消除恶臭的效果。

微生物技术的应用不仅能够促进动植物生长，增产防病、改良土壤、改善环境，同时还可大大提高农副产品的营养和保鲜储存时间；可减少以至不用化肥、农药和抗生素，提高农产品质量，生产安全绿色的有机食品。随着新的研究成果的不断应用，其必定产生巨大的经济效益、社会效益和生态效益。

四、实操练习

任务1　实验室操作要求与规范

通过学习微生物实验室操作要求与规范，为今后实操教学活动的顺利开展，明确微生物实验室的功能、特殊性和防止微生物安全问题的发生、建立无菌观念奠定基础。

（一）接受指令

1. 指令

指令是指规定计算机操作类型以及相关操作数的一组字符。本书借用指令一词，泛指管理人员下达给工作人员的工作任务以及具体内容。操作人员的实施是从接受指令开始的。实验室操作要求与规范的指令如下：

（1）熟练掌握实验室规则；

（2）学会生物废弃物的处置方法；

（3）学会实验室意外时的应急处理办法。

2. 指令分析

（1）通过讨论学习，强化实验室生物安全意识，学会遵守实验室规则。

（2）通过对桌面生物污染的处理，学会实验室发生意外时的应急处理办法。

（二）查阅依据

1. 依据

依据是指规范操作行为的相关文件。

2. 本项目的依据

《实验室生物安全手册》。

（三）制订计划

以小组为单位，分组讨论微生物实验室规则、生物废弃物的处置方法、实验室微生物污染时的应急处理办法，采用模拟教学实践方式，进行桌面消毒演练或生物安全事故应急演练。

（四）实施操作

1. 准备

（1）试液　3%来苏尔、菌液（已灭菌）。

（2）用具　面盆、抹布、手套等。

【训练】为了保证实操完成顺利，实操前应准备好所需的用具。请填写备料单（见表1-4）。

表1-4　备料单（任务1　实验室操作要求与规范）

序号	品名	规格	数量	备注
1				
2				
3				
4				
5				
6				
7				
8				
9				
10				

2. 桌面生物污染的处理

（1）将菌液（已灭菌）洒至桌面。

（2）用3%来苏尔覆盖菌液污染处，消毒不少于20min。

（3）用干抹布将菌液污染处擦拭干净，再用3%来苏尔浸泡过的抹布进行擦拭。

（4）用清水浸泡过的抹布擦拭菌液污染处。

【训练】分别设计并填写地面被细菌污染后，如何处理的工作计划和备料单。

 知识链接

一、实验室规则

在教学活动时，可能要接触实验标本、培养物、带菌材料或器具，为防止实验室感染和保证实验练习顺利进行，操作人员必须遵守以下规则：

1. 每次实验前必须预习实验内容，工作服穿戴规范，袖口及胸前纽扣应扣紧。未经许可，不得随意进入实验室工作区域。按规定要求进行操作。

2. 严禁用口吸移液管。严禁将实验材料置于口内。严禁舔标签。实验完毕后所有材料必须采用化学或物理学方法处理后方可丢弃在指定位置。

3. 凡接触微生物的实验，均应小心操作，确保安全，使用后必须用消毒剂消毒手和台面。不准把食物、食具带进实验室，严禁吃零食、饮水、吸烟。

4. 在无菌室操作时，必须穿工作服，必要时需要戴工作帽及口罩，用前必须经紫外线照射或其他方法消毒才可使用，必须严格进行无菌操作，以免污染。

5. 所有技术操作要尽量按减少气溶胶和微小液滴形成的方式进行。

6. 出现溢出、事故以及可能暴露感染性物质时，必须向指导老师报告，并及时处理。

二、生物废弃物的处置方法

生物废弃物是指经实验分析后被丢弃的含有已知或未知微生物的材料。

1. 实验室中一次性使用的污染材料，如手套、帽子、口罩等可高压灭菌后焚烧或直接焚烧。

2. 可反复利用的已被污染的材料应先消毒再高压灭菌或直接高压灭菌，灭菌后的材料经洗涤、干燥、包扎、灭菌后再使用。

3. 接种培养过的琼脂平板应高压灭菌30min，趁热将琼脂倾倒处理。

4. 每个实验室的工作台上或角落中均应有盛放实验废弃材料的防漏容器。根据需要，有的容器中含规定浓度的新鲜配制的消毒液（如次氯酸钠、苯酚复合物、表面活性剂等）。将需要消毒的物品放入消毒液中作用一段时间后再转送容器中，送去高压灭菌或焚烧。

三、实验室意外时的应急处理办法

1. 在实验过程中，切忌使乙醇、乙醚、丙酮等易燃试剂接近明火，如遇火险，用沙土或湿布阻燃灭火，必要时使用灭火器。

2. 电器设备起火时，应立即关闭电源，并采取灭火措施。

3. 实验过程中，如盛菌器皿破损、细菌污染环境或者菌液吸入口中或污染皮肤，应立即报告指导老师处理，1%～2%来苏尔溶液用于皮肤消毒，3%～5%来苏尔溶液用于器械物品消毒，5%～10%来苏尔溶液用于环境消毒。

（五）结果报告

根据实操内容填写报告，完成表1-5内容。

表1-5　实验室生物安全意识的检测

微生物实验室规则	
生物废弃物的处置方法	
意外时应急处理办法	

任务2　常用玻璃器皿的清洗和干燥

清洁的玻璃器皿是得到正确实验结果的重要条件之一。因此，在微生物实操中，对所使用的各种器皿，在使用前必须采用洗涤剂去除污物。

（一）接受指令

1. 指令

（1）掌握不同玻璃器皿的洗涤方法；

（2）掌握不同器皿的干燥方法。

2. 指令分析

（1）凡在实验中用过的带有微生物的玻璃器皿，应先经高压灭菌或在消毒液中浸泡后才能清洗。如为带芽孢的杆菌或有孢子的霉菌，则应延长浸泡时间。

（2）不同性质的玻璃器皿应分开洗涤放置。如难清洗的玻璃器皿与易清洗的玻璃器皿应分开洗涤放置，以减少洗涤麻烦；盛放有毒物品的器皿应与其他器皿分开洗涤放置。

（3）进行清洗时，应根据不同的器皿规格选择不同的毛刷；所选择的洗涤液不应对玻璃器皿有腐蚀作用，以防对器皿造成损伤。

（二）查阅依据

《实验室生物安全手册》。

（三）制订计划

分组讨论不同玻璃器皿的洗涤、干燥方法，以小组为单位，采用组内自测、组间比赛及个人竞赛的方式进行实操练习。

（四）实施操作

1. 准备

（1）玻璃器皿 试管、烧杯、锥形瓶、移液管、滴管、培养皿、载玻片、盖玻片、量筒、漏斗、容量瓶、滴瓶、干燥器。

（2）洗液 重铬酸钾（工业用）、蒸馏水、浓硫酸、氢氧化钠溶液（40%）、肥皂水（5%）、去污粉、酒精（95%）和盐酸溶液（2%）等。

【训练】为了保证实操完成顺利，实操前应准备好所需的用具。请填写备料单（见表1-6）。

表1-6 备料单（任务2 常用玻璃器皿的清洗和干燥）

序号	品名	规格	数量	备注
1				
2				
3				
4				
5				
6				
7				
8				
9				
10				

2. 常用洗涤剂的配制与使用

（1）铬酸洗涤液的配制与使用

① 洗涤液的配制 通常用到的洗涤液是重铬酸钾的硫酸溶液，实验室常用此洗涤液清洗器皿（不含金属器皿）上的有机质。洗涤液分为浓溶液和稀溶液两种。配方如表1-7所示。

表1-7 铬酸洗涤液配方

类型	重铬酸钾（工业用）/g	蒸馏水/mL	浓硫酸/mL
浓溶液	40.0	160.0	800.0
稀溶液	50.0	850.0	100.0

② 配制方法 将重铬酸钾溶解于纯化水中（可加热），待冷却后，向其中缓慢加入浓硫酸，边加边搅动。配好的洗涤液呈棕红色或橘红色。存放于有盖的玻璃瓶中备用。

此洗涤液可多次使用，使用后可倒回原瓶存放，当溶液呈青褐色时，表明洗涤液已失效。

（2）酸和碱的配制与使用

① 40%NaOH溶液　称取40g干燥的NaOH，加入60mL纯化水中搅匀使之溶解，即成40%NaOH溶液。当器皿上沾有树脂或焦油一类物质时，可使用浓硫酸或40%NaOH溶液溶解清洗，处理时间根据所沾物质的不同有所区别，一般为5～10min，有时需数小时。

② 2%HCl溶液　量取4.4mL浓盐酸（相对密度为1.19），用纯化水定容至100mL，摇匀即可。2%的HCl溶液主要用于浸泡新购置的玻璃器皿，浸泡数小时后用清水清洗即可。

（3）肥皂和其他洗涤剂的使用

① 肥皂　是很好的去污剂，使用时，用毛刷沾上肥皂刷洗器皿，由于肥皂的碱性不强，所以不会损伤器皿和皮肤，刷净后用清水冲洗。加热后的肥皂水（5%）去污能力更强，特别是对于沾有油脂的器皿。当油脂过多时，应先用纸将油擦去，再用肥皂水洗。

② 2%煤酚皂（来苏尔）溶液　取煤酚皂液（含煤酚皂47%～53%）40mL溶于960mL水中即制成2%煤酚皂液。主要用于浸泡用过的移液管等玻璃器皿及皮肤消毒。

③ 0.25%新洁尔灭溶液　将新洁尔灭（5%）50mL溶于950mL水中。用于药物杀菌试验。用过的盖玻片、载玻片、器皿可放入新洁尔灭溶液中进行消毒。

④ 5%石炭酸溶液　将5.0g石炭酸溶于100mL水中可制成5%石炭酸溶液。可用于使用过的玻璃器皿的浸泡消毒。

⑤ 去污粉　可除油污。使用时，用毛刷沾上去污粉，对器皿上的污点进行刷洗，再用清水冲洗。

⑥ 有机溶剂洗涤剂　该洗涤剂主要用于清洗那些不溶于水、酸或碱的物质。常用的有酒精、丙酮、汽油、二甲苯等。

【训练】按上述操作要求制备常用洗涤剂。

3. 不同玻璃器皿的干燥方法

洗净后的试管、烧杯、锥形瓶、漏斗等应倒置放于洗涤架上，移液管和滴管洗净后应使细口端向上斜立于洗涤架上或自然晾干或于干燥箱中烘干备用。培养皿洗净后将皿底或皿盖分开排放，自然晾干或放置于搪瓷盘内于干燥箱内烘干备用。

【训练】根据不同器皿的干燥方法，进行操作。

 知识链接

一、新购置的玻璃器皿的处理

新购置的玻璃器皿含有游离碱，一般应先用2%盐酸溶液浸泡数小时后再用清水洗净；也可用肥皂水或洗涤灵稀释液煮30～60min，取出用清水洗净；或先放热水浸泡，用毛刷沾去污粉或肥皂粉刷洗，然后用热水刷洗，再用清水洗净。洗净后的试管倒置于试管筐内，锥形瓶倒置于洗涤架上，培养皿的皿盖和皿底分开，顺序压着皿边倒扣排列在桌上或洗涤架上或铁丝筐内。上述玻璃器皿晾干或于干燥箱中烘干备用。

新购置载玻片或盖玻片时，要挑选白色、厚薄均匀适中、无云雾状乳白色斑点的片子，先浸在2%盐酸溶液或洗涤灵稀释液或肥皂水中1h，再用自来水冲洗，最后用蒸馏水冲洗，放在载玻片洗涤架上或斜立于试管架旁，晾干备用。或以软布擦干后浸泡在含2%盐酸的75%乙醇载玻片玻璃缸中，用时取出在火焰上烧去酒精即可。

二、常用玻璃器皿的洗涤

常用的锥形瓶、培养皿、试管、烧杯、量筒、玻璃漏斗等器皿，洗涤时可用毛刷沾上洗涤灵或肥皂粉或去污粉刷洗，然后用自来水冲洗干净，倒放在洗涤架上自然晾干或放70～80℃干燥箱中烘干备用。

移液管及滴管可用水冲洗后，插入2%盐酸溶液中浸泡数十分钟，取出后用自来水冲洗，再用蒸馏水冲洗2～3次。洗净后的移液管或滴管放入100℃干燥箱中烘干备用。

三、带油污玻璃器皿的处理

凡加过豆油、花生油、泡敌等消泡剂的锥形瓶或通气培养的大容量培养瓶，在未洗刷前，需尽量除去油腻，可先将倒空油的瓶子用10%氢氧化钠（粗制品）溶液浸泡0.5h或放在5%苏打液（碳酸氢钠溶液）内煮两次，去掉油污，再用洗涤灵和热水刷洗。吸取过油的滴管，先放在10%氢氧化钠溶液中浸泡0.5h，去掉油污，再依上法清洗，烘干备用。

用矿物油封存过的斜面或液状石蜡加盖的厌氧菌培养管或石油发酵用的锥形瓶，洗刷前要先在水中煮沸或高压蒸汽灭菌，然后浸泡在汽油里，使黏附于器壁上的矿物油溶解，汽油倒出后，放置片刻待汽油自然挥发，最后按新购置的玻璃器皿处理方法进行洗刷。

凡带有凡士林的玻璃干燥器或瓦氏呼吸计侧压管玻璃塞、反应瓶口和玻璃磨口塞，洗刷前要用乙醇或丙酮浸泡过的棉花擦去油污，也可用油污清洗剂喷洒于油污垢上，待2～5min后，用百洁布或干布擦净，再依上法清洗干净。

四、带菌玻璃器皿的处理

1. 带菌载玻片及盖玻片处理

已用过的带有活菌的载玻片或盖玻片，可先浸于5%石炭酸溶液［或2%来苏尔溶液或1:50（体积比）的新洁尔灭溶液］中1h，然后用竹夹子将载玻片、盖玻片取出（不要用手取），依上法冲洗干净，再用软布擦干后放于培养皿中备用。

2. 带菌移液管及滴管处理

吸过菌液的移液管或滴管，应立即投入含有5%石炭酸溶液（或2%来苏尔溶液或0.25%新洁尔灭溶液）的高筒玻璃标本缸内浸泡数小时或过夜（高筒玻璃标本缸底部应垫上玻璃棉，以防移液管及滴管顶端口损坏），再经0.1MPa高压蒸汽灭菌20min，取出后用普通钢针或曲别针做成的小钩将移液管、滴管上端塞的隔离用棉花钩出，再依前法用自来水及蒸馏水冲洗洁净，晾干或烘干备用。若移液管用上述方法处理后仍有污垢痕迹，可置含2%盐酸溶液的高筒玻璃标本缸内浸泡1h，再依上法清洗。

3. 其他带菌玻璃器皿的处理

培养过微生物的培养皿、试管、锥形瓶，因含有大量培养的微生物或污染有其他杂菌，应先经0.1MPa高压蒸汽灭菌20～30min。灭菌后取出趁热倒出容器内的培养物，较大量的废弃物应埋在土里。若为非致病性微生物的液体废弃物，可倒入下水道；培养致病性微生物的废弃物和有琼脂的废弃物，切勿直接倒入下水道，以免污染水源和堵塞下水道。经过高压蒸汽灭菌的上述玻璃器皿，再用洗涤灵、热水刷洗干净，用自来水冲洗，以水在内壁均匀分布成一薄层而不出现水珠为油垢除尽的标准。

（五）结果报告

根据实操内容填写报告，完成表1-8的内容。

表1-8　实验室玻璃器皿的洗涤

微生物实验室规则常用洗涤剂的配制	
新玻璃器皿的洗涤	
带菌玻璃器皿的洗涤	
带油污玻璃器皿的洗涤	

任务3　玻璃器皿的包扎

根据实操需要，应将玻璃器皿进行包扎。包扎好的各种玻璃器皿要在干燥箱内进行高温干热灭菌后方能用于实验操作。

（一）接受指令

1. 指令

（1）学会玻璃器皿的包扎；

（2）学会制作正确的棉塞。

2. 指令分析

（1）培养皿由一盖一底组成一套，进行包扎时，可以单套包扎，也可以根据要求几套包成一包，或者将培养皿装入金属筒内直接进行干热灭菌。

（2）试管包扎前，为了防止杂菌污染，应按试管口的大小制作大小适度、松紧合适的棉塞。塞有棉塞的试管或盖好试管帽的试管，以10支为一捆，用牛皮纸或报纸将管口包好，用细绳捆好。

（3）锥形瓶包扎前，在棉塞外包上一层纱布，再塞在瓶口上，也可用塑料封口膜直接包在锥形瓶口上。在封好口的锥形瓶口上再包上一层牛皮纸，用细绳捆好。

（4）移液管的包扎，为了避免外界和口中的细菌吹入移液管内，应在距管口约1.5cm处塞入一段长约2cm的非脱脂棉。塞入的棉花要松紧适当，以吹气时通气且棉花不下滑为宜。

（二）制订计划

分组讨论玻璃器皿包扎及棉塞制作的方法，以小组为单位，采用组内自测、组间比赛及个人竞赛的方式进行实操练习。

（三）实施操作

1. 准备

（1）玻璃器皿　试管、锥形瓶、移液管、培养皿。

（2）用具　药用棉花、药用纱布、牛皮纸（报纸）、棉绳、剪刀等。

【训练】为了保证实操完成顺利，实操前应准备好所需的用具。请填写备料单（见表1-9）。

表1-9　备料单（任务3　玻璃器皿的包扎）

序号	品名	规格	数量	备注
1				
2				
3				

续表

序号	品名	规格	数量	备注
4				
5				
6				
7				
8				
9				
10				

2. 玻璃器皿的包扎

（1）培养皿的包扎　见图1-3。

动画扫一扫

培养皿的包扎

图1-3　培养皿的包扎

（2）试管、锥形瓶的包扎

① 棉塞的制作（见图1-4、图1-5）　制作棉塞时，一般用纤维长的棉花制作塞子，不用脱脂棉，因为脱脂棉易吸水变湿，造成污染。制作好的棉塞，加塞时，棉塞长度的1/3在管口（瓶口）外，2/3在管内，用手提棉塞试管不会下落。

② 包扎（见图1-6）　试管管口和三角瓶瓶口塞可用棉花塞或泡沫塑料塞，然后在外面用两层报纸包好，并用细线扎紧。若用铝箔更好，可以不用线扎。进行干热或湿热灭菌。

（3）移液管的包扎（见图1-7）　准备好干燥的移液管，在粗头端塞入一小段棉花，以免使用时将杂菌吹入或不慎将微生物吸出。

将移液管尖端斜放在旧报纸的近左端，与报纸成45°角，左端多余的一段覆折在尖头上，再将整根移液管卷入报纸，右端多余的报纸打个小结。

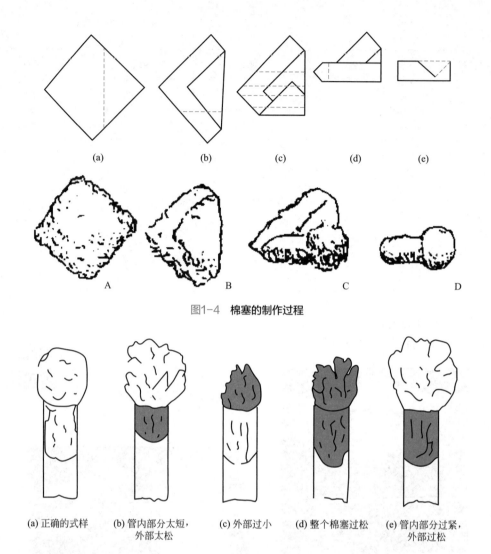

图1-4　棉塞的制作过程

(a) 正确的式样　　(b) 管内部分太短，　(c) 外部过小　(d) 整个棉塞过松　(e) 管内部分过紧，
　　　　　　　　　外部太松　　　　　　　　　　　　　　　　　　　　　　　　外部过松

图1-5　棉塞的要求条件

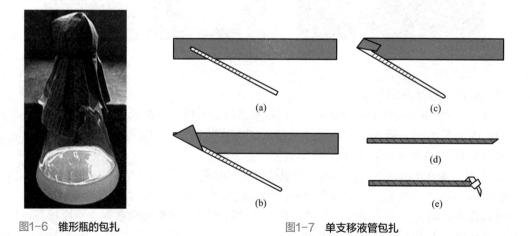

图1-6　锥形瓶的包扎　　　　　　　图1-7　单支移液管包扎

（四）结果报告

写出试管和移液管包扎步骤。

视野拓展

微生物学家与诺贝尔奖

自1901年12月10日第一届诺贝尔奖颁奖以来，以后每年12月10日均颁奖一次，有关统计表明，20世纪诺贝尔奖获得者中，从事微生物学研究的就占了1/3。

最早获得诺贝尔奖的微生物学家是Von Behring（德国，贝林），其在1901年因在1890年制备抗毒素治疗白喉和破伤风而获得第一届诺贝尔奖；其次是细菌学的奠基人Koch（德国，科赫），1905年因他在1867年证明炭疽病由炭疽杆菌引起而获第五届诺贝尔奖。另外，1884年Metchnikoff（苏联，梅切尼科夫）发现吞噬作用（1884年）；1899年Ross（伍斯）发现蚊子是疟疾病原菌的中间宿主；1929年Fleming（弗莱明）发现青霉素；1935年Stanley（斯坦利）首次提纯烟草花叶病毒，并获得其"蛋白质结晶"；1943年Luria（鲁里亚）和Delbruck（德尔倍留科）用波动试验证明细菌噬菌体的抗性是基因自发突变所致；1946～1947年Lederberg（莱德伯格）和Tatum（塔图姆）发现细菌的接合现象和基因连锁现象，1952年Lederberg（莱德伯格）发明影印培养法，同年发现普遍性转导；1949年Enders（安德思）等在非神经组织培养中培养脊髓灰质炎病毒成功；1953年Watson（沃森）和Crick（克里克）提出脱氧核糖核酸双螺旋结构；1961年Jacob（雅各布）和Monod（莫诺）提出基因调节的操纵子模型；1961～1965年Holley（霍利）、Nirenberg（尼伦伯格）、Khorana（科拉纳）阐明遗传密码；1969年Edelman（爱德曼）和Nathans（内森斯）发现并提纯限制性内切酶；1975年Klhler（克勒尔）和Milstein（米尔斯坦）建立生产单克隆抗体技术；1977年Sanger（桑格）首次对X174噬菌体脱氧核糖核酸进行全序列分析；1982～1983年Cech（切赫）和Altman（阿特曼）发现具催化活性的RNA，同年Mc Clintock（麦克林托克）发现转座因子，同年Prusiner（浦鲁西纳）发现阮病毒；1983～1984年Mullis（穆林斯）建立PCR技术；1989年Bishop（毕晓普）等发现癌基因；2005年Marshall（马歇尔）和Warren（沃伦）因发现幽门螺杆菌感染是胃炎、胃溃疡的发病原因，而分别获得诺贝尔奖。

思政元素

深耕沃土　逐梦人生

有这样一个人，他将自己的人生概括为"一辈子只做一件事"。那就是他所研制的脊髓灰质炎活疫苗，使中国在2000年实现了无脊髓灰质炎状态，让千百万儿童远离了小儿麻痹症。这个人就是病毒学家、中国医学科学院北京协和医学院原院长顾方舟。

1957年，刚回国不久的顾方舟临危受命，开始脊髓灰质炎研究工作。从此，与脊髓灰质炎打交道成为他一生的事业。

顾方舟制订了两步研究计划：动物试验和临床试验。在动物试验通过后，进入了更为关键的临床试验阶段。按照顾方舟设计的方案，临床试验分为Ⅰ、Ⅱ、Ⅲ三期。疫苗Ⅲ期试验的第一期需要在少数人身上检验效果，这就意味着受试者要面临未知的风险。

在进行疫苗Ⅲ期试验的时候，顾方舟毅然做出了一个惊人的决定：瞒着妻子，给刚满月的儿子喂下了疫苗。这是一个艰难的决定。如果疫苗安全性存在问题，儿子面临的可能是致残的巨大风险，然而为了全中国千千万万的孩子，他义无反顾。2000年7月11日，卫生部举行中国消灭脊髓灰质炎证实报告签字仪式，74岁的顾方舟作为代表签下了自己的名字，象征着中国正式成为无脊髓灰质炎国家，2000年10月，经中国国家以及世界卫生组织西太区消灭"脊灰"证实委员会证实，中国本土"脊灰"野病毒的传播已被阻断，成为无脊灰国家。

顾方舟逝世时，妻子李以莞写给他的挽联是：为一大事来，鞠躬尽瘁；做一大事去，泽被子孙。他临终时嘱托孩子："要踏踏实实做人，踏踏实实做事，不要辜负祖国的培养。"科学的道路就是这样，战战兢兢地探索，触碰那个安全与危险的边界所在，脚踏实地，却也不忘仰望星空。科学这条路，总要有人去试，去走，去摔倒，去爬起来再走。也正是因为这样，一代一代的中国人才走出了自己的路。

知识小结

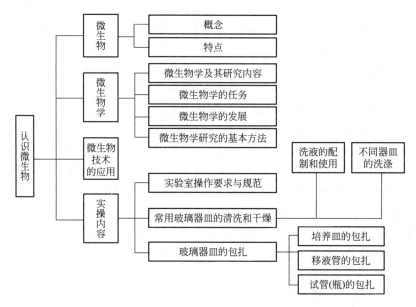

目标检测

一、选择题

（一）单项选择题

1. 首次对微生物作了精彩绘图和描述，使人类敲开认识微生物的大门的科学家是（   ）。

   A. 列文·虎克   B. 科赫   C. 巴斯德   D. 琴纳

2. 微生物生理学的奠基人是（   ）。

   A. 巴斯德   B. 列文·虎克   C. 科赫   D. 李斯特

3. 细菌学的奠基人是（   ）。

   A. 巴斯德   B. 列文·虎克   C. 科赫   D. 李斯特

4. 观察微生物的基本设备是（   ）。

   A. 电子显微镜   B. 普通光学显微镜

   C. 50×10倍放大镜   D. 望远镜

5. 微生物学发展期的实质是（   ）。

A. 朦胧阶段　　　　　　　　　B. 形态描述阶段
C. 生理水平研究阶段　　　　　D. 生化水平研究阶段

（二）多项选择题

1. 下列属于原核细胞型微生物的是（　　　）。

A. 细菌　　　　B. 放线菌　　　C. 真菌　　　　D. 病毒　　　E. 螺旋体

2. 微生物的用途有（　　　）。

A. 用于酿酒　　　　　　　　　B. 制备抗生素
C. 提供人体所需的某些维生素　D. 污水处理
E. 农作物饲料

3. 微生物的特点有（　　　）。

A. 个体微小，结构简单　　　　B. 吸收多，转化快
C. 生长旺，繁殖快　　　　　　D. 适应强，易变异
E. 分布广，种类多

4. 巴斯德在微生物学上的重大发现是（　　　）。

A. 发酵是由微生物引起的　　　B. 低温灭菌保存葡萄酒
C. 无菌操作　　　　　　　　　D. 确定生命自然发生学
E. 首创了病原菌培养鉴定的方法

5. 下列哪些疾病的病原菌是由科赫发现的。（　　　）

A. 结核（结核分枝杆菌）　　　B. 霍乱（霍乱弧菌）
C. 炭疽（炭疽芽孢杆菌）　　　D. 伤寒（伤寒沙门菌）
E. 破伤风（破伤风梭菌）

二、简答题

1. 微生物有哪些主要类群？有哪些特点？
2. 试述列文·虎克、巴斯德和科赫在微生物学发展史上的杰出贡献。
3. 试就微生物技术在工业、农业、医药、食品等方面的应用作一简要介绍。

三、实例分析

1. 法国伟大的科学家巴斯德为了解决葡萄酒和啤酒变酸的问题，他首先用显微镜观察正常的葡萄酒和变酸的葡萄酒中究竟有什么不同。结果巴斯德发现，正常的葡萄酒中只能看到一种又圆又大的酵母菌，变酸的酒中则还有另外一种又细又长的细菌。他把这种又细又长的细菌放到没有变酸的葡萄酒中，葡萄酒就变酸了。随后，他做了一个实验，把几瓶葡萄酒分成两组，一组在50℃的温度下加热并密封，另一组不加热，放置几个月后，当众开瓶品尝，结果加热过的葡萄酒依旧酒味芳醇，而没有加热的葡萄酒却把人的牙都酸软了。

问：（1）你从巴斯德的发现中得出什么结论？酒中的细菌是自然发生的吗？

（2）你从巴斯德的实验又得出什么结论？请你提出防止酒变酸的方法。

2. 20世纪末，一位名叫伊万斯美的美国科学家，为了从事对自然生态环境的研究，他几乎走遍了全世界所有的生物聚集地，并进行了一次耗资惊人的"生物圈二号"实验。在美国政府的支持下，伊万斯美教授在美国亚利桑那州地下用钢筋水泥建造了一个足有十个足球场大、二十层楼高的实验基地，里面尽可能模拟自然生态体系，有空气、水、土壤、各种动植物以及森林、湖泊、河流和微型海洋，甚至还有模拟的阳光。几十名男女志愿者被送进"生物圈二号"。伊万斯美自信地认为这是一个名副其实的"生物

圈",里面的人们完全可以与世隔绝。然而令伊万斯美教授无论如何也没想到的是,仅仅八个月后,实验就被迫提前结束,因为那里的氧气浓度已不足以维持志愿者的生命,虽然经过输氧加以补救,但25种小动物中仍然有19种灭绝,由于传播花粉的昆虫全部死亡,植物也停止了繁殖。这个结果让伊万斯美教授百思不得其解,究竟是什么导致"生物圈二号"实验的失败呢?

模块二
微生物基础知识

项目一　原核微生物

 知识目标

1. 掌握细菌细胞的基本结构和特殊结构；
2. 掌握革兰染色的原理及方法；
3. 熟悉细菌、放线菌菌落特征；
4. 了解放线菌的形态构造。

 能力目标

1. 熟练掌握显微镜的使用和维护；
2. 学会革兰染色的操作。

 素质目标

1. 培养不畏艰辛、勇于探索的精神和严谨治学的态度；
2. 崇尚科学精神，学会科学分析问题。

　　原核微生物是指仅有原始核区而无核膜包裹、不存在核仁的原始单细胞微生物。包括真细菌和古生菌两大类群。其中细菌、放线菌、蓝细菌、支原体、立克次体和衣原体等属于真细菌。

一、细菌

　　细菌是一类个体微小、结构简单的单细胞原核微生物，具有细胞壁，多以二分裂方式繁殖。
　　在我们生活的环境中有大量的细菌存在。在人类未研究和认识细菌前，它们给人类带来严重危害；随着微生物学的发展，人们对它们生命活动规律的认识越来越清楚，由细菌引起的传染病基本得到控制。同时还发掘和利用大量的有益细菌到工、农、医、环保等实践中，给人类带来极大的经济效益和社会效益。

（一）细菌的大小与形态
　　细菌的个体很小，常以微米（μm）作为测量单位，在显微镜下才能观察到。常见的有球状、杆状、螺旋状，分别被称为球菌、杆菌、螺旋菌，如图2-1所示。

1. 球菌

细胞呈球形或椭圆形，球菌分裂后产生的新细胞保持一定的排列方式，根据分裂方向和分裂后的排列方式不同，又可分为单球菌、双球菌、链球菌、四联球菌、八叠球菌、葡萄球菌等。球菌直径一般为0.5～1μm。

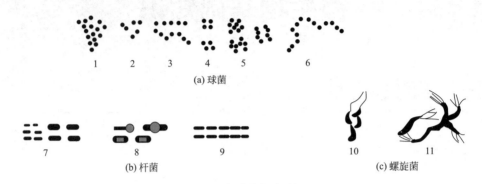

(a) 球菌

(b) 杆菌　　　　　　　　　　　　　　　　(c) 螺旋菌

图2-1　细菌的各种形态

1～6—球菌；7～9—杆菌；10, 11—螺旋菌

2. 杆菌

细胞呈杆状或圆柱形，各种杆菌的长度与直径比例差异很大，有的粗短，有的细长。如大肠杆菌就比较细而短、枯草杆菌粗而长。

杆状菌是细菌中种类最多的，工农业生产中所用的细菌大多是杆菌。大小一般分为三种类型：小型杆菌（0.2～0.4）μm×（0.7～1.5）μm；中型杆菌（0.5～1）μm×（2～3）μm；大型杆菌（1～1.25）μm×（3～8）μm。

3. 螺旋菌

细胞呈弯曲状，螺旋菌细胞壁坚韧较硬，常以单细胞分散存在。根据其弯曲情况可分为弧菌、螺旋菌和螺旋体。螺旋不足一周的称为弧菌，其菌体呈弧形或逗号状，如霍乱弧菌；而螺旋菌有2～6个弯曲，其大小为（0.3～1）μm×（1～50）μm；若菌体弯曲螺旋圈数超过6周，菌体较为柔软，能自由运动，通称为螺旋体，如梅毒密螺旋体。

球菌、杆菌和螺旋菌是细菌的三种基本形态，此外还有具有其他形态的细菌。如柄杆菌属，细胞呈杆状或梭状，并具有一根特征性的细柄，可附着于基质上。

细菌的大小和形态除随种类变化外，还受环境条件（如培养温度、培养时间，培养基的成分、浓度、酸碱度和气体等）以及染色方法等因素的影响。在适宜的生长条件下，幼龄细胞或对数期培养物的形态一般较为稳定，因而适宜进行形态特征的描述。在非正常条件下生长或衰老的菌体常表现出膨大、分枝或丝状等畸形。例如巴氏醋酸菌在高温下由短杆菌转变为纺锤状、丝状或链状，干酪乳杆菌的老龄菌体可从长杆状变为分枝状，根瘤菌在人工培养基条件下为杆状，与植物根系形成类菌体时呈"T"形或"Y"形。

（二）细菌细胞结构

细菌细胞的结构可分为两部分：基本结构和特殊结构。基本结构是一般细菌所共有的结构，为生命所必需的细胞构造，包括细胞壁、细胞膜、细胞质及其内含物和核区。特殊结构是某些细菌在一定条件下所特有的结构，并具有某些特殊功能的细胞构造，如鞭毛、荚膜、芽孢、菌毛等（见图2-2）。

1. 细菌细胞的基本结构

（1）细胞壁　细胞壁位于细胞的最外层，约占细胞干重的10%～25%，是一层有弹性的膜状结构，质地坚韧，组成比较复杂，并随不同细菌而异。

① 细胞壁的主要功能　a. 保护细胞及维持菌体固有形态，提高机械强度使其免受渗透压等外力的损失；b. 阻碍大分子有害物质（如抗生素和溶菌酶等）进入细胞；c. 赋予细菌特定的抗原性、致病性、染色效果以及对噬菌体的敏感性；d. 是细胞生长、分裂所必需，并协助鞭毛运动。

不同细菌细胞壁的化学组成和结构不同，通过革兰染色法可将所有的细菌分为革兰阳性（G⁺）菌和革兰阴性（G⁻）菌。两类细菌细胞壁的共同组分是肽聚糖，但各有其特殊组分。

革兰阳性（G⁺）菌和革兰阴性（G⁻）菌细胞壁结构显著不同（见表2-1），不仅反映在染色反应上，更反映在一系列形态、构造、化学组分、生理生化和致病性等的差别上（见表2-2），从而对生命科学的基础理论研究和实际应用产生了巨大影响，导致这两类细菌在生物学特性及对某些药物的敏感性等方面有很大差异。

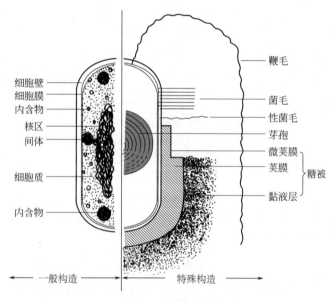

图2-2　细菌细胞的模式构造

表2-1　G⁺菌与G⁻菌细胞壁成分的比较　　　　　　　单位：%

成分	占细胞壁干重的比例		成分	占细胞壁干重的比例	
	G⁺菌	G⁻菌		G⁺菌	G⁻菌
肽聚糖	含量很高（30～95）	含量较低（5～20）	类脂质	一般无（<2）	含量较高（约20）
磷壁酸	含量较高（<50）	0	蛋白质	较少	含量较高

表2-2　G⁺菌与G⁻菌一系列生物学特性的比较

比较项目	G⁺菌	G⁻菌
革兰染色反应	能阻留结晶紫而染成紫色	可经脱色而复染成红色
肽聚糖层	多，可达50层	少，一般单层
磷壁酸	多数含有	无
外膜	无	有
脂多糖（LPS）	无	有
类脂和脂蛋白含量	低	高

比较项目	G⁺菌	G⁻菌
鞭毛结构	基体上着生两个环	基体上着生4个环
产毒素	以外毒素为主	以内毒素为主
对机械力的抗性	强	弱
细胞壁抗溶菌酶	弱	强
对青霉素和磺胺	敏感	不敏感
对链霉素、氯霉素、四环素	不敏感	敏感
碱性染料的抑菌作用	强	弱
对阴离子去污剂	敏感	不敏感
对叠氮化钠	敏感	不敏感
对干燥	抗性强	抗性弱
产芽孢	有的产	不产
细胞附器	通常无	种类多，如菌毛、性毛、柄
运动性	大多不运动，运动用鞭毛	运动或不运动，运动方式多
代谢	多为化能有机营养型	类型多，如光能自养、化能无机营养、化能有机营养

② 缺壁细菌　细胞壁是原核生物的最基本构造，但因自然界长期进化和实验室菌种的自发突变都会出现缺壁的种类。此外，在实验室中，还可以人为地抑制新生细胞壁的合成或对现有细胞壁进行酶解而获得缺壁细菌。

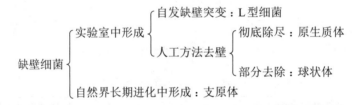

a．L型细菌　指在实验室中通过自发突变而形成的遗传性稳定的细胞壁缺陷菌株。在固体培养基上形成呈"油煎蛋状"微菌落。最先为英国Lister医学研究所发现命名。

b．原生质体　指在人工条件下用溶菌酶除尽原有细胞壁或用青霉素抑制细胞壁的合成后所留下的仅由细胞膜包裹着的细胞。一般由G⁺菌形成。

c．球状体　又称原生质球，指还残留部分细胞壁的原生质体。一般由G⁻菌形成。

d．支原体　是在长期进化过程中形成的、适应自然生活条件的无细胞壁的原核生物，为目前发现的最小的最简单的原核生物。

（2）细胞膜　又称质膜，是紧贴在细胞壁内侧、柔软而富有弹性的半透性薄膜。厚约7～8nm，约为干重的10%～30%。

① 细胞膜的结构　由单位膜组成的细胞膜，主要成分为脂类（磷脂）和蛋白质。其磷脂分子是由一个带正电荷且能溶于水的极性头（磷酸端）和一个不带电荷、不溶于水的非极性尾（烃端）构成。极性头朝向膜的内外两个表面呈亲水性；而非极性的疏水尾则埋在膜内层，从而形成一个磷脂双分子层。据目前所知：磷脂双分子层通常呈液态，不同的内

嵌蛋白和外周蛋白可在磷脂双分子层液体中作侧向运动。犹如漂浮在海洋中的冰山那样。这就是 Singer 和 Nicolson 提出的细胞膜液态镶嵌模型的基本内容（见图 2-3）。

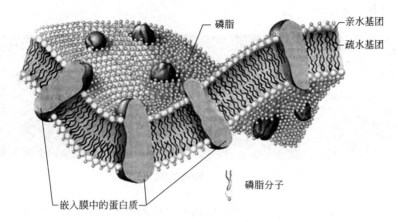

图 2-3 **细胞膜镶嵌模式**

② 细胞膜的功能　a. 控制细胞内外物质的运送、交换；b. 维持细胞内正常渗透压；c. 能量代谢、合成代谢的场所；d. 鞭毛的着生点和提供其运动所需的能量。

间体：由细胞膜内褶形成的一种管状、层状或囊状结构，一般位于细胞分裂部位或其邻近。其功能主要是促进细胞间隔的形成并与遗传物质的复制及其相互分离有关。在枯草杆菌（*Bacillus subtilis*）、粪链球菌（*Streptococcus faecalis*）中，间体较为明显。

（3）细胞质　是细菌新陈代谢的重要场所，是细胞膜内除核质体以外的物质。基本成分是水、蛋白质、脂类、核酸及少量糖和无机盐，其内重要结构有：

① 核糖体　是细菌合成蛋白质的场所，有些抗生素（如链霉素、红霉素等）能与细菌的核糖体结合，干扰细菌蛋白质的合成，从而抑制细菌的生长繁殖。

② 质粒　是细菌染色体外的遗传物质，存在于细胞质中，为闭合环状的双链 DNA，带有遗传信息，控制细菌某些特定的性状，如细菌的耐药性等。

③ 胞质颗粒　多数为细菌储存营养物质的结构，经染色后颜色明显不同于菌体的其他部位，也称异染颗粒，如白喉棒状杆菌的异染颗粒，对细菌鉴别有一定的意义。

（4）核质体　细菌是原核细胞型微生物，无核膜和核仁，DNA 缠结成团，裸露于胞浆中，故称核质体，又称核区。核质体具有与细胞核相同的功能，控制着细菌的生命活动，是细菌遗传和变异的物质基础。

2. 细菌细胞的特殊结构

（1）糖被　有些细菌生活在一定营养条件下，向细胞壁表面分泌一种黏液状、胶质状的物质，糖被的主要成分为多糖、多肽或蛋白质，尤以多糖居多。根据其厚度的不同常有不同的名称。

动画扫一扫

黏液层和荚膜
的分泌过程

① 荚膜（＞200nm）　有明显的外缘和一定的形状，较紧密地结合于细胞壁外，将墨水或苯胺黑负染的标本置于光学显微镜下可见。

② 微荚膜（＜200nm）　与细胞表面结合较紧密，不能用光学显微镜观察到，但可用血清学方法显示。

③ 黏液层　量大，而且与细胞表面的结合比较松散，没有明显的边界，常扩散到培养基中，在液体培养基中会使培养基的黏度增加。

由于有黏液物质，产糖被细菌在固体培养基上形成表面湿润、有光泽、黏液状的光滑型菌落；不产糖被的细菌形成表面干燥、粗糙的粗糙型菌落。糖被对一般碱性染料亲和力低，不易着色，普通染色只能见到菌体周围有未着色的透明圈。用特殊染色法可在光学显微镜下看到（见图2-4）。

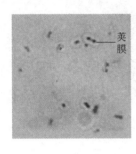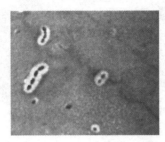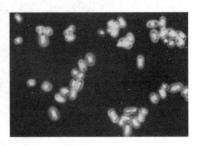

图2-4　细菌的糖被

糖被的形成与环境条件密切相关。如肠膜状明串珠菌（*Leuconostoc mesenteroides*）只有生长在含糖量高、含氮量较低的培养基中才能形成糖被。炭疽杆菌（*Bacillus anthracis*）只有在人或动物体内才能形成糖被。一般情况下产糖被细菌可对制糖工业造成威胁，由于其大量繁殖使糖的黏度加大影响过滤。同时可引起酒类、牛奶、面包等饮料食品发酸变质。在一定条件下可变为有益的物质，如生产人工右旋糖酐用于代血浆的主要成分，在临床上用于抗休克、消肿、解毒等；从糖被中提取的黄杆胶可用作石油开采中的井液添加剂，也可用于印染、食品工业。

糖被的主要功能：a. 保护细菌免受干燥的影响，抵抗吞噬细胞的吞噬；b. 储藏养料，作为细胞外碳源和能源的储存物质，以备营养缺乏时重新利用；c. 与病原菌的毒性密切相关；d. 堆积代谢废物；e. 表面附着作用；f. 细菌间的信息识别作用。

（2）鞭毛　是某些微生物细胞表面着生的一根或数根细长、波曲、毛发状的丝状物。直径为0.01～0.02μm，它是细菌的运动器官，需用电子显微镜观察或经特殊染色法（如鞭毛染色法）使鞭毛增粗后，才能在光学显微镜下看到（见图2-5）。鞭毛的化学成分主要是蛋白质，还有少量多糖、脂类和核酸等。

大多数球菌没有鞭毛；部分杆菌着生鞭毛；螺旋菌一般都有鞭毛。根据鞭毛的数目、

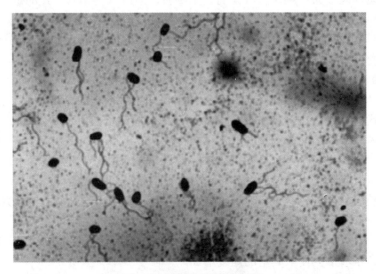

图2-5　细菌鞭毛显微镜照片

位置和排列方式将细菌分为单毛菌、双毛菌、丛毛菌和周毛菌（见图2-6）。鞭毛在菌体上的位置和数量对鉴别细菌有重要意义。

周生

偏端单生　　　两端单生　　　偏端丛生　　　两端丛生

图2-6　细菌鞭毛的类型

性菌毛传递遗传
物质方式

动画扫一扫

（3）菌毛和性菌毛　有些细菌除有鞭毛外还有菌毛和性菌毛。菌毛是细菌细胞表面着生的一些比鞭毛更细短、直硬的丝状结构，又称伞毛。其量很多，每个菌体细胞约有150～500根，其直径为7～9nm、长为200～2000nm，仅在电子显微镜下才能观察到。

菌毛不是细菌的运动器官，而是细菌的吸附器官。细菌常可借助菌毛吸附在动植物或其他各种细胞的表面。

在菌毛中还有一类称为性菌毛，它由性质粒所控制，比一般菌毛稍粗而长，但数量较少。它是细菌接合的工具，在菌体间传递遗传物质。

（4）芽孢　某些细菌在其生长的一定阶段，在细胞内形成一个圆形、椭圆形、壁厚、含水量极低、抗逆性极强的休眠体，称为芽孢。能形成芽孢的细菌多为G^+菌。芽孢形成的位置、形状、大小可因菌种而异。如：枯草芽孢杆菌的芽孢位于菌体中间，呈卵圆形，比菌体小；破伤风杆菌的芽孢位于菌体一端呈圆形，比菌体大，使菌呈棒槌形。

芽孢的特点：①含水量低，约为40%；②壁厚而致密，折光性强；③芽孢中含有2，6-吡啶二羧酸（DPA），它对热具有较强的抗性，一旦芽孢萌发，2，6-吡啶二羧酸将释放到培养基中去，同时它也失去抗热性；④芽孢的酶处于不活跃状态；⑤芽孢是细菌的休眠体，而不是繁殖方式。

芽孢的形成需要一定的外界条件。例如：炭疽芽孢杆菌在有氧条件下形成芽孢，而破伤风杆菌正好相反。部分芽孢杆菌，只有在营养缺乏、代谢产物积累或温度高的不良环境下，其衰老的细胞内才形成芽孢。但有些芽孢如苏云金芽孢杆菌只有在营养丰富、温度适宜的条件下才能形成芽孢。因此不能把芽孢的形成单纯理解为是不良环境条件下的产物。芽孢一旦形成对不良环境就具有很强的抵抗性，尤其耐高温。像枯草芽孢杆菌的芽孢在沸水中可存活1h，这给有效地控制有害微生物带来困难。另外巨大芽孢杆菌（*Bacillus megaterium*）芽孢的抗辐射能力要比大肠杆菌（*E. coli*）营养细胞强36倍。

伴孢晶体：芽孢杆菌中有些种，如苏云金芽孢杆菌等形成芽孢的同时，会在芽孢旁形成一颗菱形或双锥形的碱溶性蛋白晶体。一个细菌一般只产生一个伴孢晶体，伴孢晶体由蛋白质组成，它具有毒性，能杀死鳞翅目昆虫，所以是一种良好的细菌杀虫剂。

（三）细菌的培养特征

1. 细菌的繁殖方式

细菌的繁殖方式

动画扫一扫

细菌一般进行无性繁殖，表现为细胞的横分裂，称为裂殖。绝大多数细菌类群在分裂时产生大小相等、形态相似的两个子细胞，称为同形裂殖；但有少数细菌裂殖后形成的子细胞与母细胞大小不同，称为异形裂殖，如柄杆菌。细菌亦存在有性结合，但发生频率极低。

细菌二分裂的过程为：首先从核区染色体DNA的复制开始，形成新的双链，随着细胞的生长，每条DNA各形成一个核区，同时在细胞赤道附近的细胞膜由外向中心作环状推进，然后，细胞膜闭合，在两核区之间产生横隔膜，使细胞质分开进而细胞壁也向内逐渐伸展，把细胞膜分成两层，每一层分别形成子细胞膜。接着横隔壁亦分成两层，并形成两个子细胞，最后母细胞分裂为两个独立的子细胞。

2. 细菌的培养特征

单个微小的细菌用肉眼是看不到的，但当在固体培养基上生长、繁殖时，便以此母细胞为中心产生大量的子细胞而聚集在一起，形成一个肉眼可见的、具有一定形态结构的子细胞群，称为菌落。如果菌落是由一个单细胞发展而来的，则它就是一个纯种细胞群或克隆。当一个固体培养基表面，有许多菌落连成一片时，便称为菌苔。

某一细菌细胞在一定条件下形成的菌落具有自己的特征（见图2-7），并有一定的稳定性，故菌落可作为菌种鉴定和判断纯度的重要依据。细菌菌落具有一些基本的特征，如湿润、黏稠、易挑起（菌体和基质结合不紧密）、质地均匀及菌落各部位的颜色一致等。但不同细菌的菌落具有自己特有的特征，如无鞭毛、不能运动的细菌，特别是球菌，常形成较小、较厚、边缘较整齐的菌落；有鞭毛的细菌菌落则较大而扁平，边缘波状、锯齿状等；有糖被的细菌菌落较大而且表面光滑，无糖被者则表面较粗糙；具有芽孢的细菌菌落表面常有皱褶且很不透明。另外细菌菌落形态也受环境的影响而产生变化，故在菌种鉴定时要注意检测条件一致。菌落已被广泛应用于菌种的分离、纯化、选育等方面，在基因工程中亦得到普遍的应用。

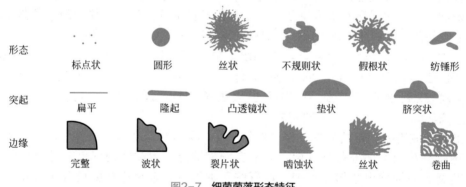

图2-7 细菌菌落形态特征

细菌在液体培养基中不能形成菌落，但可使培养液浑浊，或在液体表面形成膜，或产生絮状沉淀等。

二、实操练习——微生物镜检技术

任务1 光学显微镜油镜的使用与维护

学习光学显微镜油镜的使用与维护，有利于为微生物鉴定技术的显微技术培养奠定基础。

（一）接受指令

1. 指令

（1）熟练掌握油镜的使用操作步骤；

（2）学会油镜的维护方法。

2．指令分析

（1）使用油镜时，不能使用倾斜载物台，以免香柏油流行造成污染。

（2）在调焦距时，需使镜头缓缓离开镜片。如果反方向操作，极易在镜头与玻片靠近的过程中压碎玻片，损伤油镜镜头。

（二）制订计划

知识预备→小组方案制定→任务实施→过程督导→跟踪检查→绩效评价。

（三）实施操作

1．准备

（1）标本玻片　球菌、杆菌、螺旋菌标本。

（2）用具　光学显微镜、香柏油、乙醚或二甲苯、擦镜纸等。

【训练】为了保证实操完成顺利，实操前应准备好所需的用具。请填写备料单（见表2-3）。

表2-3　备料单（任务1　光学显微镜油镜的使用与维护）

序号	品名	规格	数量	备注
1				
2				
3				
4				
5				
6				
7				
8				
9				
10				

2．油镜的使用步骤

（1）采光　将低倍物镜调到距载物台约1cm的高度，将聚光器上调至最高处，光圈完全打开，用反光镜采光直至视野里获得最大亮度。若用日光灯作为光源，可用凹面镜；若用自然光作为光源，则用平面镜；电光源显微镜需要调整亮度。

（2）滴加香柏油　于标本片上滴加一滴香柏油，将标本片置于载物台上，用推进器或压片夹固定好，旋转物镜回旋器，使油镜镜头垂直于标本位置。以双眼从侧面观察，并旋动粗螺旋，慢慢使镜头浸于香柏油中，但不要与玻片接触。

（3）调焦距　注视目镜，旋动粗螺旋，将镜头慢慢升高（或使载物台缓缓下降）至有模糊物像时，再转动微调螺旋，使物像清晰。如镜头已离开油面，则需重新操作。

3．油镜的维护

镜头是光学显微镜中最重要的部件，尤其是油镜镜头，应特别注意保护。实验完毕，必须做好以下几点：

（1）转动物镜回旋器，移去标本片，用擦镜纸将油镜上的香柏油轻轻拭去。如镜头上的油已干，可用沾少许乙醚或二甲苯的擦镜纸擦拭，然后再用干净的擦镜纸将残留的乙醚或二甲苯擦拭干净。

（2）将物镜转成八字形，使物镜不与载物台垂直，以免与聚光器碰撞。

（3）竖起反光镜、下降镜筒和聚光器，罩上镜罩防尘或放入镜箱内。

（4）放置显微镜应注意通风透气、防晒、防霉。

（5）取显微镜时应一手握镜臂，一手托镜座，轻拿轻放。

【训练】观察细菌的形态、大小及特殊结构。

 知识链接

显微镜是观察微生物最常用的仪器。最早的光学显微镜是由荷兰眼镜商詹森（Z.Jandrn，1588—1628年）于1604年发明的，而真正观察到活细胞的是荷兰科学家列文·虎克（1632—1723年），他用自制的显微镜观察到原生动物、人和哺乳动物的精子以及细菌等。

显微镜的种类很多，有普通的光学显微镜，还有高级的电子显微镜和原子显微镜等。普通的光学显微镜是微生物实验室常用的光学仪器。光学显微镜根据其照明技术，又可分为明视野显微镜、暗视野显微镜和荧光显微镜等类型。

普通光学显微镜是由两组汇聚透镜组成的光学折射成像系统。为了尽量提高系统成像的放大倍数，先选用一组焦距很短、尺寸较小的透镜组成对，对微小的观察对象作第一次成像，把观察物置于透镜物镜焦点稍外之处，获得一个有最大放大效果的倒立实像。所得实像再经一组尺寸较长的透镜组作第二次成像，获得一个经两次放大的倒立虚像，调节到观察者的明视距离处，就清楚看到直接用肉眼看不到的微小物体了。

油镜使用的原理：油镜的透镜很小，从载玻片透过的光线通过空气时，因介质折射率不同，光线将发生散射现象，使射入镜筒的光线很少，物像不清。若在油镜与玻璃片之间加入与玻璃折射率相近的香柏油，则使通过的光线不致因折射而减弱，因此能清楚地看到物像。

（四）结果报告

根据实操内容写出报告。

【思考讨论】

① 在使用过程中如何避免物镜受伤？

② 油镜使用后，为什么要及时用二甲苯处理，处理时应注意些什么？

任务2   革兰染色技术

学习革兰染色技术，为进行细菌鉴定奠定基础。

（一）接受指令

1. 指令

熟练掌握革兰染色技术。

2. 指令分析

（1）涂片应均匀，不宜过厚。

（2）染色过程中勿使染色液干涸，用水冲洗时应吸去玻片上的残水以免染色液被稀释影响染色效果。

（3）染色成败的关键是脱色的时间。时间过短，革兰阴性菌也会被染成革兰阳性菌；脱色过度，革兰阳性菌也会被染成革兰阴性菌。另外，时间长短还与涂片薄厚、乙醇用量有关。

（4）老龄菌因体内核酸减少，会使阳性菌被染成阴性菌，故不选用。

（二）查阅依据

革兰染色机理。

（三）制订计划

教师讲解操作要点并示教→学生两人一组，按操作程序操作→教师巡视观察、纠正→互换镜检→教师点评。

（四）实施操作

1. 准备

（1）菌种　大肠杆菌、金黄色葡萄球菌的斜面菌种和菌液。

（2）试剂　香柏油、二甲苯、结晶紫染液、卢戈碘液、95%乙醇、苯酚复红染液、生理盐水等。

（3）器材　显微镜、载玻片、接种环、酒精灯、擦镜纸、吸水纸等。

【训练】为了保证实操完成顺利，实操前应准备好所需的用具。请填写备料单（见表2-4）。

表2-4　备料单（任务2　革兰染色技术）

序号	品名	规格	数量	备注
1				
2				
3				
4				
5				
6				
7				
8				
9				
10				

2. 操作步骤

（1）细菌制片的基本过程

① 涂片

a. 常规涂片法　取一洁净无油的载玻片，用特种笔在载玻片的左右两侧标上菌号，并在两端各滴一小滴蒸馏水，按无菌操作法从菌种斜面取少量菌体与水滴充分混匀，涂成薄膜，涂布面积约$1.0 \sim 1.5cm^2$。

b. "三区"涂片法　在载玻片的左右两端各加一滴蒸馏水，在无菌操作下挑取少量金黄色葡萄球菌与大肠杆菌均匀涂于两滴水中，并将少量菌液适当延伸至载玻片的中央，使其形成含有两种菌的混合区，涂成薄膜，涂布面积约$1.0 \sim 1.5cm^2$。

② 干燥　涂片置于室温自然干燥，也可将涂菌面向上，在离火焰约1.5cm高处加热烘干，但切勿靠近火焰。

③ 固定　常用加热固定法，其主要目的是杀死细菌并使菌体较牢固地黏附于载玻片，在染色时不被染液或水冲掉。方法是手执载玻片一端，使涂菌的一面朝上，通过微火2～3次，在火上固定时，用手触摸涂片反面，以不烫手为宜。不可使载玻片在火上烤，以免细菌形态被毁坏。

（2）革兰染色的基本步骤

① 初染　在制好的涂片上滴加结晶紫染液1～2滴，染色1～2min后，倾斜载玻片水洗至洗出液无色，将载玻片上水用吸水纸吸干。

② 媒染　滴加卢戈碘液1～2滴后，染色1min后水洗。

③ 脱色　用吸水纸吸去载玻片上的残水，将载玻片倾斜，用滴管连续滴加95%的乙醇脱色0.5～1min，直至流出液无色，立即水洗，终止脱色，将载玻片上水吸干。

④ 复染　滴加苯酚复红稀释液1～2滴，复染1～2min，水洗，然后用吸水纸吸干。在染色的过程中不可使染液干涸。

⑤ 镜检　干燥后，用油镜观察。判断两种菌体染色反应性。菌体被染成紫色的是革兰阳性（G^+）菌，被染成红色的是革兰阴性（G^-）菌。

（3）实验结束后处理　清洁显微镜。先用擦镜纸擦去镜头上的油，然后再用擦镜纸蘸取少许二甲苯或乙醚擦去镜头上的残留油迹，最后用擦镜纸擦去残留的二甲苯或乙醚，染色载玻片用洗衣粉水煮沸，清洗，晾干后备用。

【训练】按上述操作步骤进行细菌革兰染色实操练习。

 知识链接

细菌的染色

细菌是一种形态微小、无色半透明并含有大量水分的微小生物，与周围背景没有明显的明暗差，因而用一般光学显微镜不易观察。通常用染色的方法增加范畴，进行细菌标本的观察。染料有带阴离子发色团的酸性染料和带有阳离子发色团的碱性染料。由于细菌的等电点为pH=2～5，在接近中性的环境中通常带负电荷，易与带正电荷的碱性染料相结合而染上颜色，故常用亚甲基蓝、碱性复红、草酸铵结晶紫染料染色。染色的方法很多，主要类型如下。

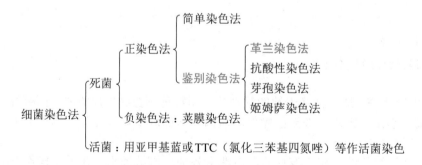

在上述各种染色法中，尤以革兰染色法最为重要，革兰染色法是1884年丹麦微生物学家革兰姆发明的一种细菌鉴别方法，其染色过程为：涂片→干燥→固定→草酸铵结晶紫初染→碘液媒染→95%乙醇脱色→石炭酸番红复染→水洗→干燥。

制片后在显微镜下观察，如菌体呈深紫色（初染颜色），称革兰阳性菌，以G^+表示；如菌体呈红色（复染颜色），称革兰阴性菌，以G⁻表示。通过革兰染色法可把所有细菌分为两类。因此它是分类鉴定菌种的重要指标。

其染色机制是：通过初染和媒染操作后，在细菌细胞的膜或原生质体上染上了不溶于水的结晶紫与碘的大分子复合物。革兰阳性菌由于细胞壁厚、肽聚糖含量较高和其分子交联度较紧密，故在用乙醇洗脱时，肽聚糖网孔会因脱水而明显收缩，再加上它基本不含类脂，故用乙醇处理不能在壁上溶出缝隙，因此结晶紫与碘复合物仍牢牢阻留在其细胞壁内，使其呈现蓝紫色。反之，革兰阴性细菌因其壁薄、肽聚糖含量低和交联松散，故遇乙醇后，肽聚糖网孔不易收缩，加上它的类脂含量高，所以当乙醇把类脂溶解后，在细胞壁上就会出现较大的缝隙，这样，结晶紫与碘的复合物就极易被溶出细胞壁，因此通过乙醇脱色后，细胞又呈无色。这时，再经番红等红色染料进行复染，就使革兰阴性菌获得了红色。

（五）结果报告
1. 根据观察结果，绘出两种细菌的形态图。
2. 列表简述两种细菌的染色结果（见表2-5）。

表2-5 两种细菌的染色结果

菌种	革兰染色	现象及结论
大肠杆菌		
金黄色葡萄球菌		

【思考讨论】
① 涂片后为什么要固定？固定时应注意什么？
② 简述革兰染色的注意步骤以及影响染色结果的主要技术要点。

三、放线菌

放线菌是一类介于细菌和真菌之间的单细胞微生物，其细胞结构和化学成分与细菌相似，属原核微生物。另外，其菌体呈丝状，有分枝，以孢子繁殖，这些特征又与霉菌相似。放线菌菌丝呈放射状生长，并因此而得名。至今已发现的4000余种放线菌，其革兰染色几乎都呈阳性。

放线菌广泛分布于自然界，土壤、空气、淡水中均有放线菌生存，以土壤中为最多。放线菌特别适宜生长在排水较好、有机质丰富的中性或偏碱性土壤中。土壤特有的泥腥味主要是放线菌产生的代谢物引起的。每克土壤放线菌的孢子数一般可达10^7。

大多数放线菌生活方式是腐生，少数寄生，腐生型放线菌在环境保护和自然界物质循环等方面起着相当重要的作用，而寄生型放线菌却可引起人和动植物致病。如人畜的皮肤病、脑膜炎、肺炎等及植物病害马铃薯疮痂病和甜菜疮痂病。放线菌与人类关系极为密切，在医药工业上有重要意义，为人类健康做出了重要贡献。到目前为止，在医药、农业上使用的大多数抗生素是由放线菌产生的，如链霉素、土霉素、金霉素、卡那霉素、庆大霉素、庆丰霉素和井冈霉素等。已经分离得到的放线菌产生的抗生素种类已达4000种以上。有些放线菌还用来生产维生素和酶；放线菌在甾体转化、烃类发酵和污水处理等方面也有应用。

（一）放线菌的形态结构

放线菌的形态极为多样，其中链霉菌属分布最广、种类（已鉴定的有1000余种）最多，形态、特征最为典型，应用范围广泛，现以典型的链霉菌为例介绍放线菌的基本形态和结构（见图2-8）。

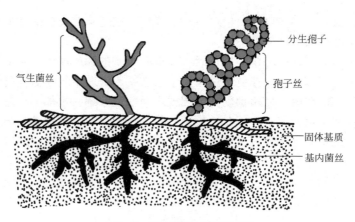

图2-8　链霉菌形态结构模式图

　　链霉菌菌体细胞为单细胞，大多数由分枝发达的菌丝组成。为原核微生物，细胞壁由肽聚糖组成，并含有二氨基庚二酸（DPA）。菌丝直径1.0μm左右，与细菌相似，在营养生长阶段，菌丝内无隔膜，故一般呈多核的单细胞状态。放线菌的菌丝由于形态和功能不同，一般可分为基内菌丝、气生菌丝和孢子丝三种。

　　1. 基内菌丝

　　又称为基质菌丝、营养菌丝或一级菌丝，长在培养基内，菌丝无分隔，菌丝直径通常为0.5～1.0μm，但长度差别很大，短的小于100μm，长的可达600μm；有的不产色素，有的可以产生各种水溶性、脂溶性色素，使培养基着色。基内菌丝的主要功能是吸收营养物质和排泄废物。

　　2. 气生菌丝

　　又称为二级菌丝，它是基内菌丝生长到一定时期，长出培养基外并伸向空间的菌丝。它叠生于基内菌丝之上，直径比基内菌丝粗，颜色较深，有的产色素。其形状有直形或弯曲状，有的有分枝。气生菌丝的主要功能是输送营养物质和起支持作用。

　　3. 孢子丝

　　当气生菌丝生长发育到一定程度，其上分化出可形成孢子的菌丝即为孢子丝，又名产孢丝或繁殖菌丝。孢子丝的形状有直形、波曲形、钩形和螺旋形，其着生方式有互生、轮生和丛生等（见图2-9），是分类鉴别的重要依据。分生孢子的形态也极为多样，有球状、椭圆状、杆状、梭状等，颜色也十分丰富。孢子表面结构在电子显微镜下清晰可见，有的表面光滑、有的有皱褶、有的带疣、有的生刺，等等。分生孢子的这些特征是分类鉴定主要形态菌种的依据。

　　（二）放线菌的培养特征

　　1. 放线菌的繁殖方式

　　放线菌主要通过无性孢子的方式进行繁殖。孢子的形成方式是横隔分裂方式：气生菌丝顶端先波曲成为孢子丝，然后形成横隔，细胞壁加厚并收缩，分成一个一个的细胞。最后，细胞成熟，形成一串孢子。在液体培养时放线菌很少形成孢子，可通过菌丝断裂的片段形成新的菌丝体而大量繁殖。工业发酵生产抗生素时常采用搅拌培养即是以此原理进行的。

　　2. 放线菌的群体特征

　　由于放线菌丝状生长和产生成串的干粉状孢子，所以放线菌菌落有着不同于其他原核微生物的特征：质地致密、丝绒状或有皱褶、干燥，不透明，上覆盖有不同颜色的干粉（孢子），菌落正反面的颜色常因基内菌丝和孢子所产生色素各异而不一致，因基内菌丝与

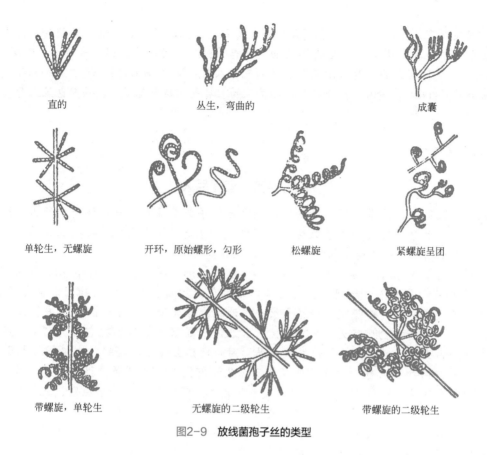

直的　　　　　　丛生，弯曲的　　　　　　成囊

单轮生，无螺旋　　　开环，原始螺形，勾形　　松螺旋　　　紧螺旋呈团

带螺旋，单轮生　　　无螺旋的二级轮生　　　带螺旋的二级轮生

图2-9　放线菌孢子丝的类型

培养基结合较紧，故不易挑起。但是放线菌菌落没有霉菌菌落那么大和疏松。

　　将放线菌接种到液体培养基内静置培养，可见到液面与瓶壁交界处形成斑状或膜状培养物，或沉降于瓶底而不使培养基浑浊；若振荡培养，其常形成由短小的菌丝体所构成的珠状颗粒。

 视野拓展 ....

超级细菌

　　超级细菌分为两种，一种是人工利用基因工程培养出来的细菌。一般的细菌只能分解一种或两种污染物，而科学家用基因工程技术，将分解污染物的不同基因植入同一种细菌体内，使其形成可以同时分解多种污染物的细菌，其可应用于海洋、湖泊、江河的净化。

　　另一种超级细菌是自然界突变的细菌，例如：澳大利亚科学家最近发现一种专吃砒霜的超级细菌，该细菌可生存在受到砒霜污染的土壤中。这种细菌将极毒的砒霜（砷酸盐）氧化，变成毒性较低的亚砷酸盐。澳大利亚农民以前用砒霜来控制牛羊的寄生虫而造成了农场的污染，如今可利用这种超级细菌清理农场的污染。

　　有的超级细菌是指突破了人类当前对付细菌感染的"最后堡垒"——抗生素的各种细菌。例如：一种名叫耐万古霉素肠球菌（简称VRE）和抗甲氧西林（一种青霉素类抗生素）的"金黄色葡萄球菌"，一旦人类感染，对数种抗生素都具有抗药性，很难治疗。欧美国家首先发现了这两种超级细菌，它们曾导致数百个婴儿感染、多名死亡，超级细菌的危害性引发世界空前的关注。

　　一般情况下，肠球菌、金黄色葡萄球菌无毒无害，但若产生抗药性，其就会变得十分致命。由于可以抵抗最强力的抗生素和药物，并能够引起各种感染，因此被称为"超级细菌"（superbug）。美国每年因"超级细菌"导致的死亡人数可达到18000例，超过了2005年美国死于艾滋病的16000人。同时，感染"超级细菌"的人数也在越来越多，发病率也呈上升趋势。

思政元素

以身偿苦　造福后人

　　他是我国第一代病毒学家，也是我国预防医学事业奠基人之一。他一生致力于医学病毒学研究，是最早研究支原体的微生物学家之一，也是世界上发现重要病原体的第一个也是唯一一个中国人。他就是中国科学院院士汤飞凡。

　　沙眼流行至少已有三四千年，自微生物学发轫之始已受到重视。早在20世纪30年代，汤飞凡就开始对支原体进行研究，否定了沙眼细菌病因说，并为病毒病因说奠定了基础。1955年，经过多年的实验研究，世界上第一株沙眼病毒被汤飞凡分离出来，并命名为TE8，T表示沙眼，E表示鸡卵，8是第8次试验。后来许多国家的实验室把它称为"汤氏病毒"。试验成功后，有人建议汤飞凡赶快发表成果，因为世界上许多实验室在竞相分离沙眼病毒，不赶快发表，怕被人抢先。但作风严谨的汤飞凡没有同意，他又做了很多工作，进一步证明了TE8的准确性，直到1956年10月才发表了论文。汤飞凡还有一个原则，就是如果科学研究需要用人做实验，科学研究人员就要首先从自己做起。1957年除夕，他将TE8种进自己的一只眼睛，造成了典型的沙眼。为了观察全部病程，他坚持了40多天才接受治疗，无可置疑地证明了TE8对人类的致病性。

　　汤飞凡的学术成就不只是沙眼病原体的发现。他在病毒学发展的早期就有过重要贡献。抗日战争期间，汤飞凡就曾建设了防疫处，生产了大量的血清和疫苗，还建立了青霉素试验厂，为预防天花、黄热病、鼠疫等疫病作了大量的工作，挽救了无数人的生命。

　　汤飞凡是一个伟大的科学家，他热爱祖国、严谨治学、不懈追求着科学的真理。为纪念他的卓越贡献，邮电部于1992年11月22日发行了汤飞凡纪念邮票，以此来纪念这位伟大的科学家。

知识小结

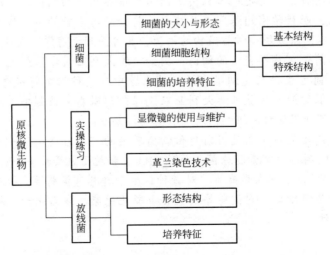

目标检测

一、选择题

（一）单项选择题

1. 用来测量细菌大小的单位是（　　）。

A. cm　　　　　　B. mm　　　　　　C. μm　　　　　　D. nm

2. 不属于细胞生物的微生物是（　　）。

A. 细菌　　　　　B. 病毒　　　　　C. 真菌　　　　　D. 放线菌

3. 属于细菌细胞基本结构的是（　　）。

A. 细胞膜　　　　B. 菌毛　　　　　C. 芽孢　　　　　D. 鞭毛

4. 保护细胞及维持细菌菌体固有形态的结构是（　　）。

A. 细胞壁　　　　B. 细胞膜　　　　C. 细胞质　　　　D. 核质体

5. 细菌细胞壁的共有成分是（　　）。

A. 蛋白质　　　　B. 磷脂　　　　　C. 磷壁酸　　　　D. 肽聚糖

6. 自然界中无细胞壁的细菌是（　　）。

A. 支原体　　　　B. 衣原体　　　　C. 螺旋体　　　　D. 立克次体

7. 不属于细菌基本形态的是（　　）。

A. 球状　　　　　B. 杆状　　　　　C. 蝌蚪状　　　　D. 螺旋状

8. 对外界抵抗力最强的细菌结构是（　　）。

A. 细胞膜　　　　B. 核质体　　　　C. 芽孢　　　　　D. 荚膜

9. 细菌能通过下列哪种结构来实现彼此间遗传物质的传递。（　　）

A. 芽孢　　　　　B. 糖被　　　　　C. 性菌毛　　　　D. 鞭毛

10. 在放线菌发育过程中吸收水分和营养的器官为（　　）。

A. 基质菌丝　　　B. 气生菌丝　　　C. 孢子丝　　　　D. 孢子

11. 微生物学最常用的染色检查方法是（　　）。

A. 抗酸染色　　　B. 姬姆萨染色　　C. 革兰染色　　　D. 芽孢染色

12. 革兰染色法操作中，初染用的染色液是（　　）。

A. 结晶紫　　　　B. 碘液　　　　　C. 95%乙醇　　　D. 番红

13. 革兰染色后，G^- 菌呈现（　　）颜色。

A. 红色　　　　　B. 黄色　　　　　C. 无色　　　　　D. 紫色

14. G^+ 菌细胞壁中含量最高的成分是（　　）。

A. 肽聚糖　　　　B. 类脂质　　　　C. 蛋白质　　　　D. 多糖

15. 用人工方法彻底除壁，可形成（　　）。

A. L型细菌　　　B. 原生质体　　　C. 球状体　　　　D. 支原体

（二）多项选择题

1. 细菌细胞膜的功能包括（　　）。

A. 物质交换作用　　　　　　　　　B. 维持细菌的外形

C. 合成场所　　　　　　　　　　　D. 维持细胞内正常渗透压

E. 运动功能

2. 细菌芽孢的主要特点是（　　）。

A. 具有黏附作用　B. 具有侵袭力　　C. 耐热
D. 耐干燥　　　　E. 抗消毒剂

二、简答题
1. 细菌细胞的结构有哪些？并说明其功能及应用。
2. 说明革兰染色的原理及步骤。
3. 比较细菌和放线菌菌落的特征。

项目二　真核微生物

 知识目标

1. 掌握酵母菌、霉菌的形态结构及菌落特征；
2. 熟悉真核微生物与原核微生物的区别；
3. 了解常见真菌属的应用。

 能力目标

能通过菌落形态识别酵母菌和霉菌。

 素质目标

1. 培养学以致用、树立报效祖国的志向，为实现中国梦贡献自己的力量；
2. 树立终身学习的理念。

　　真核微生物是一类具有细胞核、核膜、核仁，能进行有丝分裂，细胞质中存在线粒体或同时存在叶绿体等多种细胞器的生物。真核微生物包括真菌、单细胞藻类和原生动物。由于单细胞藻类和原生动物在其他课程中已有详细介绍，故本项目主要介绍真菌。

　　真菌是一类具有典型细胞核和完整细胞器，能进行有性繁殖和（或）无性繁殖，不分根、茎、叶，不含叶绿素的真核型微生物，属于真菌界，细胞壁含几丁质和（或）纤维素。

　　真菌在自然界分布广泛，生存适应能力强，种类繁多（有几十万种），目前已被人类所认识的还不到几万种，包括各种霉菌、酵母菌和一些大型真菌。真菌与人类关系密切，在食品加工业中具有重要的作用，很多食品都是应用真菌制造的，如各种酒类、面包、酱油、豆腐乳等。有些真菌可以直接用作食品，如蘑菇、木耳、香菇等。我国名贵的药材灵芝、茯苓、天麻等也是真菌。真菌在发酵工业上广泛用来生产酒精、抗生素（青霉素、灰黄霉素等）、有机酸（柠檬酸、葡萄糖酸等）、酶制剂（淀粉酶、纤维素酶等）。此外，真菌对土壤有机物质的分解和自然界的物质循环起着重要的作用。在农业上，真菌在饲料发酵生产、植物生长激素（赤霉素）合成、生物防治害虫等方面也发挥了重要的作用。

　　但是，有些真菌也对人类生活造成危害。如许多霉菌会使农作物发生病害，会引起农产品、纺织品和其他工业产品的发霉变质；受真菌污染的食品腐败变质，降低或失去其食用价值；真菌产生的毒素，会使人畜中毒，实验证明黄曲霉产生的黄曲霉毒素可使实验动物致癌。对人致病的真菌分为病原性真菌、条件致病性真菌、产毒真菌及致癌真菌。真菌病发率近年来有明显上升趋势，特别是条件致病性真菌的感染更为常见，这与临床滥用抗生素、经常应用激素及免疫抑制剂、抗癌药物导致机体免疫功能下降有关。

真菌形态多种多样，差异极大，小到肉眼看不见的新生隐球菌、白假丝酵母菌，大到肉眼可见的木耳、蘑菇等，都有典型的核结构和细胞器。本项目重点介绍真菌中的酵母菌和霉菌。

一、酵母菌

酵母菌不是一个分类学上的名称，而是一个俗称，它是一类以出芽繁殖为主的低等单细胞真菌的统称。其在自然界分布广泛，主要生长在偏酸性的含糖环境中，如水果、蔬菜、蜜饯的表面和果园土壤中最为常见。由于不少酵母菌可以利用烃类物质，故在油田和炼油厂附近的土层中也可找到这类利用石油的酵母菌。

目前已知的酵母菌有500多种，与人类关系密切。酵母菌可被认为是人类的"第一种家养微生物"。千百年来，酵母菌及其发酵产品大大改善和丰富了人类的生活，如酒类的生产、面包的制作、乙醇和甘油的发酵，饲用、药用和食用单细胞蛋白（蛋白质含量可达细胞干重的50%），生化药物制造等。此外，近年来，在基因工程中酵母菌还以最好的模式真核微生物被用作表达外源蛋白功能的优良"工程菌"。只有少数酵母菌才能引起人或一些动物的疾病，如：白假丝酵母菌（*Candida albicans*，旧称白色念珠菌）和新型隐球菌（*Cuyitococcus neofonmans*）等一些条件致病菌可引起鹅口疮、阴道炎或肺炎等疾病。

由于不同的酵母菌在进化和分类地位上的异源性，因此很难对酵母菌作一个确切的定义，通常认为，酵母菌具有以下5个特点：①个体一般以单细胞状态存在；②多数营出芽繁殖；③能发酵糖类产能；④细胞壁常含甘露聚糖；⑤常生活在含糖量较高、酸度较大的水生环境中。

（一）酵母菌的形态和大小

大多数酵母菌为单细胞，形状因菌种而异，其基本形态呈圆形、卵圆形或圆柱形，长5～20μm、可达50μm，宽1～5μm、可达10μm以上，比细菌大几倍至几十倍。有的酵母菌，如热带假丝酵母（*Candida tropicalis*）的子细胞与母细胞连在一起形成链状藕节样芽孢链，称为假菌丝（*pseudohypha*）。

（二）酵母菌的细胞结构

酵母菌为真核微生物，其细胞结构如图2-10所示。细胞核有核仁和核膜；细胞质有线粒体、核糖体、内质网、液泡等细胞器。酵母菌细胞壁厚约25nm，约占细胞干重的25%，其主要成分为葡聚糖、甘露聚糖、蛋白质和几丁质，另有少量脂质。酵母菌细胞壁一般含有三层结构：外层为甘露聚糖，内层为葡聚糖，中间夹有一层蛋白质分子（见图2-11），葡聚糖是维持细胞壁强度的主要物质。

酵母菌细胞膜的结构、成分与原核微生物基本相同，但功能不如原核微生物那样具有多样化。细胞核有核膜、核仁及染色体。酵母菌细胞核是其遗传信息的主要储存库。酿酒酵母的基因组由17条染色体组成，其全部序列已于1996年公布，大小为12.052Mb，共有6500个基因，这是第一个测出的真核生物基因组序列。

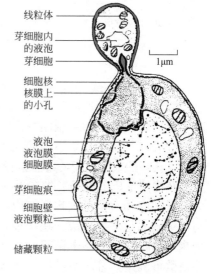

线粒体
芽孢胞内的液泡
芽细胞
1μm
细胞核核膜上的小孔
液泡
液泡膜
细胞膜
芽细胞痕
细胞壁
液泡颗粒
储藏颗粒

图2-10　**酵母菌的细胞结构**

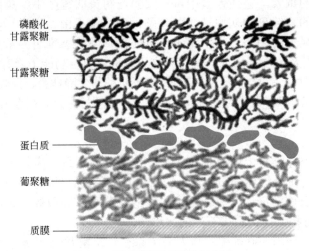

磷酸化
甘露聚糖

甘露聚糖

蛋白质

葡聚糖

质膜

图2-11　**酵母菌细胞壁结构示意图**

（三）酵母菌的培养特征

1. 酵母菌的繁殖

酵母菌具有有性繁殖和无性繁殖两种方式（见表2-6），无性繁殖是指不经过两性细胞配合便能产生新个体的繁殖方式，无性繁殖主要有芽殖、裂殖和产生无性孢子；有性繁殖主要产生子囊孢子。大多数酵母以无性繁殖为主。有的既具有无性繁殖，又具有有性繁殖，称为真酵母；有的仅具有无性繁殖，尚未发现有性繁殖阶段，称为假酵母。

表2-6　酵母菌的繁殖方式

繁殖类型	繁殖方式		特点
无性繁殖	芽殖	单端芽殖，两端芽殖，多边芽殖	在成熟的酵母细胞上长出芽体，并生长发育形成新的个体
	裂殖	仅限于裂殖酵母属	酵母细胞二等分裂
	无性孢子	掷孢子，厚垣孢子，节孢子，分生孢子	形成孢子
有性繁殖	有性孢子	子囊孢子	经体细胞融合形成子囊，子囊内的二倍体细胞经核减数分裂形成子囊孢子

（1）无性繁殖

① 芽殖　芽殖（见图2-12）是酵母菌无性繁殖的主要方式，在良好的营养和生长条件下，酵母菌生长迅速，几乎所有的细胞上都长出芽体，而且芽体上还可形成新的芽体，于是就形成了呈簇状的细胞团。当它们进行一连串的芽殖后，如果长大的子细胞与母细胞不立即分离，其间仅以狭小的面积相连，则这种藕节状的细胞串就称为假菌丝；如果细胞相连，且其间的横隔面积与细胞直径一致，则这种竹节状的细胞串就称为真菌丝。

芽体的形成过程是：先在母细胞将要形成芽体的部位通过水解酶的作用使细胞壁变薄，大量新细胞物质包括核物质在内的细胞质堆积在芽体的起始部位，待其逐步长大后，就在与母细胞的交界处形成一块由葡聚糖、甘露聚糖和几丁质组成的隔壁。芽体成熟后，两者分离，同时在母细胞上留下一个芽痕，而在子细胞上相应地留下一个蒂痕。根据母细胞的芽痕数可确定其曾产生过的芽体数，一个成熟的酵母细胞一生中靠芽殖可产生9～43个子细胞（平均24个）。

② 裂殖　酵母菌的裂殖与细菌的裂殖相似。其过程是细胞伸长，核分裂为二，然后细胞中央出现隔膜，将细胞横分为两个相等大小的、各具有一个核的子细胞，如裂殖酵母属的八孢裂殖酵母。

还有些酵母菌可形成其他无性孢子，如掷孢子、厚垣孢子、节孢子，或在小梗上形成分生孢子等。

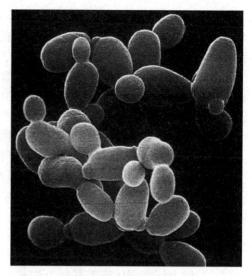

图2-12　**酵母菌的芽殖**

（2）有性繁殖　酵母菌是以形成子囊和子囊孢子的方式进行有性繁殖的。其过程分为质配和核配、子囊孢子的形成。

① 质配和核配　酵母菌生长发育到一定阶段，两个形态相同、性别不同的细胞相互靠近，各伸出哑铃状突起而接触，接触区的细胞壁变薄，细胞壁和细胞膜逐步被溶解，两个细胞的细胞质接触融合，此时称为质配。但两个细胞的核尚未融合，即在一个细胞里含有两个不同遗传特性的核，称为异核体阶段。随后两个单倍体的核移到融合管道中融合形成二倍体核，称为核配。很多酵母菌的二倍体细胞可进行营养生长繁殖，因而酵母菌的单倍体与二倍体细胞都可独立存活。通常二倍体营养细胞较大，且生活力强，故发酵工业上多采用二倍体细胞进行生产。

② 子囊及子囊孢子　当营养贫乏时，二倍体细胞停止生长而进入繁殖阶段。营养细胞形成子囊，囊内的核经过减数分裂，形成子囊孢子。成熟的子囊孢子释放，并萌发形成单倍体酵母细胞。

（3）酵母菌的生活史　上一代个体经一系列生长、发育阶段而产生下一代个体的全部历程称为该生物的生活史或生命周期。两个不同性状的单倍体酵母细胞从接触到融合，质配到核配，到形成子囊孢子；从子囊孢子的萌发到单倍体细胞的接触、融合，如此反复，便构成了酵母菌的生活史。不同酵母菌的生活史可分为3种类型（见表2-7）。

表2-7　酵母菌3种生活史类型比较

生活史类型	生活史特点	生活史过程特点	代表菌
营养体为单倍体和（或）二倍体	①一般情况下都以营养体状态进行出芽繁殖。②营养体既可以以单倍体形式存在，也能以二倍体形式存在。③在特定条件下进行有性繁殖	①单倍体营养细胞以出芽方式繁殖。②两个单倍体营养细胞接合，质配后核配，形成二倍体核。③二倍体细胞不立即进行减数分裂，而是以出芽方式进行无性繁殖，称为二倍体营养细胞。④二倍体营养细胞在适宜条件下转变为子囊，二倍体核减数分裂形成4个子囊孢子	酿酒酵母
营养体为单倍体	①营养体为单倍体。②无性繁殖以裂殖方式进行。③二倍体细胞不能独立生长，此阶段较短	①单倍体营养细胞借裂殖繁殖。②质配后立即核配。③二倍体核通过减数分裂形成4个或8个单倍体子囊孢子	八孢裂殖酵母
营养体为二倍体	①营养体为二倍体，不断进行芽殖，此阶段较长。②单倍体的子囊孢子在子囊内发生结合。③单倍体阶段仅以子囊孢子形式存在，不能进行独立生活	①子囊孢子在子囊内成对结合，发生质配和核配，形成二倍体细胞。②该二倍体细胞萌发形成的芽管穿过子囊壁而成为芽生菌丝，在此菌丝上长出芽体，子细胞与母细胞间形成横隔后迅速分离。③二倍体细胞转变成子囊，子囊内的核通过减数分裂产生4个单倍体的子囊孢子	路德类酵母

动画扫一扫

酵母菌芽殖

2. 酵母菌的培养特征

酵母菌一般都是单细胞微生物，在固体培养基上生长形成的菌落特征与细菌相似，湿润、表面光滑，多数不透明，与培养基结合不紧密、容易挑起，黏稠、质地均匀，正反面和边缘、中央部位的颜色都很均一。但比细菌菌落大而厚，颜色单调，多数呈乳白色，少数红色，个别黑色。不产生假菌丝的酵母菌，菌落更隆起，边缘十分圆整；形成大量假菌丝的酵母，菌落较平坦，表面和边缘粗糙。酵母菌的菌落通常会散发出一股悦人的酒香味。

酵母菌在液体培养基中生长时，可使培养液变浑浊，这与细菌的情况相似，但酵母菌也表现出一定的特征，如有些种类生长在培养液的底部，并产生沉淀物；有些在液体培养基中均匀生长；有些则生长在液面，产生不同形态的菌醭，具有一定的分类学意义。

二、霉菌

霉菌不是分类学上的名词，而是一些丝状真菌的通称，意即"会引起物品霉变的真菌"，习惯上将在固体营养基质上生长，形成毛绒状、蜘蛛网状或棉絮状菌丝体的小型真菌统称为霉菌。

霉菌分布广泛，只要存在有机物的地方就能找到它们的踪迹。霉菌与人类关系极为密切，发酵工业用来生产酒精、抗生素、维生素、酶制剂、甾体激素、有机酸等；农业上可用霉菌发酵饲料，生产植物生长刺激素（如赤霉素）、杀虫农药（如白僵菌剂）；食品制造方面，如酱油、豆豉、腐乳的酿造和干酪的制造等；腐生霉菌可分解复杂的有机物，在自然界的物质循环中发挥着重要作用。但是，霉菌也会给人类带来巨大的损害，如食品的霉变变质导致巨大的浪费，据统计，全世界平均每年由于霉变不能食（饲）用的谷物达2%，一些霉菌可造成人和动植物病害，如各种指（趾）甲和皮肤癣症，有的还可产生毒素，目前已知的真菌毒素达300多种，其中毒性最强的是由黄曲霉菌产生的黄曲霉毒素，具有致癌作用，严重威胁着人畜健康。

（一）霉菌的形态结构

1. 菌丝和菌丝体

动画扫一扫

无隔菌丝生长方式

霉菌的营养体由分枝或不分枝的菌丝构成。许多菌丝相互交织形成菌丝体。幼龄菌丝一般为无色透明，老龄菌丝呈各种色泽，在光学显微镜下菌丝细胞呈管状，直径约2～10μm，与酵母菌相似，比一般细菌和放线菌的细胞约粗10倍。

根据有无隔膜又可将菌丝分为有隔菌丝和无隔菌丝（见图2-13）。无隔菌丝中无横隔将其分段，整条菌丝就是一个细胞，在一个细胞内有许多核，是一个多核单细胞，其生长只表现为细胞核的增多和菌丝的伸长，如毛霉、根霉的菌丝。有隔菌丝在一定间距存在横隔，称为隔膜，将菌丝分为一连串的细胞，隔膜中间有小孔，允许细胞质、细胞核和养料自由通过，其生长表现为细胞数目的增多，如青霉菌、曲霉菌、木霉菌的菌丝属于此类。

动画扫一扫

假根

真菌的菌丝有多种形态，如鹿角状、结节状、球拍状、螺旋状、破梳状等（见图2-14）。不同种类的真菌可有不同形态的菌丝，故菌丝形态有助于鉴别真菌。

根据菌丝的分化程度，霉菌的菌丝可分为：营养菌丝、气生菌丝和繁殖菌丝。营养菌丝主要生长在培养基或被寄生的组织内，作用为吸取和合

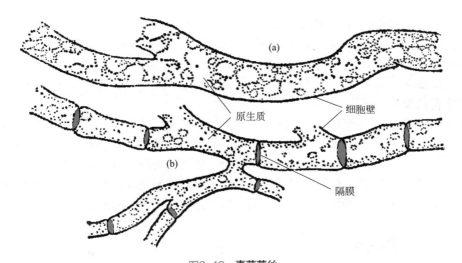

图2-13 真菌菌丝

（a）无隔菌丝；（b）有隔菌丝

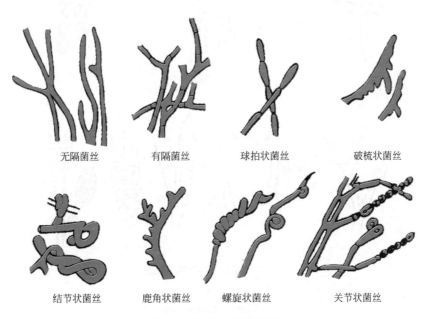

无隔菌丝　　　有隔菌丝　　　球拍状菌丝　　　破梳状菌丝

结节状菌丝　　鹿角状菌丝　　螺旋状菌丝　　　关节状菌丝

图2-14 真菌的各种菌丝形态

成营养，以供真菌生长。气生菌丝是伸向空气中的菌丝体，其中一部分气生菌丝发育到一定阶段，分化成繁殖菌丝，产生孢子。

　　不同的霉菌在长期进化中，对各自所处的环境条件产生了高度的适应性，其菌丝或菌丝体的形态与功能发生了明显变化，形成了各种特化构造。营养菌丝主要特化为假根、吸器、附着胞、菌索等，气生菌丝主要特化成产生孢子的各种形态的子实体或产孢结构。

动画扫一扫

吸器

　　2. 霉菌的细胞结构

　　霉菌菌丝细胞的构造与酵母菌十分相似，由细胞壁、细胞膜、细胞质、细胞核、核糖体、线粒体和其他内含物组成。构成霉菌细胞壁的成分一类为纤维状物质，如纤维素和几丁质，赋予细胞壁坚韧的机械性能。低等霉菌细胞壁主要成分为纤维素，高等霉菌细胞壁主要成分为几丁质。另一类是无定形物质，如蛋白质、葡聚糖和甘露聚糖，混填在纤维素物质构成的网内或网外，以充实细胞壁的结构。

（二）霉菌的培养特征

1. 霉菌的繁殖方式

霉菌的繁殖能力强，而且方式多样。菌丝的碎片或菌丝截断均可以发育成新个体。但在自然界，霉菌主要依赖形成各种无性孢子和有性孢子进行繁殖。霉菌孢子（见图2-15）的特点是小、轻、干、多，以及形态色泽各异，每个个体产生的孢子数极多，从数百个至数千亿个都有。孢子的这些特点，有助于它们在自然界中的散播和生存。真菌孢子休眠期长和有较强的抗逆性。但又不同于细菌的芽孢，真菌孢子在湿热60～70℃时迅速死亡（见表2-8）。

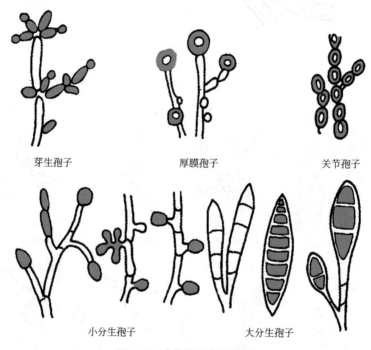

芽生孢子　　　　　　　厚膜孢子　　　　　　　关节孢子

小分生孢子　　　　　　　　　大分生孢子

图2-15　真菌的各种孢子形态

表2-8　真菌孢子和细菌芽孢的比较

比较项目	真菌孢子	细菌芽孢
大小	大	小
数目	一条菌丝可产生多个孢子	一个细菌只形成一个芽孢
形态	形态、色泽多样	形态简单，圆形或椭圆形
形成部位	可在细胞内（外）形成	只在细胞内形成
细胞核	真核	原核
功能	真菌的繁殖方式之一	抗性构造
抗热性	不强，60～70℃下易死亡	强，100℃下数十分钟死亡
产生菌	绝大多数种类可产生	少数细菌可产生

2. 霉菌的培养特征

霉菌的细胞呈丝状，在固体培养基上有营养菌丝和气生菌丝的分化，它们的菌落与细菌和酵母菌的不同，与放线菌接近。但霉菌的菌落形态较大，质地比放线菌疏松，外观干燥，不透明，呈现或紧或松的蜘蛛网状、绒毛状或棉絮状。霉菌的菌落与培养基连接紧密，不易挑取。霉菌菌落正反面的颜色、构造，以及边缘与中心的颜色、构造常不一致。菌落正反面颜色呈现明显差别，其原因是气生菌丝分化出来的繁殖菌丝和孢子的颜色往往比深入在固体基质内的营养菌丝的颜色深；而菌落中心与边缘的颜色、结构不同的原因，则是因为越接近菌落中心的气生菌丝其生理年龄越大，发育分化和成熟也越早，故颜色比菌落边缘尚未分化的气生菌丝要深，结构也更为复杂。

在液体培养基中进行振荡培养时，霉菌的菌丝生长往往呈球状。静止培养时，菌丝常生长在培养基表面，其培养液不变浑浊，有时可据此检查此培养物是否被细菌所污染。

菌落的特征是鉴定微生物的重要形态指标，在实验室和生产实践中有重要的意义。细菌、放线菌、酵母菌和霉菌这四大类微生物的菌落和细胞形态特征比较见表2-9和图2-16。

表2-9　四大类微生物菌落和细胞形态特征的比较

比较项目		微生物类别			
		细菌	酵母菌	放线菌	霉菌
形态特征		单细胞生物	单细胞生物	菌丝状微生物	菌丝状微生物
细胞特征	细胞相互关系	单个分散或以一定方式排列	单个分散或假丝状	丝状交织	丝状交织
	细胞形态*	小而均匀	大而分化	细而均匀	粗而分化
	细胞生长速度	一般很快	较快	慢	一般较快
菌落特征	外观形态	小而凸起或大而平坦	大而凸起	小而紧密	大而疏松或大而致密
	含水状态	很湿或较湿	较湿	干燥或较干燥	干燥
	菌落表面	表面黏稠	表面黏稠	表面粉末状	表面棉絮状
	与培养基结合程度	不结合	不结合	牢固结合	较牢固结合
	透明度	透明或稍透明	稍透明	不透明	不透明
	颜色	多样	单调，多呈乳脂或矿蜡色，少数红色或黑色	十分多样	十分多样
	正反面颜色的差别	相同	相同	一般不同	一般不同
	边缘**	一般看不到细胞	可见球状、卵圆状或假丝状细胞	有时可见模糊细丝状细胞	可见粗丝状细胞
	培养物气味	常有臭味	多有酒香味	多有泥腥味	常有霉味

注：*指在高倍镜下观察，**指在低倍镜下观察。

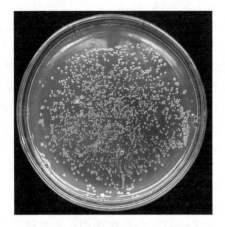
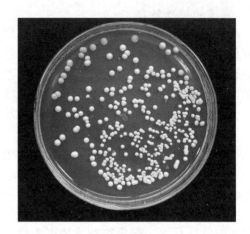

(a) 细菌菌落   (b) 酵母菌菌落

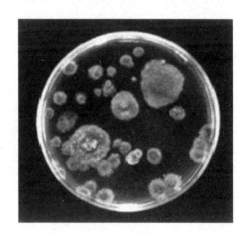

(c) 放线菌菌落   (d) 霉菌菌落

图2-16   常见微生物菌落

三、几类常见真菌

真菌在自然界分布广泛，生存适应能力强。人们常利用真菌的代谢物质生产药物，如青霉素、头孢菌素、灰黄霉素等抗生素以及维生素、酶制剂等，也有些真菌会污染药物制剂，使其霉败变质造成损失。下面介绍几种与药物制剂和发酵业关系密切的真菌。

1. 青霉菌属

青霉菌属在分类上属于半知菌亚门，其菌丝体产生长而直的分生孢子梗，上半部分产生几轮小梗，小梗顶端着生成串的球状至卵形的分生孢子，整个产孢结构形如扫帚（见图2-17）。已发现有性阶段的青霉为子囊菌。青霉广泛分布在土壤、空气、水果和粮食上，也是工业和实验室常见的污染菌。有的种与动物、人和植物的病害有关。青霉在医药工业方面具有重要的经济价值，如点青霉（*Penicillium notatum*）和黄青霉（*Penicillium chrysogenum*）等可提取青霉素，灰黄青霉（*Penicillium griseofulvum*）等可提取灰黄霉素。

2. 毛霉菌属

毛霉属（见图2-18）在分类上属于接合菌亚门，菌丝无隔、多核、分枝状，在基质内外能广泛蔓延，无假根或匍匐菌丝。不产生定形菌落。菌丝体上直接生出单生、总状分枝或假轴状分枝的孢囊梗。各分枝顶端着生球形孢子囊，内有形状各异的囊轴，但无囊托。囊内产大量球形、椭圆形、壁薄、光滑的孢囊孢子。孢子成熟后孢子囊即破裂并释放孢子。有性生殖借异宗配合或同宗配合，形成一个接合孢子。某些种产生厚垣孢子。毛霉菌丝初期白色，后灰白色至黑色，这说明孢子囊大量成熟。毛霉菌丝体每日可延伸3cm左右，生产速度明显高于香菇菌丝。

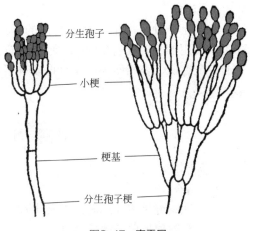

图2-17 **青霉属**

毛霉的用途很广，常出现在酒类药物中，能糖化淀粉并能生成少量乙醇，产生蛋白酶，有分解大豆蛋白的能力，我国多用来做豆腐乳、豆豉。许多毛霉能产生草酸、乳酸、琥珀酸及甘油等，有的毛霉能产生脂肪酶、果胶酶、凝乳酶等，有重要工业应用，如利用其淀粉酶制曲、酿酒；利用其蛋白酶酿制腐乳、豆豉等。代表种如总状毛霉（*Mucor racemosus*）、高大毛霉（*Mucor mucedo*）、鲁氏毛霉（*Mucor rouxianus*）等。

3. 曲霉菌属

曲霉属（见图2-19）在分类上也属于半知菌亚门，此属在自然界分布极广，是引起多种物质霉腐的主要微生物之一（如面包腐败、酶生物分解及皮革变质等）。营养体是分隔的菌丝。分生孢子梗直接由营养菌丝产生，分枝形成分生孢子梗的细胞称作足细胞。分生孢子梗由一根直立的菌丝形成，菌丝的末端形成球状膨胀（顶囊），在一些种中，顶囊部分或全部为瓶梗（初生小梗）融合层所覆盖，而在大部分种中，顶囊由小梗（初生小梗或梗茎）融合层和瓶梗的融合重叠层所覆盖。小梗顶端产生一串球形、有色、不分隔的分生孢子链。根据种的不同，分生孢子可以是黄色、绿色或黑色等。在食品发酵中广泛用于制酱、酿酒。现代发酵工业中用于生产葡萄糖氧化酶、糖化酶和蛋白酶等酶制剂。代表种有黑曲霉、黄曲霉、米曲霉等。

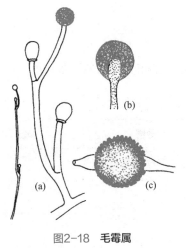

图2-18 **毛霉属**

(a) 孢囊梗；(b) 孢子囊；(c) 接合孢子

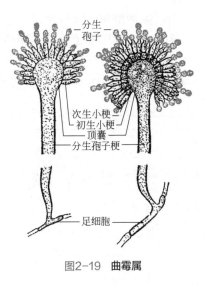

图2-19 **曲霉属**

4. 蕈菌

蕈菌是一种可产生大型子实体的真菌，分布广泛，森林落叶地带更为丰富。产生的真菌可供食用的种类就有2000多种，目前已利用的食用菌约有400种，如常见的木耳、香菇、平菇、金针菇、杏鲍菇等，还有许多种可供药用，如灵芝、猴头菌等。

四、实操练习

任务1　酵母菌的形态观察

（一）接受指令

1. 指令

（1）观察酵母菌的细胞形态及出芽生殖方式；

（2）观察酵母菌的菌落特征。

2. 指令分析

酵母菌是多形的、不运动的单细胞微生物，其细胞核与细胞质已有明显的分化，菌体比细菌大。酵母菌的繁殖方式也较复杂，无性繁殖主要是出芽生殖；有性繁殖是通过接合产生子囊孢子。本任务通过用亚甲基蓝染色水浸片，和水-碘浸片来观察生活的酵母形态和它的出芽生殖方式。亚甲基蓝是一种无毒性染料，它的氧化型是蓝色的，而还原型是无色的，用它来对酵母的活细胞进行染色，由于细胞中的新陈代谢作用，使细胞内具有较强的还原能力，能使亚甲基蓝从蓝色的氧化型变为无色的还原型，所以酵母的活细胞是无色的，而对于死细胞或代谢缓慢的老细胞，因它们没有还原能力或还原能力极弱，从而被亚甲基蓝染成蓝色或淡蓝色。因此，用亚甲基蓝水浸片不仅可观察酵母的形态，还可以区分它的死、活细胞。但亚甲基蓝的浓度、作用时间等均对实操结果有影响，应加以注意。

（二）查阅依据

酵母菌的培养特征。

（三）制订计划

知识预备→小组方案制定→任务实施→过程督导→跟踪检查→绩效评价。

（四）实施操作

1. 准备

（1）菌种　酿酒酵母、面包酵母。

（2）试剂　吕氏亚甲基蓝染液、碘液。

（3）器材　显微镜、载玻片和盖玻片等。

【训练】为了保证实操完成顺利，实操前应准备好所需的用具。请填写备料单（见表2-10）。

表2-10　备料单（任务1　酵母菌的形态观察）

序号	品名	规格	数量	备注
1				
2				
3				
4				

续表

序号	品名	规格	数量	备注
5				
6				
7				
8				
9				
10				

2. 操作过程

（1）酵母菌菌落形态观察　观察培养生长完好的酿酒酵母及面包酵母菌落形态，记录其菌落特征，比较两种酵母菌菌落形态的不同。

（2）亚甲基蓝浸片观察

① 在载玻片中央滴一滴亚甲基蓝染液，然后按无菌操作法取培养48h的面包酵母少许，放在亚甲基蓝染液中，使菌体与染液均匀混合，染色2～3min。

② 用镊子夹盖玻片一块，小心地盖在液滴上。

③ 将制好的水浸片放置3min后镜检。先用低倍镜观察，然后换用高倍镜观察面包酵母的形态和出芽情况，同时可以根据是否染上颜色来区别死、活细胞。

（3）水-碘浸片观察　在载玻片中央滴一滴卢戈碘液，再加2～3滴蒸馏水，无菌操作法取酿酒酵母少许，放在溶液-碘液滴中，使菌体与溶液均匀混合，盖上盖玻片后立即镜检。可以适当将光圈缩小进行观察。

（五）结果报告

1. 记录并比较不同酵母菌的菌落特征（见表2-11）。

表2-11　酵母菌菌落特征记录

菌种名称	菌落特征						
	大小	干湿	边缘	颜色	扁平或隆起	正反面颜色	与培养基结合程度

2. 说明观察到的亚甲基蓝染液的染色深度和染色时间对死、活细胞数目的影响及其原因。

【思考讨论】

① 酵母菌与细菌在形态大小、细胞结构、繁殖方式上有何区别？

② 酵母活体染色的意义是什么？

任务2 典型霉菌的形态观察

（一）接受指令

1. 指令

（1）掌握观察霉菌形态的基本方法，观察常见霉菌的菌丝形态；

（2）掌握霉菌浸片的制片方法。

2. 指令分析

霉菌和放线菌相似，由于其菌丝较粗，形成的菌落较疏松，呈绒毛状、絮状或蜘蛛网状，一般比放线菌菌落大几倍到几十倍。菌落的表面和培养基背面往往呈现不同的颜色。霉菌菌落中，处于菌落中心的菌丝菌龄较大，位于边缘的则年幼。

霉菌菌丝观察不能用水作介质制片，因为菌丝会因渗透作用而膨胀。目前，霉菌制片最理想的介质是乳酸苯酚油。制片时常用乳酸石炭酸棉蓝作染色液。此染色液制成的霉菌浸片除有一定染色效果外，细胞不变形，还具有杀菌防腐作用，且不易干燥，能保持较长时间。

常用载玻片法观察霉菌自然生长状态下的形态，此法是接种霉菌孢子于载玻片上的适宜培养基上，培养后用显微镜直接观察。此外，为了得到清晰、完整、保持自然状态下的霉菌形态还可利用玻璃纸透析培养法进行观察。此法是利用玻璃纸的半透膜特性及透光性，使霉菌生长在覆盖于琼脂培养基表面的玻璃纸上，然后将长菌的玻璃纸剪取一小片，贴放在载玻片上用显微镜观察。

（二）查阅依据

霉菌的培养特征。

（三）制订计划

知识预备→小组方案制定→任务实施→过程督导→跟踪检查→绩效评价。

（四）实施操作

1. 准备

（1）菌种　曲霉、青霉、根霉、毛霉。

（2）试剂　乳酸石炭酸棉蓝染色液、20%甘油、马铃薯培养基等。

（3）器材　显微镜、载玻片和盖玻片、无菌移液管、U形棒、接种钩、镊子、滤纸等。

【训练】为了保证实操完成顺利，实操前应准备好所需的用具。请填写备料单（见表2-12）。

表2-12　备料单（任务2　典型霉菌的形态观察）

序号	品名	规格	数量	备注
1				
2				
3				
4				
5				
6				
7				
8				
9				
10				

2. 操作过程

（1）霉菌菌落观察　将根霉、毛霉、曲霉、青霉菌种接种至固体平板，培养5～7天待其生长完好后观察菌落形态，记录菌落特征。

（2）霉菌形态观察

① 一般观察法　于洁净载玻片中央滴一滴乳酸石炭酸棉蓝染色液，取生长好的霉菌平板，用大头针小心挑取含少量孢子的菌丝少许，并在乳酸石炭酸棉蓝染色液上摊开，然后小心盖上盖玻片，注意不要产生气泡。将其置显微镜下先用低倍镜观察，必要时再换高倍镜。

对于根霉和毛霉的培养物，可轻轻打开培养皿，将皿盖（有菌的一面朝上）置于显微镜低倍镜下直接观察，或将皿底（有菌的一面朝上）置于显微镜低倍镜下，观察皿边缘的菌丝。

② 载玻片观察法

a. 将略小于培养皿底内径的滤纸放入皿内，再放入U形棒，其上放一洁净的载玻片，然后将2个盖玻片分别斜立在载玻片的两端，盖上皿盖，把数套（根据需要而定）如此装置的培养皿叠起，包扎好，灭菌后备用。

b. 将灭过菌的马铃薯培养基倒入灭过菌的平皿中，待凝固后，用无菌刀片切成0.5～1cm^{2}的琼脂块，用刀尖铲起琼脂块放在已灭菌的培养皿内的载玻片上，每片放置2块。

c. 用灭菌的尖细接种针或装有柄的缝衣针挑取（肉眼能看见的）一点霉菌孢子，轻轻点在琼脂块的边缘上，用无菌镊子夹着盖玻片盖在琼脂块上，再盖上皿盖。

d. 在培养皿的滤纸上加无菌的20%甘油数毫升，至滤纸湿润即可停止。将培养皿置于28℃培养一定时间后，取出载玻片置显微镜下观察。

③ 玻璃纸透析培养观察法

a. 向霉菌斜面试管中加入5mL无菌水，洗下孢子，制成孢子悬液。

b. 用无菌镊子将已灭菌的、直径与培养皿相同的圆形玻璃纸覆盖于马铃薯培养基平板上。

c. 用1mL无菌移液管吸取0.2mL孢子悬液滴于上述玻璃纸平板上，并用无菌玻璃刮棒涂抹均匀。

d. 将培养皿置于28℃恒温培养箱培养48h后取出，打开皿盖，用镊子将玻璃纸与培养基分开，再用剪刀剪取一小片玻璃纸置于载玻片上，然后用显微镜观察。

（五）结果报告

1. 记录并比较不同霉菌的菌落特征（见表2-13）。

表2-13　霉菌菌落特征记录

菌种名称	菌落特征						
	大小	干湿	边缘	颜色	扁平或隆起	正反面颜色	与培养基结合程度

2. 霉菌镜检形态记录。

【思考讨论】

① 制作霉菌浸片时应注意哪些问题？

② 玻璃纸应怎样进行灭菌？为什么？

 视野拓展

单细胞蛋白生产与人造肉

　　单细胞蛋白（single cell protein, SCP）是被人们作为蛋白质物质加以利用的微生物菌体。由于这类蛋白质经压榨处理后很像猪肉和牛肉，所以被人们誉为"人造肉"。它们主要是酵母菌、细菌、霉菌、高等真菌和显微藻类等微生物细胞。

　　单细胞蛋白所含的营养物质极为丰富。其中，蛋白质含量高达菌体干重的40%～80%（酵母45%～55%，细菌60%～80%，霉菌菌丝体30%～50%，单细胞藻类如小球菌等55%～60%），比大豆高10%～20%，比肉、鱼、奶酪高20%以上；氨基酸的组成较为齐全，含有人体必需的8种氨基酸，尤其是谷物中含量较少的赖氨酸。一般成年人每天食用10～15g干酵母就能满足自身对氨基酸的需要量。单细胞蛋白中还含有多种维生素、碳水化合物、脂类、矿物质，以及丰富的酶类和生物活性物质，如辅酶A、辅酶Q、谷胱甘肽、麦角固醇等，易于消化吸收。所以单细胞蛋白不仅能制成"人造肉"，供人、畜直接食用，还能作为食品添加剂（如酵母因所含热量低，常作为减肥食品的添加剂）。另外，某些单细胞蛋白具有抗氧化能力，可使食物不容易变质，常用于婴儿米粉及汤料、佐料中。有些单细胞蛋白还能提供食品的某些物理性能，如在意大利烘饼中加入活性酵母，其可以提高饼的延薄性能。酵母的浓缩蛋白因具有显著的鲜味已被广泛用作食品的增鲜剂。

　　单细胞蛋白工业自20世纪70年代以来得到了迅速的发展，一方面是受蛋白饲料需求增加的推动，另一方面或很大一方面得益于原料和菌株的改进。用发酵法来生产单细胞蛋白还可以开辟因地制宜、变废为宝的新途径。目前，酒精厂、味精厂以及造纸厂排出的废液，都可以成为生产单细胞蛋白的原料。生产出来的单细胞蛋白，每千克约含500g蛋白质，包含18种氨基酸和B族维生素。倘若建一座配有5只100t发酵罐的工厂，则其每年可生产5000t单细胞蛋白，这个产量相当于5万亩耕地上收获大豆所含蛋白质的量。因此，发展工业型的单细胞蛋白生产可以节省大量耕地，真正实现退耕还林草、退田还河湖的目标，能有效缓解人口膨胀与资源缺乏之间的矛盾。

 思政元素

胸怀祖国　追求真理

　　我国是利用真菌最早的国家之一，在食品、医药、酿造等方面早有记载。早在新石器时代，我国就利用真菌发酵进行酿酒。东汉末年的《神农本草经》记载了12种真菌药物，根据它们的形态、色泽、功能进行分类，并且论述了它们的药性，其中茯苓、雷丸、紫芝、木耳等至今仍在沿用。南朝贾思勰所著《齐民要术》记录了制曲和酿酒方法，系统地论述了发酵工艺。孙思邈在《千金方》中记载了真菌引起的头癣。李时珍在《本草纲目》中记载了34种药材真菌，并且对它们进行了分门别类。因此，我国古代真菌学研究水平很高。

　　戴芳澜，中国真菌学的先驱之一。作为我国真菌学创始人和植物病理学奠基人，历经乱世与战火，戴芳澜始终矢志不渝，为我国植病学发展和真菌学扎根开疆拓土。在真菌分类学、真菌形态学、真菌遗传学以及植物病理学等方面作出了突出的贡献。他建立起以遗传为中心的真菌分类体系，确立了中国植物病理学科研系统；对近代真菌学和植物病理学在我国的形成和发展起了开创和奠基的作用。他的代表作《中国真菌总汇》汇总了1775～1975年200年间国内外学者报道的将近7000种中国真菌。

知识小结

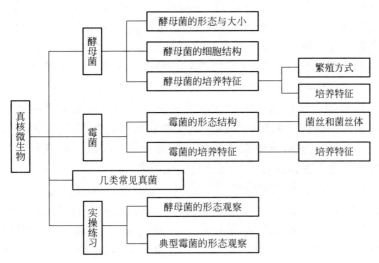

项目三 病毒

 知识目标

1. 掌握病毒的结构、化学组成及其繁殖；
2. 熟悉病毒的干扰现象及干扰素；
3. 了解温和噬菌体和溶原性细菌。

 能力目标

学会溶原性细菌的检测。

 素质目标

1. 认识科学技术的两面性，树立探索未知、追求真理、勇攀科学高峰的责任感和使命感；
2. 增强大局意识，与国家同向同行，以实际行动践行报国之志。

　　病毒是在19世纪末才被发现的一类微小的具有部分生命特征的分子病原体。随着研究的深入，现代病毒学家已把这类非细胞生物分成真病毒（简称病毒）和亚病毒因子两大类：

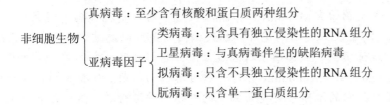

病毒是一类由核酸和蛋白质等少数几种成分组成的超显微"非细胞生物"，其本质是一类含DNA或RNA的特殊感染因子。与质粒不同的是，病毒是一类能以感染态和非感染态两种形式存在的病原体，它们既可通过感染宿主并借助其代谢系统大量复制自己，又可在离体条件下，以生物大分子形式长期保持其感染活性。

病毒与其他微生物相比，具有以下特点：①形态极其微小，一般能通过细菌滤器，需借助电子显微镜才能观察到形态结构；②无细胞结构，通常只含一种核酸DNA或RNA，一些简单的病毒仅由核酸和蛋白质组成；③缺乏完整的酶系统和能量代谢系统，专性活细胞内寄生，只能在宿主细胞内，利用宿主细胞的生物合成机构来完成核酸复制及蛋白质合成，然后再装配成病毒颗粒；④对抗生素不敏感，但对干扰素敏感；⑤在离体条件下，能以无生命的生物大分子状态存在，并可长期保持其侵染活力。

病毒最初是作为一种能通过细菌滤器的致病因子而被发现的，几乎所有的细胞型生物，包括微生物、植物、动物及人类中都发现有病毒，不过就某类病毒而言，它具有宿主的特异性。人们习惯根据其宿主种类将病毒分为微生物病毒（噬菌体）、植物病毒和动物病毒。20世纪70年代以来，陆续发现了比病毒更小、结构更简单的亚病毒因子，如类病毒、卫星病毒、卫星RNA、朊病毒。综上所述，我们可概括地把病毒定义为：病毒是含有一种核酸（DNA或RNA），专性活细胞内寄生、只能依靠宿主细胞的代谢系统完成核酸的复制和蛋白质的合成，经装配后增殖，又能在细胞外以无生命的大分子状态存在的非细胞型微生物。

病毒与人类的关系密切，至今人类和许多有益动物的疑难疾病和威胁性最大的传染病几乎都是病毒引起的，近年来还发现许多致癌病毒，如引起人子宫颈癌的人乳头状瘤病毒HPV。发酵工业中的噬菌体（细菌病毒）污染会严重危及生产，许多侵染有害生物的病毒则可制成生物防治剂而用于生产实践；此外，许多病毒还是生物学基础研究和基因工程中的重要材料或工具。

 知识链接

"病毒"的名称

"病毒"一词最早是用来指任何有毒的流出物，如蛇的毒液，后来专指那些引起传染病的致病因子。巴斯德经常把引起传染病的细菌称为病毒。到19世纪末，已经分离到许多能引起特异性传染病的细菌，但也有些疾病并不是细菌引起的。其中之一是口蹄疫，这是一种严重的动物皮肤病。1898年，Friedrich Loeffler和Paul Frosch首次证明口蹄疫的致病因子非常小，能通过细菌滤器。这种致病因子不是一种普通的毒素，它在非常低的稀释度时仍有活性，而且能通过滤液在动物之间传播。Loeffler和Frosch认为"滤液中的活性物质并不是一种可溶性物质，而是一种能增殖的致病因子，这种因子太小了，滤器上的孔径不能阻挡它。继续深入地研究证实滤液的作用的确是由于一种很小的生物的存在，这使人们想起其他许多传染病的致病因子——那些我们至今还未寻找到的，很可能就属于这一最小的生物类群"。

一年以后，荷兰微生物学家Martinus Beijerinck报道了对烟草花叶病的研究工作。1892年，俄国的D. Ivanowsky首次证实烟草花叶病的致病因子是可以滤过的，但是Beijerinck更加深入地研究并有力地证明虽然致病因子有滤过性，但它仍具有生命体的许多性质。他把这些因子称为"Contagium vivum fluidum"，即一种可溶性的细菌。他推测该因子能进入细胞的原生质中进行繁殖，它的繁殖一定是与细胞的繁殖同时进行的。这一推测与我们现在所知的病毒的复制非常接近。Beijerinck还注意到其他一些没有分离到致病因子的植物病害，认为很可能也是由可滤过的因子引起的。很快，发现了许多可滤过因子引起动、植物疾病。这些因子被称作可滤过的病毒（filterable viruses），随着研究的深入，"可滤过的"一词被去掉了。今天"virus"一词的原始含义已不存在了，这个词现在用来指本项目中讨论的这些因子。细菌病毒最早是由英国科学家F. W. Twort在1915年发现的。1917年，法国科学家F. d'Herelle也独立地发现了，并将其称为噬菌体（phago的意思是"吃"）。尽管噬菌体是病毒，但"phago"一词仍被广泛使用，专指这类特殊的可滤过的侵染因子。

一、病毒的生物学特性

（一）病毒的大小与形态

病毒的个体非常微小，测量单位为nm。大小可采用不同方法进行研究：电子显微镜法、分级过滤法、电泳法等。研究结果表明大多数病毒比细菌小得多，但比多数蛋白质分子大，而且病毒的大小相差很远。最大的病毒如痘病毒直径达200nm以上，最小的病毒如菜豆畸矮病毒的直径只有9～11nm左右。

病毒的形态有球形、卵圆形、砖形、杆状、丝状及蝌蚪状等。其中动物病毒多为球形、卵圆形或砖形，如疱疹病毒、流感病毒。植物病毒多为杆状、丝状，如烟草花叶病毒、马铃薯X病毒。细菌病毒多为蝌蚪状，如噬菌体。主要病毒颗粒的形态和结构如图2-20所示。

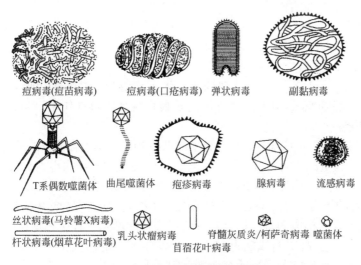

图2-20　病毒颗粒的形态和结构

病毒虽然是无法用光学显微镜观察的，但当它们大量聚集在一起并使宿主细胞发生病变时，就可用光学显微镜加以观察，例如动、植物细胞中的包涵体以及噬菌体的噬菌斑。人工培养的单层动物细胞感染病毒后，也会形成类似噬菌斑的动物病毒群体，称为空斑。单层动物细胞受到肿瘤病毒的感染后，会使动物细胞恶性增生，形成类似细菌菌落的病灶，称为病斑。烟草花叶病毒感染烟草后，在叶片上出现的一个个坏死的病灶，称为枯斑（见图2-21）。

（二）病毒的化学组成

病毒的化学组成因种而异：大多数病毒由核酸和蛋白质组成，有些结构复杂的病毒还有脂类、多糖和少量的酶。

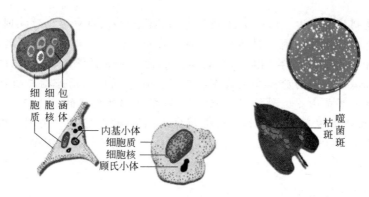

图2-21　**病毒的群体形态**

1. 病毒的核酸

病毒核酸与细胞生物的不同，只含有一种核酸（DNA或RNA），DNA多数是双链，但细小病毒的DNA为单链。动物病毒有些为DNA、有些为RNA。植物病毒多为RNA，少数为DNA。噬菌体多数为DNA，少数为RNA。

不同的病毒不仅核酸类型不同，而且含量差别也较大。流感病毒的核酸组成仅占1%，烟草花叶病毒的核酸组成占5%，大肠杆菌T系偶数噬菌体的核酸含量高达50%以上。核酸是遗传物质，每个病毒粒子中核酸的含量与已知病毒结构的复杂性及功能有关。一个复杂的病毒粒子往往需要更多的核酸。

病毒核酸的功能与细胞生物一样，是遗传变异的物质基础，其储存着病毒的遗传信息，控制着病毒的遗传变异、增殖以及对宿主的感染性。

2. 病毒的蛋白质

病毒的蛋白质主要存在于衣壳与包膜中，约占病毒粒子总重的70%以上。少数病毒的蛋白质含量较低，约30%～40%。病毒蛋白质具有较高的毒性作用，是使机体发生各种毒性反应的主要成分。

蛋白质是病毒的主要组成部分。自然界中常见的20种氨基酸在病毒的结构中都可找到，但是氨基酸的组合与含量因病毒的种类不同而异。比较简单的植物病毒大都只含有一种蛋白质。结构复杂的病毒，蛋白质种类多达100种以上。这些蛋白质大多以壳粒的形式，镶嵌组成病毒粒子的衣壳。病毒的蛋白质有结构蛋白和非结构蛋白之分，病毒中结构蛋白是主要蛋白质。

病毒蛋白质主要在构成病毒结构、病毒的侵染性和增殖过程中发挥作用。

（1）结构功能　蛋白质构成病毒衣壳，使病毒有一定的大小和形态，维持病毒结构。衣壳具有保护作用，使核酸免受酶或其他理化因子的影响。

（2）侵染性　衣壳、包膜、噬菌体尾丝上含有使病毒吸附在寄主细胞表面受体上的位点，决定感染的特异性，促使病毒吸附。病毒蛋白质还构成多种成分酶，如位于噬菌体尾部基板内的溶菌酶使细胞壁水解；流感病毒的神经氨酸酶能水解寄主细胞表面糖蛋白，使病毒侵染细胞时能穿入细胞，成熟时也能从细胞释放。

（3）增殖　病毒蛋白质也构成如DNA和RNA聚合酶、RNA转录酶、逆转录酶等核酸复制酶以及合成病毒蛋白质所需的各种合成酶等。

（4）抗原性　蛋白质决定病毒粒子的抗原性，并能刺激机体产生特异性抗体，激发机体免疫应答。

3. 其他成分

一般病毒只含蛋白质和核酸。较复杂的病毒如痘病毒，在其包膜中含有脂类与多糖。

脂类中磷脂占50%～60%，其余则为胆固醇。多糖常以糖脂、糖蛋白形式存在。有的病毒含有胺类。植物病毒中还发现了12种金属阳离子。有的可能还含有类似维生素的物质。

（三）病毒的结构

病毒是非细胞生物，故单个病毒个体不能称作"单细胞"，一般称为病毒粒子，病毒粒子系指成熟的、结构完整、有感染性的单个病毒。所有的病毒粒子均由核心与外围的衣壳构成核衣壳，即病毒粒子的基本结构。有些病毒粒子的核衣壳就是病毒体，亦称裸露病毒粒子；有些病毒粒子在核衣壳外面还有一层包膜，称为包膜病毒粒子（见图2-22）。

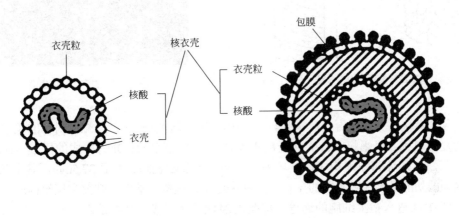

图2-22　病毒粒子的结构模式图

1. 核心

位于病毒粒子的中心，由单一核酸（RNA或DNA）组成，构成病毒的基因组，为病毒的感染、增殖、遗传和变异等生命活动提供了信息。此外，某些病毒的核心还含有少量功能蛋白，如核酸多聚酶、逆转录酶等。

2. 衣壳

包绕在核心外的蛋白质外壳，称衣壳。衣壳具有免疫原性，是病毒体的主要抗原成分，可保护病毒核酸免受环境中核酸酶及其他理化因素的破坏，并能介导病毒进入宿主细胞。衣壳是由一定数量的壳粒组成，每个壳粒又由一个或多个多肽组成。

3. 包膜

包膜是某些病毒在成熟过程中穿过宿主细胞，以出芽方式向宿主细胞外释放时获得的，由脂类和多糖组成。这种结构具有高度的稳定性，可保护病毒核酸不致在细胞外环境中受到破坏。有些病毒粒子表面常有糖蛋白组成的不同形状的突起，称为刺突。

4. 病毒粒子的对称性

由于不同病毒粒子的壳粒数量、形态及对称方式均有不同，因而病毒粒子结构表现出几种不同的对称形式。

（1）螺旋状对称　具有螺旋对称结构的病毒多数是单链RNA病毒，其粒子形态为线状、直杆状和弯曲状。核酸是伸展开的，以多个弱键与蛋白质亚基相结合，壳粒围绕着核酸呈螺旋对称排列，如烟草花叶病毒（见图2-23）。

动画扫一扫

烟草花叶病毒
粒子的螺旋对称

（2）二十面体对称（见图2-24）　有些看起来像球形的病毒粒子，经高分辨率电子显微镜观察，实际是个多面体，是核酸浓集在一起形成球状或近似球状的结构，壳粒排列成二十面体立体对称形式，形成20个等边三角形的面，如腺病毒、脊髓灰质炎病毒。

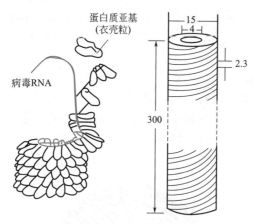

图2-23 烟草花叶病毒结构示意图（单位：nm）

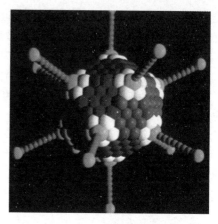

图2-24 腺病毒结构模型

（3）复合对称 少数病毒壳粒排列较为复杂，由二十面体的头部与螺旋对称的尾部复合构成，称为复合对称，呈蝌蚪状。头部蛋白质衣壳内有由线状双链DNA构成的核心。在头尾相连处有颈部，由颈环和颈须构成，颈环为一六角形的盘状构造，直径37.5mm，其上长有6根颈须，颈须的功能是裹住吸附前的尾丝。尾部由尾管、尾鞘、基板、刺突和尾丝构成。尾管中空，是头部DNA进入宿主细胞的通道，尾鞘由24圈螺旋组成，基板是六角形盘状结构，上面有6个刺突和6根尾丝，均具有吸附功能。如大肠杆菌T_4噬菌体等（见图2-25）。

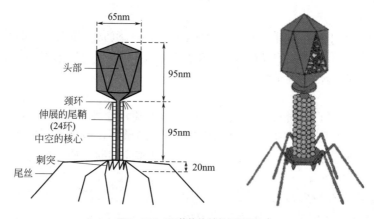

图2-25 T_4噬菌体结构示意图

（四）病毒的增殖

病毒的增殖是病毒基因复制与表达的结果，它完全不同于其他生物的繁殖方式，又称为**病毒的复制**。病毒是专性活细胞内寄生物，缺乏增殖所需的酶系，只能在其感染的活细胞内，在病毒自身核酸的指导下，利用宿主细胞提供的各种与增殖有关的因子，进行自我复制。

各种病毒的增殖过程基本相似，一般可分为吸附、侵入、生物合成、装配、释放5个阶段。每一阶段的结果和时间长短随病毒种类、病毒的核酸类型、培养温度和宿主细胞种类不同而异。

1. **病毒的复制过程**

（1）吸附 是指病毒以其特殊结构与宿主表面的特异受体发生特异结合的过程，是病毒感染宿主细胞的前提，具有高度的专一性。在通常情况下，敏感细胞表面具有特异性表面接受部位，可与相应的病毒结合，病毒也含有与其"互补"的特异性化学组分作为吸附部位，这种吸附作用是不可逆的。不同的病毒粒子具有不同的吸附位点，如大肠杆菌 T_3、T_4、T_7 噬菌体吸附在脂多糖受体上，T_2 和 T_6 噬菌体吸附在脂蛋白受体上。有些复杂的病毒有几种吸附位点，分别与不同的受体作用；另外，不同的宿主细胞也具有不同的病毒吸附受体，有的宿主细胞上有多个不同的病毒受体，可被多种病毒感染。

吸附作用受许多内外因素的影响，凡影响细胞受体和病毒吸附蛋白活性的因素，如细胞代谢抑制剂、酶类、脂溶剂、抗体，以及温度、离子浓度、pH值等环境因素均可影响病毒的吸附。

（2）**侵入** 指病毒或其一部分进入宿主细胞的过程，病毒侵入的方式取决于宿主细胞的性质，尤其是它的表面结构。一般来说有三种情况：a. 整个病毒粒子进入宿主细胞；b. 核衣壳进入宿主细胞；c. 只有核酸进入宿主细胞。

噬菌体侵入
方式1

① 有伸缩尾的T偶数噬菌体：有伸缩尾的T偶数噬菌体吸附于宿主细胞表面后，尾丝收缩使尾管触及宿主细胞壁，尾管端携带的溶菌酶溶解局部宿主细胞壁的肽聚糖。接着通过尾鞘收缩将尾管推出并将头部核酸迅速注入到宿主细胞内，而其蛋白质衣壳留在菌体外。某些噬菌体从细菌的性菌毛侵入。

噬菌体侵入
方式2

② 动物病毒侵入宿主细胞的方式

a．借吞噬或吞饮作用将整个病毒粒子包入敏感细胞内，由宿主细胞内溶酶体释放的酶将其降解，从而释放出核酸，如痘类病毒等；

b．膜融合，包膜病毒上的刺突与宿主细胞上受体结合，促进了病毒包膜与细胞膜的融合，核衣壳释放到细胞质内，如流感病毒；

动物病毒侵入
方式a

c．有的病毒以完整的病毒粒子直接通过宿主细胞膜穿入细胞质中，如呼肠孤病毒；

d．没有包膜的病毒粒子与宿主细胞特异受体结合后引起壳体重排，使壳体破损，病毒核酸得以进入细胞内，如脊髓灰质炎病毒。

动物病毒侵入
方式b

③ 植物病毒没有专门的侵入机制，因植物细胞具有坚韧的细胞壁，故一般通过表面伤口或刺吸式昆虫口器插入到植物细胞中去，并通过胞间连丝、导管和筛管在细胞间乃至整个植物中扩散。

（3）**生物合成** 包括核酸的复制和蛋白质的合成。病毒侵入敏感细胞后，将核酸释放于细胞中，此时，该病毒粒子已不存在，并失去了原有的感染性，开始了自己的核酸复制与蛋白质合成。在宿主细胞内，病毒基因组从核衣壳中释放后，首先转录早期基因，合成它们的早期mRNA，与宿主核糖体结合翻译成早期蛋白。一部分是抑制蛋白，可封闭宿主的正常代谢，使细胞转向有利于合成病毒，如分解宿主DNA的DNA酶；另一部分作为病毒生物合成所必需的复制酶，如复制病毒DNA的DNA聚合酶，用以复制子代基因组。基因组复制完成后，在早期基因产物作用下，晚期基因转录产生晚期mRNA，经晚期翻译产生成熟病毒衣壳蛋白及其他结构蛋白，还有在病毒装配中所需的非结构蛋白，如各种装配蛋白、溶菌酶等。

动物病毒侵入
方式c

（4）**装配** 病毒核酸的复制与病毒蛋白质的合成是分开进行的。装配是指在病毒感染的细胞内，将分别合成好的病毒核酸与蛋白质组装为成熟的、新的病毒粒子的过程。不同病毒在宿主细胞内有不同的装配位置，如腺病毒的核酸和蛋白质在细胞核内装配，脊髓灰质炎病毒在胞浆内装配。装配方式与病毒在宿主细胞中的复制部位及其是否存在包膜有关。衣壳蛋白达到一定浓度时，将聚合成衣壳，并包裹核酸形成核衣壳。无包膜病毒组装成核衣壳即

动物病毒侵入
方式d

为成熟的病毒粒子，有包膜病毒一般在核内或细胞质内组装成核衣壳，然后以出芽形式释放时再包上宿主细胞核膜或细胞质膜后，成为成熟病毒粒子。整个装配过程至少需要50种不同蛋白质和60多个基因组参与，需要在一些非结构蛋白的指导下进行。

T$_4$噬菌体装配过程比较复杂，大致分为四个独立的亚装配途径。头部壳体装入DNA形成成熟的头部；由基板、尾管和尾鞘各部件组装成无尾丝的尾部；由头部与尾部自发结合；最后装上尾丝，组装为成熟的噬菌体颗粒。

（5）释放　成熟的病毒粒子从被感染细胞内转移到外界的过程称为病毒释放。病毒的释放是多样的，有的通过破裂、出芽作用或通过细胞之间的接触而扩散。

上述增殖生活周期是较短的，例如：*E. coli* T系噬菌体在合适的温度下为15～25min。第一个宿主细胞裂解后所产生的子代噬菌体量称为裂解量。不同的噬菌体有不同的裂解量，例如T$_2$为150左右，T$_4$约100，f$_2$则可高达10000左右。

2. 噬菌体

噬菌体即原核生物的病毒，它们广泛地存在于自然界，凡有原核生物活动之处几乎都发现相应噬菌体的存在。根据噬菌体与宿主细胞的关系可将噬菌体分为烈性噬菌体和温和噬菌体两类。凡在短时间内能连续完成其复制过程五个阶段而实现其繁殖的噬菌体，称为烈性噬菌体，反之则称为温和噬菌体。一般将烈性噬菌体所经历的繁殖过程，称为裂解性周期（见图2-26）或增殖性周期，将温和噬菌体所经历的增殖过程称为溶源性周期。

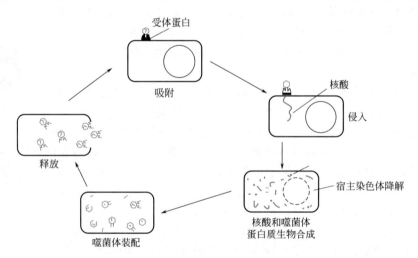

图2-26　烈性噬菌体的生活周期

（1）烈性噬菌体与一步生长曲线　感染宿主细胞后，能迅速在宿主细胞内增殖，产生大量子代噬菌体并引起宿主细胞裂解，这类噬菌体称为烈性噬菌体。定量描述烈性噬菌体生长规律的实验曲线，称做一步生长曲线或一级生长曲线（见图2-27）。因它可反映每种噬菌体（或病毒）的3个最重要的特征参数——潜伏期、裂解期和裂解量，故十分重要。

（2）噬菌体效价的测定　效价这里表示每毫升试样中所含有的具有侵染性的噬菌体粒子数，又称噬菌斑形成单位数或感染中心数。测定效价的方法很多，如液体稀释法、玻片快速测定法和单层平板法等，较常用且较精确的方法称为双层平板法。

双层平板法 { 底层平板（约2%琼脂培养基7～8mL）　上层平板 { 上层培养基（约1.0%琼脂培养基3mL）　宿主菌悬液（对数期菌液0.2mL）　噬菌体试样（合适稀释液0.1mL）} 混匀 } —37℃，10余小时→ 计数噬菌斑主要操作步骤为：预先分别配制含2%和1%琼脂的底层培养基和上层培养基。先用底层培养基在培养皿上浇一层平板，待凝固后，再把预先融化并冷却到45℃以下，加有较浓的敏感宿主和一定体积待测噬菌体样品的上层培养基，在试管中摇匀后，立即倒在底层培养基上铺平待凝，然后在37℃下保温。一般经10余小时后即可对噬菌斑计数。此法有许多优点，如加了底层培养基后，可弥补培养皿底部不平的缺陷；可使所有的噬菌斑都位于近乎同一平面上，因而大小一致、边缘清晰且无重叠现象；又因上层培养基中琼脂较稀，故可形成形态较大、特征较明显以及便于观察和计数的噬菌斑。

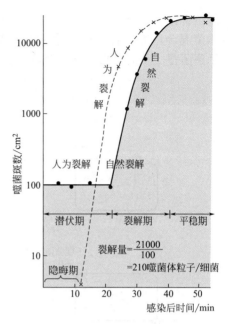

图2-27　T₄噬菌体的一步生长曲线

用双层平板法计算出来的噬菌体效价总是比用电镜直接计数得到的效价低。这是因为前者是计有感染力的噬菌体粒子，后者是计噬菌体的总数（包括有或无感染力的全部个体）。同一样品根据噬菌斑计算出来的效价与用电镜计算出来的效价之比，称为成斑率。噬菌体的成斑率一般均＞50%，而动物病毒或植物病毒用类似的方法所得的成斑率一般仅10%。

（3）温和噬菌体与溶源性细菌　温和噬菌体侵入菌体后不立即裂解细菌细胞，而是将其核酸整合到宿主核酸上，进行同步复制，随宿主细胞分裂传递给其子代，并赋予宿主细胞以新的性状。这种温和噬菌体的侵入并不引起宿主细胞裂解的现象称为溶源现象或溶源性（见图2-28）。凡能引起溶源性的噬菌体即称温和噬菌体，而其宿主就称为溶源菌。

温和噬菌体的存在形式有3种：①游离态，指成熟后被释放并有侵染性的游离噬菌体粒子；②整合态，指已整合到宿主基因组上的前噬菌体状态；③营养态，指前噬菌体因自发或经外界理化因子诱导后，脱离宿主核基因组而处于积极复制、合成和装配的状态。

溶源菌是一类被温和噬菌体感染后能相互长期共存，一般不会出现迅速裂解的宿主细菌。它有如下基本特性：①稳定性，溶源菌通常很稳定，将整合到自己DNA上的前噬菌体作为其遗传结构的一部分，随细菌DNA一起复制，能够经历很多代。②免疫性，溶源菌对噬菌体具有免疫性，这种免疫性具有高度的特异性。例如含有λ原噬菌体的溶源性细胞，对于λ噬菌体的毒性突变株有免疫性。③裂解，溶源菌正常繁殖时，绝大多数不发生裂解现象，只有极少数（大约$10^{-5}\sim10^{-3}$）前噬菌体能自发脱离宿主细胞染色体，进行增殖，从而导致宿主细胞裂解，这种现象称为溶源菌的自发裂解；经紫外线、丝裂霉素C、X射线等理化因子处理而发生的高频率裂解现象称为诱导或诱发裂解。④溶源转变，噬菌体DNA整合到细菌基因组中而改变了细菌的基因型，使细菌的某些性状发生改变，如白喉杆菌只有在含有特定的原噬菌体时才能产生白喉毒素引起被感染机体发病。⑤复愈性，溶源性细胞有时消失了其中的原噬菌体，变成非溶源性细胞，这时既不发生自发裂解也不发生诱发裂解。

溶源菌的检出在发酵工业上具有重要的意义。一般可将少量待测菌与大量敏感性指示菌（溶源菌裂解后释放出的温和噬菌体可使之发生裂解性周期者）混合，而后涂布于琼脂平板上。培养一段时间后，溶源菌可长出菌落。由于溶源菌在生长过程中有极少数个体会发生自发裂解，产生的噬菌体可侵染溶源菌周围敏感性指示菌菌苔，这样会产生一个中央为溶源菌小菌落、周围有透明圈的特殊噬菌斑（见图2-29）。也可先用紫外线照射生长的待测菌株，以诱导前噬菌体裂解，并进一步培养及滤去培养物中的活细菌。然后将滤液与敏感菌混合培养。若所测菌株为溶源菌，由于紫外线诱发裂解产生的噬菌体可侵染敏感性指示菌菌苔，从而可形成一个个透明的噬菌斑。

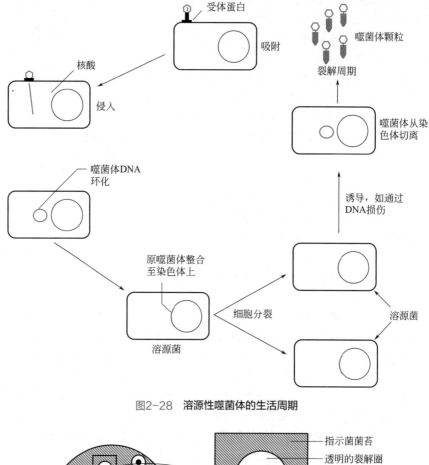

图2-28   溶源性噬菌体的生活周期

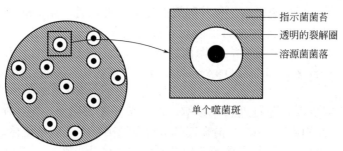

图2-29   溶源菌及其特殊噬菌斑

 知识链接

新型冠状病毒变异株命名

新型冠状病毒是一个RNA病毒，跟DNA病毒相比，RNA病毒比较活跃，非常容易发生变异。德尔塔（Delta）是新冠病毒的一个变异株，德尔塔（Delta）（B.1.617.2）最早于2020年10月在印度发现，世界卫生组织将其列为需要全球关注的变异株。现在其已成为全世界大部分地区主要流行毒株。在出现德尔塔（Delta）变异株之前，有三株变异毒株也被世界卫生组织列为全球需要关注的变异，分别是英国的Alpha（B.1.1.7）、南非的Beta（B.1.351）、巴西的Gamma（P.1）。所以德尔塔（Delta）是需要引起关注的变异株中的老四。对于变异株，全世界有统一命名方法，如按照科学的方法来称呼新冠病毒变异株，其名称内包含有字母和数字，显得冗长复杂，而且难记，世界卫生组织于2021年5月31日宣布，为了避免对相关国家造成污名化，按照上述需要关注的4种变异株的发现时间先后顺序，分别以希腊字母"阿尔法""贝塔""伽马""德尔塔"来命名。其他变异株将按照"德尔塔"之后的希腊字母顺序命名。

截至目前，新冠病毒变异株的命名已经排到了第12个希腊字母缪（Mu）（中间空缺Epsilon、Zeta、Theta）。希腊字母一共有24个，若不够用怎么办呢？世界卫生组织表示，一旦希腊字母用完，考虑用星座来命名新的变异毒株。

二、病毒的干扰现象与干扰素

（一）干扰现象

两种病毒同时或短时间内先后感染同一细胞时，其中一种病毒可以抑制另一种病毒增殖的现象，称为病毒的干扰现象。如乙型脑炎病毒能干扰脊髓灰质炎病毒，流感病毒能干扰西方型马脑炎病毒的增殖。

干扰现象可发生于异种病毒之间，也可发生于同种异型病毒间，甚至灭活的病毒可干扰同株的活病毒，如脊髓灰质炎病毒减毒活疫苗Ⅰ型可干扰Ⅱ型、Ⅲ型。通常是死病毒干扰活病毒，先进入细胞的病毒排斥、干扰后进入的病毒，数量多的、增殖快的病毒干扰数量少的、增殖慢的病毒，这多见于异种病毒之间。

（二）干扰素

产生干扰现象的原因主要是宿主细胞感染病毒后诱导机体产生了干扰素，它能保护宿主细胞免受另外病毒的感染。干扰素（interferon，IFN）是由大多数脊椎动物细胞受病毒或其他因子（诱导剂）诱导产生的低分子蛋白质。

1. 干扰素的种类

根据干扰素的来源，人细胞能产生α、β和γ三种类型。IFN-α，由人的白细胞产生，又称白细胞干扰素；IFN-β，由人的成纤维细胞产生，IFN-α和IFN-β又称Ⅰ型干扰素；IFN-γ是由淋巴细胞受丝裂原（如PHA）激活或致敏T淋巴细胞受抗原刺激而产生，又称免疫干扰素或Ⅱ型干扰素。目前这三种干扰素均可用基因工程技术进行生产，称为重组干扰素。如将干扰素基因重组于大肠杆菌染色体中，可使大肠杆菌表达产生干扰素。

2. 干扰素的性质

干扰素是一组糖蛋白分子，分子量约为15000～25000，是可溶性的、无毒、抗原性很弱的物质；对蛋白分解酶（如胰蛋白酶）敏感，但对脂酶和核酸酶不敏感。此外，干扰素还具有下列特性：①无抗病毒特异性，即有广谱抗病毒作用，也就是说，一种病毒诱生的干扰素可对多种病毒起作用；②干扰素有高度种属特异性，如人或灵长类动物细胞产生的干扰素才能对人细胞发挥抗病毒作用，而对其他动物的细胞无作用；③干扰素有抑制细胞分裂/分化及成熟的作用，可用于肿瘤的治疗；④干扰素有活化巨噬细胞及抑制细胞内寄生物的作用；⑤干扰素的抗病毒作用与抗体不同，它不是直接杀死或中和病毒，而是干扰素与细胞相互作用产生抗病毒蛋白这一介质从而抑制病毒蛋白的合成。

3. 干扰素的诱生与抗病毒机理

一般认为，脊椎动物的细胞本来具有产生干扰素的能力，但在正常情况下，编码干扰素的基因处于抑制状态，干扰素的产生受到抑制，这种抑制状态是由一种抑制蛋白来实现的。当病毒或其他干扰素诱生剂（如polyI:C）作用于细胞后，与抑制蛋白结合而使之失去活性，因而干扰素基因得以活化，使细胞转录干扰素的mRNA，再翻译为干扰素蛋白质，当细胞裂解时，干扰素和成熟的病毒粒子一起释放出来，作用于邻近细胞膜上的干扰素受体。干扰素分子与邻近细胞表面的干扰素受体结合后，使细胞固有的抗病毒蛋白基因活化。细胞在活化基因指导下合成"抗病毒蛋白"（即多种蛋白酶）。抗病毒蛋白阻断病毒蛋白的翻译过程，从而抑制病毒的增殖，于是细胞处于抗病毒状态，若产生干扰素的细胞仍完好，也可使该细胞建立抗病毒状态。

4. 干扰素的作用

病毒感染时，产生的干扰素可阻止、中断病毒增殖，从而中断发病；若疾病已经发生，在产生足够保护性抗体之前，干扰素可使机体恢复健康。在防治病毒性疾病方面，可通过调节疫苗用量或分期接种疫苗，避免产生干扰现象，使之达到预期的免疫效果。

干扰素有广泛的抗病毒作用，现已作为一种抗病毒药物在临床上使用，但存在着来源困难和不易纯化等问题。这些问题正逐渐由基因工程和单克隆抗体的应用得到解决。

三、亚病毒

凡在核酸和蛋白质两种成分中，只含其中之一的分子病原体或是由缺陷病毒构成的功能不完整的病原体，称为亚病毒因子，主要有类病毒、卫星病毒、拟病毒和朊病毒等。

1. 类病毒

类病毒是裸露的，是由单链共价闭合环状RNA分子组成的，类病毒分子量为$0.7×10^5 \sim 1.2×10^5$，大小仅为最小病毒的1/20，这种RNA能在敏感细胞内自我复制，不需要辅助病毒，其结构和性质都与已知病毒不同，故名类病毒。发现的第一个类病毒是马铃薯纺锤形块茎病类病毒（potato spindletuber viroid，PSTV），这是一种导致马铃薯严重减产的病原体，棒状，无蛋白外壳。它仅含一个由359个核苷酸组成的单链环状RNA分子（分子量约100000）。该分子内有很多碱基（约70%），通过氢键配对而形成双螺旋区，未配对碱基则形成内环。双螺旋区与内环交替排列形成一个伸长的棒状分子。

类病毒RNA能自我复制，但不能编码蛋白质。迄今为止所知的类病毒都是侵染植物致病的，例如马铃薯纺锤形块茎病、柑橘裂皮、菊花矮缩病、菊花褪绿斑驳病、椰子坏死病、黄瓜白果病以及酒花矮化病等。最近报道，动物中也有DNA类病毒。

2. 卫星病毒

卫星病毒是一类基因组缺损、需要依赖辅助病毒，基因才能复制和表达，才能完成增殖的亚病毒。如大肠杆菌噬菌体P_4，其缺乏编码衣壳蛋白的基因，需辅助病毒大肠杆菌噬菌体P_2同时感染，且依赖P_2合成的壳体蛋白装配成含P_2壳体1/3左右的P_4壳体，与较小的P_4DNA组装成完整的P_4颗粒，完成增殖过程。丁型肝炎病毒（HDV）必须利用乙型肝炎病毒的包膜蛋白才能完成复制周期。常见的卫星病毒还有腺联病毒（AAV）、卫星烟草花叶病毒（STMV）、卫星玉米白线花叶病毒（SMWLMV）、卫星稷子花叶病毒（SPMV）等。

3. 拟病毒

1981年以来，Randles等分别陆续从绒毛烟、苜蓿、茛菪以及地下三叶草分离出几种在核酸组成与生物学性质方面比较特殊的绒毛烟斑驳病毒（velvet tobacco mottle virus，VTMoV）、苜蓿暂时性条斑病毒（lucernetransient streak virus，LTSV）、茛菪斑驳病毒（solanum nodiflorum mottle virus，SNMV）和地下三叶草斑驳病毒（subterranean clover mottle virus，SCMoV）。1983年，这些病毒被定为拟病毒，又称类病毒（viroid-like）。这是一类包裹在病毒衣壳内的类病毒。拟病毒的粒子中含有两类核酸，一类为线状单链RNA（RNA-1），分子量较大（约1.5×10^6）；另一类是环状单链RNA（RNA-2），其分子量和二级结构均与类病毒的相似。但与类病毒RNA不同的是，RNA-2不能单独侵染寄主和复制自身。拟病毒的RNA-1与RNA-2之间存在着互相依赖的关系，两者必须同时存在才能感染寄主、复制核酸和产生新的拟病毒粒子。

RNA植物病毒中也有一类由于基因组太小而没有足够的遗传信息，因此不能单独侵染寄主并进行复制的所谓卫星病毒，它们都含有单链RNA（分子量$2.8 \times 10^5 \sim 5 \times 10^5$）。

4. 朊病毒

朊病毒是具侵染性并在宿主细胞内复制的蛋白质颗粒。现在认为，引起山羊和绵羊瘙痒病（scrapie）以及人的Kuru病和Crentzfeld-Jacob病（CJ病，脑脱髓鞘病变）的病原体是朊病毒。

1982年，美国的S. B. Prusiner在研究引起羊瘙痒病的病原体时发现朊病毒，由于其意义重大，故他于1997年获得了诺贝尔奖。该病原体在经过高温、辐射以及化学药品等能使病毒失活的处理后依然存活，而且它只对蛋白酶敏感，因而认为，该病原体是一种仅由蛋白质组成的侵染性颗粒，并命名为朊病毒。

电子显微镜下的朊病毒为杆状颗粒，直径25nm，长100～200nm（一般为125～150nm），杆状颗粒不单独存在，而呈丛状排列，丛的大小与形状不一，颗粒丛所含颗粒多时可有100个。

朊病毒的发现具有重大的理论和实践意义。生物学的"中心法则"认为，遗传信息的流向是"DNA→←RNA→蛋白质"。通过对朊病毒的深入研究可能会更加丰富"中心法则"的内容。此外，还有可能对一些疾病的病因、传播研究以及治疗带来新的希望。

朊病毒引起的疾病：羊瘙痒症（scrapie in sheep）、牛海绵状脑病（boivne spongiform encephalitis，BSE；俗称"疯牛病"）、人的克-雅氏症（Creutzfeldt-Jakob disease）、库鲁病、G-S综合征等。

四、病毒与实践

病毒与人类实践的关系极为密切。由它们引起的宿主病害既可危害人类健康，对畜牧业、栽培业和发酵工业带来不利的影响，又可利用它们进行生物防治，此外，还可利用病毒进行疫菌生产和作为遗传工程中的外源基因载体，直接或间接地为人类创造出巨大的经济效益、社会效益和生态效益。

1. 噬菌体与发酵工业

噬菌体会给人类生产带来极大的危害，如抗生素工业、微生物农药、有机溶剂发酵工业普遍存在着噬菌体的危害，当发酵过程中污染了噬菌体后，轻则引起发酵周期延长、发酵液变清和发酵产物难以形成等事故，重则造成倒罐、停产甚至危及工厂命运，这种情况在谷氨酸发酵、细菌淀粉酶或蛋白酶发酵、丙酮丁醇发酵以及干扰素发酵中司空见惯。

要防止噬菌体的污染，必须确立防重于治的观念，预防措施主要有：绝不使用可疑菌种，严格保持环境卫生，绝不任意丢弃和排放有生产菌种的菌液，注意通气质量（选用30～40m高空的空气再经严格过滤），加强发酵罐和管道灭菌，不断筛选抗噬菌体菌种，经常轮换生产菌种，以及严格会客制度等。

2. 昆虫病毒用于生物防治

在动物界中，昆虫是种类最多、数量最大、分布最广和与人类关系极其密切的一个大群。其中一部分对人类有益，而大量的则对人类有害。长期以来，人类在与害虫作斗争的过程中，曾创造过物理治虫、化学治虫、绝育治虫、性激素引诱治虫和生物治虫（包括动物治虫、以虫治虫、细菌治虫、真菌治虫和病毒治虫）等手段，其中利用病毒制剂进行生物治虫由于具有资源丰富（已发现的病毒近2000种）、致病力强和专一性强等优点，故发展势头很旺，前景诱人。当然，在现阶段由于其杀虫速度慢、不易大规模生产、在野外易失活和杀虫范围窄等缺点，还难以普遍推广。目前正在利用遗传工程等高科技手段对其进行改造。

3. 病毒在基因工程中的应用

在基因工程操作中，把外源目的基因导入受体细胞并使之表达的中介体，称为载体。除原核生物的质粒外，病毒是最好的载体。

① 噬菌体作为原核生物基因工程的载体。通常所用的是 *E. coli* 的λ噬菌体。

② 动物DNA病毒作为动物基因工程的载体。可作为基因工程载体的动物病毒很多，主要为SV40(simian virus 40，即猴病毒40)，其次为人的腺病毒、牛乳头瘤病毒、痘苗病毒以及RNA病毒等。

③ 植物DNA病毒作为植物基因工程的载体。因含DNA的植物病毒种类较少，故病毒载体在植物基因工程中应用的起步较晚。研究较多的是花椰菜花叶病毒（CMV）。

④ 昆虫DNA病毒作为真核生物基因工程的载体。应用较多的是杆状病毒（baculovirus）。

五、实操练习——噬菌体的分离、纯化与效价的测定

（一）接受指令

1. 指令

（1）学习分离、纯化噬菌体的基本原理和方法；

（2）观察噬菌斑的形态和大小；

（3）学习噬菌体效价测定的基本方法。

2. 指令分析

噬菌体是细菌的专性寄生物，自然界中凡是有细菌等微生物细胞分布的地方，均可发现其特异性的噬菌体，噬菌体侵入细菌细胞后，利用宿主细胞的酶系统进行复制和增殖，最终导致细菌细胞裂解，噬菌体从细胞中释放出来，可以进一步侵染细菌细胞。在液体培养基中，噬菌体可以使浑浊的菌悬液变为澄清。在长有宿主细菌的固体培养基平板上，噬菌体可以裂解细菌形成透明的空斑，即噬菌斑，一个噬菌体产生一个噬菌斑，因此可以利用这个性质对噬菌体进行分离和效价的测定。噬菌体的效价就是1mL培养液中所含活噬菌体的数量。效价测定的方法，一般应用双层琼脂平板法。

（二）查阅依据

温和噬菌体与溶源性细菌相关内容。

（三）制订计划

教师讲解操作要点并示教，学生2～3人/组，每名学生独立完成一项操作，其他同学配合，以小组为单位分工协作，判断实操结果，分析实操的意义。锻炼学生的动手能力、合作能力。

（四）实施操作

1. 准备

（1）37℃培养18h的大肠杆菌斜面、阴沟污水。

（2）培养基

① 上层牛肉膏蛋白胨半固体培养基（含琼脂0.6%），用试管分装，每管3～5mL；

② 底层牛肉膏蛋白胨琼脂培养基（含琼脂1.5%～2%）；

③ 三倍浓缩的牛肉膏蛋白胨液体培养基。

（3）器材　无菌移液管、无菌小试管、无菌培养皿、无菌抽滤器、无菌玻璃涂布器、

无菌蔡氏细菌滤器、恒温水浴箱、真空泵等。

【训练】为了保证实操完成顺利，实操前应准备好所需的用具。请填写备料单（见表2-14）。

表2-14　备料单（噬菌体的分离、纯化与效价的测定）

序号	品名	规格	数量	备注
1				
2				
3				
4				
5				
6				
7				
8				
9				
10				

【训练】配制培养基并填写配制和使用记录表（见表2-15）。

表2-15　培养基配制和使用记录

培养基名称	配制量	操作人	复核人

【训练】对所有器皿、培养基等按规定条件灭菌，并填写灭菌方法记录表（见表2-16）。

表2-16　灭菌方法记录表

序号	日期	灭菌内容	灭菌时间	灭菌条件	备注
1					
2					
3					
4					
5					
6					
7					
8					
9					
10					

2. 操作过程

（1）噬菌体的分离

① 制备菌悬液　取大肠杆菌斜面一支，加4mL无菌水洗下菌苔，制成菌悬液。

② 增殖培养　于1000mL 3倍浓缩的牛肉膏蛋白胨液体培养基的三角烧瓶中，加入污水样品200mL，与大肠杆菌菌悬液2mL，37℃培养12～24h。

③ 制备裂解液　将以上混合培养液2500r/min离心15min。将已灭菌的蔡氏过滤器用无菌操作安装于灭菌抽滤瓶上，用橡皮管连接抽滤瓶与安全瓶，安全瓶再连接于真空泵。将离心上清液倒入滤器，开动真空泵，过滤除菌。所得滤液倒入灭菌三角瓶内，37℃培养过夜，以做无菌检查。

④ 确证试验　经无菌检查没有细菌生长的滤液做试验以进一步证明噬菌体的存在。

a. 于牛肉膏蛋白胨琼脂平板上加一滴大肠杆菌菌悬液，再用灭菌玻璃涂布器将菌液涂布成均匀的一薄层。

b. 待平板菌液干后，分散滴加数小滴滤液于平板菌层上面，37℃培养过夜。如果在滴加滤液处形成无菌生长的透明噬菌斑，便证明滤液中央有大肠杆菌噬菌体。

（2）噬菌体的纯化

① 如果已证明确有噬菌体存在，则用接种环取菌液一环接种于液体培养基内，再加入0.1mL大肠杆菌菌悬液，使混合均匀。

② 取上层琼脂培养基，融化并冷至48℃（可预先融化、冷却，放48℃水浴箱内备用），加入以上噬菌体与细菌的混合液0.2mL，立即混匀。

③ 立即倒入底层培养基上，混匀。置37℃培养12h。

④ 此时长出的分离的单个噬菌斑，其形态、大小常不一致，再用接种针在单个噬菌斑中刺一下，小心采取噬菌体，接入含有大肠杆菌的液体培养基内，于37℃培养。

⑤ 待管内菌液完全溶解后，过滤除菌，即得到纯化的噬菌体。

注：以上①②③三个步骤，目的是在平板上得到单个噬菌斑，能否达到目的，取决于所分离得到的噬菌体滤液的浓度和所加滤液的量，若平板上的噬菌体连成一片，则需减少接种量或增加液体培养基的量；若噬菌斑太少，则增加接种量。

（3）高效价噬菌体的制备　刚分离纯化得到的噬菌体往往效价不高，需要进行增殖，将纯化了的噬菌体滤液与液体培养基按1∶10的比例混合，再加入大肠杆菌菌悬液适量（可与噬菌体滤液等量或1/2的量），培养，使增殖，如此重复移种数次，最后过滤，可得到高效价的噬菌体制品。

（4）噬菌体的效价测定

① 稀释噬菌体　将4管含有0.9mL液体培养基的试管分别标写10^{-3}、10^{-4}、10^{-5}和10^{-6}；用1mL无菌移液管吸0.1mL 10^{-2}大肠杆菌噬菌体，注入10^{-3}的试管中，旋摇试管，使混匀；用另一支无菌移液管吸0.1mL 10^{-3}大肠杆菌噬菌体，注入10^{-4}的试管中，旋摇试管，使混匀，余类推，稀释到10^{-6}管中，混匀。

② 噬菌体与菌液的混合、培养　将5支灭菌空试管分别标写10^{-4}、10^{-5}、10^{-6}、10^{-7}和对照；用移液管从10^{-4}噬菌体稀释管吸0.1mL加入10^{-4}空试管内，余类推，直至10^{-7}管；将大肠杆菌培养液摇匀，用移液管吸取菌液0.9mL加入对照试管内，再吸0.9mL加入10^{-7}管，如此从最后一管加起，直至10^{-4}管，各管均加0.9mL大肠杆菌培养液；将以上试管旋摇混匀；将5管上层培养基融化，标写10^{-4}、10^{-5}、10^{-6}、10^{-7}和对照，使冷却至48℃，并放入48℃水浴箱内。分别将4管混合液和对照管对号加入上层培养基试管内。每一管加入混合液后，立即旋摇混匀。将旋摇均匀的上层培养基迅速对号倒入底层平板上，放在台面上摇匀，

使上层培养基铺满平板。凝固后，放置于37℃培养。

③ 噬菌体效价计算　观察平板中的噬菌斑，将每个稀释度的噬菌斑数目记录于实验报告，并选取30～300个噬菌斑的平板，计算每毫升未稀释的原液的噬菌体数（效价）：

$$噬菌体效价=噬菌斑数×稀释倍数×10$$

【训练】设计一个实验从泡菜中分离乳酸杆菌噬菌体并测定其效价。

（五）结果报告

1. 绘图表示平板上出现的噬菌斑。
2. 记录平板中各稀释度的菌落形成单位（cfu）数于表2-17中。

表2-17　平板中各稀释度的菌落形成单位（cfu）数

噬菌体稀释度	对照	10^{-4}	10^{-5}	10^{-6}	10^{-7}
噬菌斑数					

计数每毫升未稀释的原液的噬菌体数。

【思考讨论】

① 什么因素决定噬菌斑的大小？

② 新分离得到的噬菌体滤液要证实确实有噬菌体存在，除本操作用的平板法观察噬菌斑的存在外，还可以用什么方法？如何证明？

③ 如果在测定的平板上出现其他细菌的菌落，是否影响噬菌体效价的测定？

 视野拓展

我国科学家成功研发可抗新冠肺炎病毒的广谱人源化基因工程单克隆抗体

2021年8月17日，中国科学院微生物研究所严景华团队联合华中科技大学王晨辉团队、北京大学肖俊宇团队、中国食品药品检定研究院王佑春团队、中国疾病预防控制中心谭文杰团队、上海君实生物医药科技股份有限公司等机构，在Nature Communications上在线发表了研究论文"A broadly neutralizing humanized ACE2-targeting antibody againstSARS-CoV-2 variants"。

这篇论文首次报道了一种靶向多种冠状病毒入侵受体ACE2的阻断抗体；该抗体能够有效预防和治疗新型冠状病毒（SARS-CoV-2）及其突变株感染宿主细胞及模式动物，并在非人灵长类动物中展现出良好安全性。

研究人员首先通过快速筛选并进行抗体人源化改造，得到一株靶向人ACE2受体的阻断型单克隆抗体h11B11；经过多种冠状病毒的假病毒和真病毒中和评价，证实抗体h11B11对SARS-CoV、SARS-CoV-2及其突变株病毒均具有很好的抑制活性；该抗体与微生物研究所早期开发的新冠治疗性抗体CB6联合使用能协同提高中和活性。

CB6单抗是一款靶向新冠肺炎病毒S蛋白RBD的抗体，由微生物研究所高福院士团队和严景华团队联合研发，目前已在美国、欧盟、印度等国家获得紧急使用授权。

思政元素

救死扶伤　大爱无疆

2020年8月11日，钟南山被党中央国务院授予"共和国勋章"。

2019年，12月，我国武汉，一场没有硝烟的战争——新冠暴发，2020年1月18日晚5点45分，钟南山不顾生命危险，奔赴疫区，并率先提出"人传人"的情况，提醒公众提高防范意识……

2020年7月，世界卫生组织（World Health Organization，WHO）成立"大流行防范和应对独立小组"，评估全球新冠疫情应对工作，钟南山成为专家组成员。2021年5月12日，专家组发布了82页主报告，通过整理证据，针对大流行防范与应对的每一个关键环节，都指出了存在的差距和可能的解决方案。报告提出，根据新冠疫情全球暴发的过程，要重视两个关键的重要预防环节：一是从局部暴发发展为全球流行；二是从全球流行发展到全球健康及社会经济危机。

2021年5月接受新华社专访时，钟南山分析，在第一个阶段，从局部流行发展为全球流行，尽管中国在早期已向世界卫生组织及时通报疫情，并在国内采取了强力封城及群防群控措施，而且WHO在2020年1月30日发出PHEIC（国际关注的突发公共卫生事件）警告，但多数国家采取了"等等再看"的观望政策，并未迅速采取有力行动，等到真正在本国暴发了才开始关注，为时已晚。

疫情暴发已经过去一年多了，钟南山和他所在的广州呼吸健康研究院、广州医疗团队的工作仍在继续。2021年9月，国际权威期刊《柳叶刀》子刊《电子临床医学杂志》公布了中国专家的一项重要研究成果。在过去数月，来自广州的唐小平、李锋教授团队（广州医科大学附属市八医院）联合钟南山院士、陈如冲教授团队（广州医科大学附属第一医院广州呼吸健康研究院），针对德尔塔变异株引起的广州"5·21新冠肺炎疫情"，结合流行病学和病毒基因组测序技术，首次在全球范围内精确描绘了德尔塔变异株完整的传播链条。

在这场关系着人类共同命运的殊死斗争中，钟南山以其战士的勇敢无畏、学者的铮铮风骨和悬壶济世的仁心仁术，挺身而出，力挽狂澜，作出了杰出的贡献，从而赢得了世人由衷的敬重。

知识小结

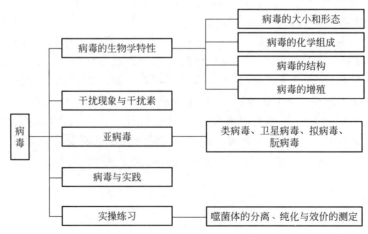

目标检测

一、单项选择题

1. 用来测量病毒粒子大小的单位是（　　）。

A. cm　　　　　　B. mm　　　　　　C. μm　　　　　　D. nm

2. 构成病毒核心的化学成分是（　　）。

A. 肽聚糖　　　　B. 类脂　　　　　C. 核酸　　　　　D. 蛋白质

3. 病毒的增殖方式为（　　）。

A. 二分裂　　　　B. 芽孢　　　　　C. 复制　　　　　D. 孢子

4. 温和噬菌体存在的形式有游离态、整合态和（　　）。

A. 生物态　　　　B. 营养态　　　　C. 化学大分子态　D. 诱导态

5. 病毒粒子的对称型不包括（　　）。

A. 螺旋状对称　　B. 杆状对称　　　C. 二十面体对称　D. 复合对称

6. 脊髓灰质炎病毒粒子的对称型是（　　）。

A. 螺旋状对称　　B. 杆状对称　　　C. 二十面体对称　D. 复合对称

7. 流感病毒粒子的结构包括核心、衣壳、包膜和（　　）。

A. 刺突　　　　　B. 细胞壁　　　　C. 气生菌丝　　　D. 鞭毛

8. 噬菌斑是病毒粒子的（　　）。

A. 核心　　　　　B. 衣壳　　　　　C. 群体结构　　　D. 包膜

9. 马铃薯纺锤形块茎病的病原体是（　　）。

A. 类病毒　　　　B. 卫星病毒　　　C. 拟病毒　　　　D. 朊病毒

10. 羊瘙痒病的病原体是（　　）。

A. 类病毒　　　　B. 卫星病毒　　　C. 拟病毒　　　　D. 朊病毒

二、简答题

1. 什么是烈性噬菌体？试简述其裂解性增殖周期。

2. 什么是效价，测定噬菌体效价的方法有几种？最常用的是什么方法，其优点如何？

三、实例分析

某发酵工厂生产菌株经常因噬菌体"感染"而不能正常生产，在排除了外部感染的可能性后，有人认为是由于溶源性细菌裂解所致，你的看法如何？设计一实验证明。

模块三
微生物技能操作

项目一　微生物的营养及生长测定技术

 知识目标

1. 掌握微生物的营养物质及其生理功能；
2. 掌握影响微生物生长繁殖的条件；
3. 掌握微生物群体的生长规律；
4. 熟悉营养物质进出微生物细胞的方式；
5. 熟悉微生物的培养方法、生长测定方法；
6. 了解微生物培养基的配制原则、类型及应用。

 能力目标

1. 熟练掌握培养基的配制技术；
2. 熟练掌握无菌操作技术；
3. 熟练掌握微生物的接种、分离与纯化技术；
4. 熟练掌握微生物的培养、计数及测量技术。

 素质目标

1. 培养奉献精神，个人利益服从集体利益，个人的事业要与社会、国家的需要相契合；
2. 树立脚踏实地一步一个脚印的人生态度和科学严谨、细致入微的职业理念；
3. 明确"知己知彼百战不殆"的人生哲理，指导学习、工作和生活。

一、微生物的营养物质

　　微生物为了生存，需要不断地从外界环境中吸收所需要的营养物质，通过新陈代谢转化成自身的细胞物质或代谢物，从中获取生命活动所必需的能量，同时将代谢产物排出体外。

　　能够满足微生物机体生长、繁殖和完成各种生理活动所需的物质称为营养物质。微生物获得和利用营养物质的过程称为营养。营养物质是微生物生存的物质基础，营养是微生物进行一切生命活动的一种生理过程。

（一）微生物细胞的化学组成

　　微生物细胞和动植物细胞一样，都含有碳、氢、氧、氮和各种矿物质元素（见表3-1），这些元素以有机物和无机物的形式存在于细胞中，包括水分、蛋白质、碳水化合物、脂肪、核酸和无机盐（见表3-2）。

表3-1 微生物细胞中几种主要化学元素的含量   单位：%（以干重计）

微生物	碳	氢	氧	氮	磷	硫
细菌	50	8	20	15	3	1
霉菌	48	7	40	5	—	—
酵母菌	50	7	31	12	—	—

表3-2 微生物细胞中主要干物质的含量   单位：%

微生物	蛋白质	碳水化合物	脂类	灰分元素
细菌	40～80	4～25	5～30	6～10
霉菌	20～40	20	8～40	7
酵母菌	40～60	25	4	7～10

需要说明的是，微生物细胞中的化学成分及含量并非绝对，它们常随种类、菌龄及培养条件的不同而在一定范围内发生变化。如幼龄或生长在氮源丰富条件下的微生物比老龄或生长在氮源贫瘠条件下的微生物含氮量要高。此外组成微生物细胞的各元素之间的比例也随微生物的种类、生理特性及环境的不同而异。如硫细菌细胞内含硫量很高，而铁细菌细胞内的含铁量很高。并且，通过对细胞元素组成的分析可大体看出微生物所需的营养物质。

（二）微生物的营养要素及其生理功能

微生物生长需要从外界获得营养，而且来源广泛，根据营养物质在机体中生理功能的不同可区分为碳源、氮源、能源、无机盐、生长因子和水六大类。这些物质对微生物生命活动的主要作用有：供给微生物合成细胞物质的原料，产生微生物在合成反应及生命活动中所需的能量，调节新陈代谢。

1. 水

水是微生物细胞的重要组成成分，一般可占细胞重量的70%～90%，在代谢中占有重要地位。水在细胞中有两种存在形式：一种是可以被微生物直接利用的游离水；另一种是与溶质或其他分子结合在一起的难以被微生物利用的结合水。

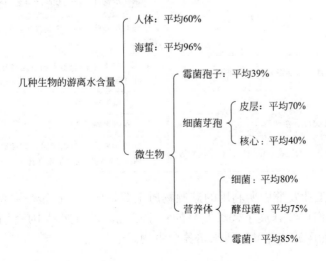

水在细胞中的生理功能主要有：①起到溶剂与运输介质的作用，营养物质的吸收与代谢产物的分泌必须以水为介质才能完成；②参与细胞内一系列化学反应；③维持蛋白质、核酸等生物大分子稳定的天然构象；④水的比热容高，是热的良好导体，能有效地吸收代谢过程中产生的热并及时地将热迅速散发出体外，可有效地控制细胞内温度的变化；⑤通过水合作用与脱水作用控制由多亚基组成的结构，如微管、鞭毛的组装与解离。

2. 碳源

在微生物生长过程中能提供微生物营养所需碳（元）素或碳架的营养物质称为碳源。碳源物质在细胞内经过一系列复杂的化学变化后成为微生物自身的细胞物质（如糖类、蛋白质、脂类等）和代谢产物（如抗生素、氨基酸等），同时，绝大部分碳源物质在细胞内进行生化反应的过程中，还能为机体提供维持生命活动所需的能量，因此碳源物质通常也是能源物质。

碳素在微生物细胞的干物质中约占50%，所以碳素既是构成菌体成分的主要元素，又是产生各种代谢产物和细胞内储藏物质的重要原料，还是大多数微生物代谢所需能量的来源。碳素是微生物细胞需要量最大的元素。

微生物能够利用的碳源种类很多（见表3-3），从简单的无机碳化物（CO_2和碳酸盐等）到结构复杂的有机碳化物（糖及糖的衍生物、脂类、醇类、有机酸、芳香化合物及各种含碳化合物等）。微生物在利用碳源物质时具有选择性，一般来说，糖类是微生物较容易利用的良好碳源，但微生物对不同糖类物质的利用也有差异。例如糖类物质中利用单糖优于双糖、己糖优于戊糖、淀粉优于纤维素；以葡萄糖和半乳糖为碳源的培养基中，大肠杆菌首先利用葡萄糖，当葡萄糖消耗完之后才利用半乳糖。前者称为大肠杆菌的速效碳源，后者称为迟效碳源。

表3-3　微生物利用的碳源物质

种类	碳源物质	备注
糖	葡萄糖、果糖、麦芽糖、蔗糖、淀粉、半乳糖、乳糖、甘露糖、纤维二糖、纤维素、半纤维素、甲壳素、木质素等	单糖优于双糖和多糖；己糖优于戊糖；葡萄糖、果糖优于甘露糖和半乳糖；淀粉明显优于纤维素和几丁质；纯多糖明显优于琼脂和木质素等杂多糖
有机酸	糖酸、乳酸、柠檬酸、延胡索酸、低级脂肪酸、高级脂肪酸、氨基酸等	与糖类比，效果较差。有机酸较难进入细胞，进入细胞后会导致pH下降。当环境中缺乏碳源物质时，氨基酸可被微生物作为碳源利用
醇	乙醇	在低浓度条件下可被某些酵母菌和醋酸菌利用
脂	脂肪、磷脂	主要利用脂肪，在特定条件下将磷脂分解为甘油和脂肪酸而加以利用
烃	天然气、石油、石油馏分、石蜡油等	利用烃的微生物细胞表面有一种由糖脂组成的特殊吸收系统，可将难溶的烃充分乳化后吸收利用
CO_2	CO_2	为自养微生物所利用
碳酸盐	$NaHCO_3$、$CaCO_3$、白垩等	为自养微生物所利用
其他	芳香族化合物、氰化物、蛋白质、肽、核酸等	当环境中缺乏碳源物质时，可被微生物作为碳源而降解利用。利用这些物质的微生物在环境保护方面有重要作用

目前在微生物工业发酵中所利用的碳源物质主要是单糖、糖蜜、淀粉、麸皮、米糠等。为了节约粮食，人们已经开展了代粮发酵的科学研究，以自然界中广泛存在的纤维素、石油、CO_2、H_2等作为碳源和能源物质来培养微生物。

　　微生物的种类不同，利用碳源的能力也不同，有的能广泛地利用不同类型的碳源物质，而有些微生物可利用的碳源则较少，例如假单胞菌属中的某些种可利用多达90多种的碳源物质，而一些甲基营养型微生物只能利用甲醇或甲烷等一碳化合物作为碳源物质。

　　3. 氮源

　　在微生物生长过程中为微生物提高氮素来源的物质称为氮源。氮源主要用来合成细胞中的含氮物质，是组成核酸和蛋白质的重要元素，一般不作为能源，只有少数自养微生物（如硝化细菌）能利用铵盐、硝酸盐同时作为氮源与能源，还有某些厌氧微生物在缺乏碳源的厌氧条件下也可以利用某些氨基酸作为能源物质。微生物能够利用的氮源种类十分广泛（见表3-4）。

表3-4　微生物利用的氮源物质

种类	氮源物质	备注
蛋白质类	蛋白质及其不同程度降解产物（胨、肽、氨基酸等）	大分子蛋白质难以进入细胞，一些真菌和少数细菌能分泌胞外蛋白酶，将大分子蛋白质降解利用，而多数细菌只能利用分子量较小的降解产物
氨及铵盐	NH_3、$(NH_4)_2SO_4$等	容易被微生物吸收利用
硝酸盐	KNO_3等	容易被微生物吸收利用
分子氮	N_2	固氮微生物可利用，但当环境中有化合态氮源时，固氮微生物就失去固氮能力
其他	嘌呤、嘧啶、脲、胺、酰胺、氰化物等	可不同程度地被微生物作为氮源加以利用。大肠杆菌不能以嘧啶作为唯一氮源，在氮限量的葡萄糖培养基上生长，可通过诱导作用先合成分解嘧啶的酶，然后再分解并利用嘧啶

　　不同种类的微生物对氮源的需要也不同，某些固氮微生物，可以利用分子态氮作为氮源合成自身所需要的氨基酸和蛋白质。此外，有些光合细菌、蓝藻和真菌也有固氮作用。许多腐生微生物和病原微生物不能固氮，一般以铵盐或其他含氮盐为氮源，其中硝酸盐必须先还原为铵根离子后，才能用于生物合成。

　　目前实验室常用的蛋白质类氮源包括蛋白胨、牛肉浸膏、酵母浸膏等，工业发酵常用的氮源物质是鱼粉、蚕蛹、黄豆饼粉、玉米浆、酵母粉等。微生物对这类氮源的利用具有选择性。例如，土霉素产生菌利用玉米浆比利用黄豆饼粉和花生饼粉的速度快，这是因为玉米浆中的氮源物质主要以较易吸收的蛋白质降解产物形式存在，而降解产物特别是氨基酸可通过转氮作用直接被机体利用；而黄豆饼粉和花生饼粉中的氮主要以大分子蛋白质形式存在，需进一步降解成小分子的肽和氨基酸后才能被微生物吸收利用，因而对其利用的速度较慢。因此玉米浆为速效氮源，有利于菌体生长；而黄豆饼粉和花生饼粉为迟效氮源，有利于代谢产物的形成，在发酵生产土霉素的过程中，往往将两者按一定比例制成混合氮源，以控制菌体生长时期与代谢产物形成时期的协调，达到提高土霉素产量的目的。

　　NH_4^+相对于NO_3^-为速效氮源。铵盐作为氮源时会导致培养基pH值下降，称为生理酸性盐，而以硝酸盐作为氮源时培养基pH值会升高，称为生理碱性盐。为避免培养基pH值变化对微生物生长造成影响，需要在培养基中加入缓冲物质。

　　4. 无机盐

　　矿质元素也是微生物生长所不可缺少的营养物质，它们具有以下作用：①参加微生物中氨基酸和酶的组成；②调节微生物的原生质胶体状态，维持细胞的渗透与平衡；③酶的激活剂。

根据微生物对矿质元素需要量大小可以把它分成大量元素和微量元素。大量元素（$10^{-4} \sim 10^{-3}$mol/L）：钠、钾、镁、钙、硫、磷等。微量元素是指那些在微生物生长过程中起重要作用，而机体对这些元素的需要量极其微小的元素，通常需要量在$10^{-8} \sim 10^{-6}$mol/L，如锌、锰、钼、硒、钴、铜、钨、镍、硼等。它们一般参与酶的组成或使酶活化。

在配制培养基时，可通过添加有关化学试剂来补充大量元素，其中首选磷酸氢二钾和硫酸镁。微量元素通常混杂在天然有机营养物、无机化学试剂、自来水、蒸馏水、普通玻璃器皿中，如果没有特殊原因，在配制培养基时没有必要另外加入微量元素。值得注意的是，许多微量元素是重金属，如果过量，会对机体产生毒害作用，而且单独一种微量元素过量产生的毒害作用更大，因此有必要将培养基中微量元素的量控制在正常范围内，并注意各种微量元素之间保持恰当比例。

5. 生长因子

通常指那些微生物生长所必需而且需要量很小，但微生物自身不能合成的或合成量不足以满足机体生长需要的有机化合物，主要包括维生素、氨基酸、嘌呤与嘧啶及它们的衍生物等。各种微生物所需的生长因子的种类和数量是不同的，自养微生物和某些异养微生物如大肠杆菌不需要外源生长因子也能生长。不仅如此，同种微生物对生长因子的需求也会随着环境条件的变化而改变，如鲁氏毛霉（*Mucor rouxii*）在厌氧条件下生长时需要维生素 B_1 和生物素（维生素H），而在好氧条件时自身能合成这两种物质，不需外加这两种生长因子，而大多数异氧微生物特别是病原微生物则需要一种甚至数种生长因子才能正常发育。有时对某些微生物生长所需生长因子的本质还不了解，通常在培养时培养基中要加入酵母浸膏、牛肉浸膏及动物组织液等天然物质以满足需要。

6. 能源

能为微生物的生命活动提供最初能量来源的营养物或辐射能。大部分的碳源物质在细胞内进行生化反应过程中能向微生物提供维持生命活动所需的能源，少数微生物能利用铵盐和硝酸盐作为能源，而一些自养菌常常利用光能把无机物质或简单有机物质合成复杂的有机物质组成自身的成分。

在微生物的营养要素中，有些要素仅有一种功能，有些则具有多种功能，如光辐射能是单功能营养物（能源）；还原态的NH_4^+是双功能营养物（能源和氮源）；而氨基酸是三功能的营养物（碳源、能源和氮源）。

（三）微生物的营养类型

微生物种类繁多，其营养类型比较复杂，根据微生物所需碳源和能源的不同，将其分为以下营养类型（见表3-5）。

表3-5　微生物的营养类型

营养类型	电子供体	碳源	能源	举例
光能无机自养型	H_2、H_2S、S 或 H_2O	CO_2	光能	着色细菌、蓝细菌、藻类
光能有机异养型	有机物	有机物	光能	红螺细菌
化能无机自养型	H_2、H_2S、Fe^{2+}、NH_3 或 NO_2^-	CO_2	化学能	氢细菌、硫杆菌、亚硝化单胞菌属
化能有机异养型	有机物	有机物	化学能	假单胞菌属、真菌、原生动物

（四）营养物质进入细胞的方式

营养物质能否被微生物利用的一个决定性因素是这些营养物质能否进入微生物细胞。

只有营养物质进入细胞后才能被微生物细胞内的新陈代谢系统分解利用，进而使微生物正常生长繁殖。影响营养物质进入细胞的因素主要有三个：①营养物质本身的性质（分子量、质量、溶解性、电负性等）；②微生物所处的环境（温度、pH等）；③微生物细胞的透过屏障（原生质膜、细胞壁、荚膜等）。

根据物质运输过程的特点，可将物质的运输方式分为自由扩散、促进扩散、主动运输、基团移位。

1. 自由扩散

自由扩散也称单纯扩散。原生质膜是一种半透性膜，营养物质通过原生质膜上的小孔，由高浓度的胞外环境向低浓度的胞内进行扩散，直到细胞质膜内外的浓度相等为止（见图3-1）。自由扩散是非特异性的，但原生质膜上的含水小孔的大小和形状对参与扩散的营养物质分子有一定的选择性。它具有以下特点：①物质在扩散过程中没有发生任何反应；②不消耗能量，不能逆浓度运输；③运输速率与膜内外物质的浓度差成正比。自由扩散不是微生物细胞吸收营养物的主要方式，其中，水、脂肪酸、乙醇、甘油、O_2、CO_2及某些氨基酸可以通过自由扩散进出细胞。

动画扫一扫
自由扩散

动画扫一扫
促进扩散

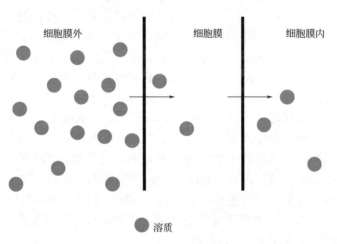

溶质

图3-1　单纯扩散模式图

2. 促进扩散

与自由扩散一样，促进扩散也是一种被动的物质跨膜运输方式（见图3-2）。在这个过程中：①不消耗能量；②参与运输的物质本身的分子结构不发生变化；③不能进行逆浓度运输；④运输速率与膜内外物质的浓度差成正比；⑤需要载体参与。通过促进扩散进入细胞的营养物质主要有氨基酸、单糖、维生素及无机盐等。一般微生物通过专一的载体蛋白运输相应的物质，但也有微生物对同一物质的运输由一种以上的载体蛋白来完成。

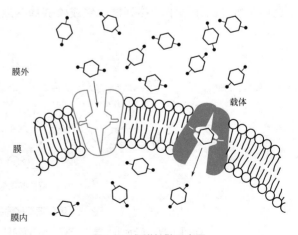

膜外

载体

膜

膜内

图3-2　促进扩散示意图

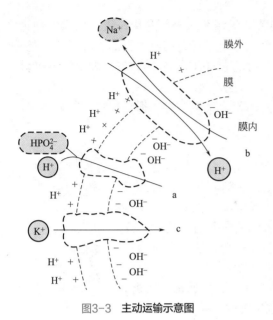

图3-3 主动运输示意图

动画扫一扫
主动运输

动画扫一扫
基团移位

3. 主动运输

主动运输（见图3-3）是广泛存在于微生物中的一种主要的物质运输方式。与上面两种运输方式相比其一个重要特点是物质运输过程中需要消耗能量，而且可以进行逆浓度运输。在主动运输过程中，运输物质所需要的能量来源因微生物不同而异，好氧型微生物与兼性厌氧微生物直接利用呼吸能，厌氧微生物利用化学能，光合微生物利用光能。主动运输与促进扩散类似之处在于物质运输过程中同样需要载体蛋白，载体蛋白通过构象变化而改变与被运输物质之间的亲和力大小，使两者之间发生可逆性结合与分离，从而完成相应物质的跨膜运输；区别在于主动运输过程中的载体蛋白构象变化需要消耗能量。

4. 基团移位

基团移位是另一种类型的主动运输，它与主动运输方式的不同之处在于它有一个复杂的运输系统来完成物质的运输，而物质在运输过程中发生化学变化。基团移位主要存在于厌氧型和兼性厌氧型细胞中，主要用于糖的运输，脂肪酸、核苷、碱基等也可以通过这种方式运输。在研究大肠杆菌对葡萄糖和金黄色葡萄球菌对乳糖的吸收过程中，发现这些糖进入细胞后以磷酸糖的形式存在于细胞质中，表明这些糖在运输过程中发生了磷酸化作用，其中的磷酸基团来源于胞内的磷酸烯醇式丙酮酸（PEP），因此也将基团移位称为磷酸烯醇式丙酮酸-磷酸糖转移酶运输系统（PTS），PTS通常由四种蛋白质组成，包括酶Ⅰ、酶Ⅱ、酶Ⅲ和一种低分子量的热稳定蛋白（HPr）。酶Ⅰ和HPr是两种非特异性的细胞质蛋白，主要起能量传递作用，在所有以基团移位方式运输糖的系统里，它们都起作用，而酶Ⅱ、酶Ⅲ对糖有特异性。

在糖的运输过程中，PEP上的磷酸基团逐步通过酶Ⅰ、HPr的磷酸化与去磷酸化作用，最终在酶Ⅱ的作用下转移到糖，生成磷酸糖存放于细胞质中（见图3-4）。

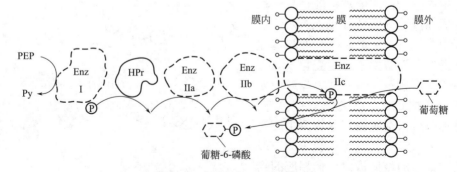

图3-4 磷酸糖转移酶系统输送糖示意图

Enz Ⅰ—酶Ⅰ；Enz Ⅱ—酶Ⅱ；PEP—磷酸烯醇式丙酮酸；HPr—热稳定蛋白；Py—丙酮酸

其运送的步骤为：

（1）热稳定蛋白（HPr）的激活　细胞内高能化合物磷酸烯醇式丙酮酸（PEP）的磷酸基团把HPr激活。

$$PEP\text{-}P + HPr \xrightarrow{\text{酶 I}} HPr\text{-}P + Py$$

HPr是一种分子量低的可溶性蛋白质，结合在细胞膜上，具有高能磷酸载体作用，酶 I 是一种可溶性的细胞质蛋白。

（2）糖被磷酸化后转运入膜内　膜外环境中的糖先与外膜表面的酶 II 结合，再被转运到内膜表面。这时，糖被HPr-P上的磷酸激活。通过酶 II 的作用把糖-磷酸释放到细胞内。

$$HPr\text{-}P + 糖 \xrightarrow{\text{酶 II}} 糖\text{-}P + HPr$$

酶 II 是一种结合于细胞膜上的蛋白质，它对底物具有特异性选择作用，因此细胞膜上可诱导出一系列与底物分子相应的酶 II。

有关这四种运输方式的比较见表3-6。

表3-6　四种营养物质运输方式的比较

比较项目	单纯扩散	促进扩散	主动运输	基团移位
特异载体蛋白	无	有	有	有
运送速率	慢	快	快	快
溶质运送方向	由浓至稀	由浓至稀	由稀至浓	由稀至浓
平衡时内外浓度	内外相等	内外相等	内部高	内部高
运送分子	无特异性	特异性	特异性	特异性
能量消耗	不需要	需要	需要	需要
运送前后溶质分子	不变	不变	不变	改变
载体饱和效应	无	有	有	有
与溶质类似物	无竞争性	有竞争性	有竞争性	有竞争性
运送抑制剂	无	有	有	有
运送对象举例	水、甘油、乙醇、O_2、CO_2	糖、SO_4^{2-}、PO_4^{3-}	氨基酸、乳糖等糖类，少量无机离子	葡萄糖、果糖、嘌呤、嘧啶等

除上述四种主要的运输方式外，在微生物中还存在一些其他的运输方式，如膜泡运输，如果膜泡中包含的是固体营养物质，则将这种营养物质运输方式称为胞吞作用；如果膜泡中包含的是液体，则称之为胞饮作用。

二、培养基

微生物在自然界中不仅分布很广，而且都是混杂地生活在一起。要想研究或利用某一种微生物，就必须把它从混杂的微生物类群中分离出来，以得到只含有一种微生物的培养。人工培养微生物需要提供微生物生长繁殖所需的各种营养物质，并且要了解微生物的生长现象。

（一）培养基及分类

培养基是人工配制的，适合微生物生长繁殖或产生代谢产物的营养基质。自然界中微生物种类繁多，营养类型多样，再加上实验和研究的目的不同，培养基的种类也多样。

1. 配制培养基的原则

（1）目的明确　目的明确就是指应依据不同微生物的营养需要、营养类型、培养目的的不同等来制备培养基。所有微生物生长繁殖均需要培养基含有碳源、氮源、无机盐、生长因子、水及能源，但由于微生物营养类型复杂，不同微生物对营养物质的需求是不一样的，因此首先要根据不同的微生物的营养需求配制针对性强的培养基。

就微生物主要类型而言，有细菌、放线菌、酵母菌、霉菌、原生动物、藻类及病毒之分，培养它们所需的培养基各不相同。在实验室中常用牛肉膏蛋白胨培养基培养细菌，用高氏Ⅰ号合成培养基培养放线菌，培养酵母菌一般用麦芽汁培养基，培养霉菌则一般用查氏合成培养基。

就微生物的营养类型而言，微生物有自养型（化能自养与光能自养）和异养型（化能异养与光能异养）之分。自养型微生物能用简单的无机物合成自身需要的糖、脂类、蛋白质、核酸和维生素等复杂的有机物，因此培养自养型微生物的培养基完全可以（或应该）由简单的无机物组成。例如，培养化能自养型氧化硫杆菌，在该培养基配制过程中并未专门加入其他碳源物质，而是依靠空气中和溶于水中的CO_2为氧化硫杆菌提供碳源。对于光能自养型微生物而言，微生物除需要各类营养物质外，还需光照来提供能源。

异养微生物的生物合成能力弱，所以培养基中至少要有一种有机物，通常是葡萄糖，而且不同类型异养微生物的营养要求差别很大，例如，培养大肠杆菌的培养基组成比较简单，而培养肠膜明串珠菌则需要生长因子，培养基中添加的生长因子多达33种。

如果是为了获取微生物细胞或是作为种子培养基，一般来说，营养成分宜丰富些，尤其是氮源含量应高些，即C/N低，这样有利于微生物的生长与繁殖；反之，如果是为了获取代谢产物或是作为发酵培养基，培养基的C/N应该高些，即所含氮源宜低些，以使微生物生长不致过旺而有利于代谢产物的积累。

实验室中作一般培养时，常使用营养丰富、取材与制备均较为方便的天然培养基。进行精细的代谢或遗传等研究时，则必须用合成培养基。

（2）营养协调　培养基中营养物质浓度合适时微生物才能生长良好，营养物质浓度过低时不能满足微生物正常生长所需，浓度过高时则可能对微生物生长起抑制作用，例如高浓度糖类物质、无机盐、重金属离子等不仅不能维持和促进微生物的生长，反而起到抑菌或杀菌作用。另外，培养基中各营养物质之间的浓度配比也直接影响微生物的生长繁殖和（或）代谢产物的形成和积累，其中碳氮比（C/N）的影响较大。

碳氮比（C/N）指培养基中碳元素与氮元素的物质的量比值，有时也指培养基中还原糖与粗蛋白之比。不同的微生物需要不同的营养物质配比，一般细菌和酵母菌细胞C/N约为1/5，霉菌细胞约为10/1，所以霉菌培养基的C/N较大，适宜在富含淀粉的培养基上生长；细菌、酵母菌的培养基的C/N较小，要求有较丰富的氮源物质。

微生物发酵生产中，各营养物质的配比直接影响发酵产量。例如，在利用微生物发酵生产谷氨酸的过程中，培养基碳氮比为4/1时，菌体量繁殖，谷氨酸积累少；当培养基碳氮比为3/1时，菌体繁殖受到抑制，谷氨酸产量则大量增加。再如，在抗生素发酵生产过程中，可以通过控制培养基中速效氮（或碳）源与迟效氮（或碳）源之间的比例来控制菌体生长与抗生素合成之间的协调。

（3）条件适宜　微生物的生长除了取决于营养要素外，还受pH值、氧气、渗透压等物理化学因素的影响，而微生物的生长反过来又会影响环境条件。为使微生物良好地生长、繁殖或积累代谢产物，必须创造尽可能适宜的生长条件。

① pH值　培养基的pH值必须控制在一定的范围内，以满足不同类型微生物生长繁殖或产生代谢产物的需要。各类微生物生长繁殖或产生代谢产物的最适pH值条件各不相同，一般来讲，细菌生长的最适pH值范围在pH 7.0～8.0之间，放线菌在pH 7.5～8.5之间，

酵母菌在pH 3.8～6.0之间，而霉菌在pH 4.0～5.8之间。

值得注意的是，在微生物生长繁殖和代谢过程中，由于营养物质被分解利用和代谢产物的形成与积累，会导致培养基pH值发生变化，若不对培养基pH值条件进行控制，往往导致微生物生长速率下降或（和）代谢产物产量下降。因此，为了维持培养基pH值的相对恒定，通常在培养基中加入pH缓冲剂，常用的缓冲剂是一氢磷酸盐和二氢磷酸盐（如K_2HPO_4和KH_2PO_4）组成的混合物。K_2HPO_4溶液呈碱性，KH_2PO_4溶液呈酸性，两种物质等量混合溶液的pH值为6.8。当培养基中酸性物质积累导致H^+浓度增加时，H^+与弱碱性盐结合形成弱酸性化合物，培养基pH值不会过度降低；如果培养基中OH^-浓度增加，OH^-则与弱酸性盐结合形成弱碱性化合物，培养基pH值也不会过度升高。

但KH_2PO_4和KH_2PO_4缓冲系统只能在一定的pH值范围（pH 6.4～7.2）内起调节作用。有些微生物，如乳酸菌能大量产酸，上述缓冲系统就难以起到缓冲作用，此时可在培养基中添加难溶的碳酸盐（如$CaCO_3$）来进行调节，$CaCO_3$难溶于水，不会使培养基pH值过度升高，但它可以不断中和微生物产生的酸，同时释放出CO_2，将培养基pH值控制在一定范围内。另外在培养基中还存在一些天然的缓冲系统，如氨基酸、肽、蛋白质都属于两性电解质，也可起到缓冲剂的作用。

② 渗透压及其他条件　绝大多数微生物适宜在等渗溶液中生长。一般培养基的渗透压都是适合的，但培养嗜盐微生物（如嗜盐菌）和嗜渗透压微生物（如高渗酵母）时就要提高培养基的渗透压。培养嗜盐微生物常加入适量NaCl，海洋微生物的最适生长盐度约为3.5%；培养嗜渗透压微生物时加入接近饱和量的蔗糖。

（4）经济节约　在配制培养基时应尽量利用廉价且易于获得的原料为培养基成分，特别是在发酵工业中，培养基用量很大，利用低成本的原料更体现出其经济价值。如在微生物单细胞蛋白的工业生产中，常利用糖蜜、豆制品工业废液等作为培养基的原料，另外大量的农副产品如麸皮、米糠、玉米浆、酵母浸膏、酒糟、豆饼、花生饼等都是常用的发酵工业原料。经济节约原则大致有：以粗代精、以野代家、以废代好、以简代繁、以烃代粮、以纤代糖、以氮代朊和以国（产）代进（口）等方面。

（5）灭菌处理　要获得微生物纯培养，必须避免杂菌污染，因此应对所用器材及工作场所进行消毒与灭菌。对培养基而言，更是要进行严格的灭菌。对培养基一般采取高压蒸汽灭菌，一般培养基在$1.05kgf/cm^2$（$1kgf/cm^2=98.0665kPa$）、121.3℃条件下维持15～30min可达到灭菌目的。在高压蒸汽灭菌过程中，长时间高温会使某些不耐热物质遭到破坏，如使糖类物质形成氨基糖、焦糖，因此含糖培养基常在$0.56kgf/cm^2$、112.6℃、15～30min进行灭菌，某些对糖类要求较高的培养基，可先将糖进行过滤除菌或间歇灭菌，再与其他已灭菌的成分混合。

长时间高温还会引起磷酸盐、碳酸盐与某些阳离子（特别是钙、镁、铁离子）结合形成难溶性复合物而产生沉淀，因此，在配制用于观察和定量测定微生物生长状况的合成培养基时，常需在培养基中加入少量螯合剂，避免培养基中产生沉淀，常用的螯合剂为乙二胺四乙酸（EDTA）。还可以将含钙离子、镁离子、铁离子等的成分与磷酸盐、碳酸盐分别进行灭菌，然后再混合，避免形成沉淀；高压蒸汽灭菌后，培养基pH值会发生改变（一般使pH值降低），可根据所培养微生物的要求，在培养基灭菌前后加以调整。

2. 常用培养基的类型

培养基种类繁多，根据其成分、物理状态和用途可将培养分成多种类型。

（1）根据成分不同分类

① 天然培养基　是由化学成分还不清楚或化学成分不恒定的天然有机物配制而成的培

养基，也称非化学限定培养基。如牛肉膏蛋白胨培养基和麦芽汁培养基。常用的天然有机营养物质包括牛肉膏、蛋白胨、酵母浸膏、豆芽汁、玉米粉、牛奶等。天然培养基成本较低，除在实验室经常使用外，也适于用来进行工业大规模的微生物发酵生产。

② 合成培养基　是由化学成分完全了解的物质配制而成的培养基。高氏1号培养基和查氏培养基就属于此种类型。配制合成培养基时重复性强但与天然培养基相比其成本较高，微生物在其中生长速度较慢，一般适用于在实验室用来进行有关微生物营养需求、代谢、分类鉴定、生物量测定、菌种选育及遗传分析等方面的研究工作。

③ 半合成培养基　在天然培养基的基础上适当加入已知成分的无机盐类，或在合成培养基的基础上添加某些天然成分，如马铃薯等，使之更充分满足微生物对营养的要求。半合成培养基应用最广，能使绝大多数微生物良好地生长。

（2）根据物理状态划分

① 固体培养基　在液体培养基中加入一定量凝固剂，使其成为固体状态即为固体培养基。常用的凝固剂有琼脂、明胶和硅胶。琼脂是最理想的凝固剂，固体培养基中的琼脂含量一般为1.5%～2.0%。常用来进行微生物的分离、鉴定、活菌计数及菌种保藏。在实验室中，固体培养基一般加入平皿或试管中，制成培养微生物的平板或斜面。

② 半固体培养基　半固体培养基中凝固剂的含量比固体培养基少，培养基中琼脂含量一般为0.2%～0.7%。半固体培养常用来观察微生物的运动特征、分类鉴定及噬菌体效价滴定等。

③ 液体培养基　液体培养基中未加任何凝固剂，在用液体培养基培养微生物时，通过振荡或搅拌可以增加培养基的通气量，同时使营养物质分布均匀。液体培养基常用于大规模工业生产及在实验室进行微生物基础理论和应用方面的研究。

（3）根据用途分类

① 基础培养基　是含有一般微生物生长繁殖所需的基本营养物质的培养基。牛肉膏蛋白胨培养基是最常用的基础培养基。基础培养基也可以作为一些特殊培养基的基础成分，再根据某种微生物的特殊营养需求，在基础培养基中加入所需营养物质。

② 加富培养基　也称营养培养基，即在基础培养基中加入某些特殊营养物质制成的一类营养丰富的培养基，这些特殊营养物质包括血液、血清、酵母浸膏、动植物组织液等。加富培养基一般用来培养营养要求比较苛刻的异养型微生物，如结核分枝杆菌病需要含鸡蛋的培养基。

加富培养基还可以用来富集和分离某种微生物，这是因为加富培养基含有某种微生物所需的特殊营养物质，该种微生物在这种培养基中较其他微生物生长速度快，并逐渐富集而占优势，逐步淘汰其他微生物，从而容易达到分离该种微生物的目的。从某种意义上讲，加富培养基类似选择培养基，两者区别在于，加富培养基是用来增加所要分离的微生物的数量，使其形成生长优势，从而分离到该种微生物；选择培养基则一般是抑制不需要的微生物的生长，使所需要的微生物增殖，从而达到分离所需微生物的目的。

③ 选择培养基　是用来将某种或某类微生物从混杂的微生物群体中分离出来的培养基。根据不同种类微生物的特殊营养需求或对某种化学物质的敏感性不同，在培养基中加入相应的特殊营养物质或化学物质，抑制不需要的微生物的生长，有利于所需微生物的生长。

有一类选择培养基是依据某些微生物的特殊营养需求设计的，例如，利用以纤维素或石蜡油作为唯一碳源的选择培养基，可以从混杂的微生物群体中分离出能分解纤维素或石蜡油的微生物；利用以蛋白质作为唯一氮源的选择培养基，可以分离产胞外蛋白酶的微生物；缺乏氮源的选择培养基可用来分离固氮微生物。另一类选择培养基是在培养基中加入某种化学物质，这种化学物质没有营养作用，对所需分离的微生物无害，但可以抑制或杀死其他微生物，例如，在培养基中加入数滴10%酚可以抑制细菌和霉菌的生长，从而由混杂的微生物群体中分离出放线菌；在培养基中加入青霉素、四环素或链霉素，可以抑制细菌和放线菌生长，从而将酵母菌和霉菌分离出来。现代基因克隆技术中也常用选择培养基，在筛选含有重组质粒的基因工程菌株过程中，利用质粒上具有的对某种（些）抗生素的抗性选择标记，在培养基中加入相应抗生素，就能比较方便地淘汰非重组菌株，以减少筛选目标菌株的工作量。

④ 鉴别培养基　是用于鉴别不同类型微生物的培养基。在培养基中加入某种特殊化学物质，某种微生物在培养基中生长后能产生某种代谢产物，而这种代谢产物可以与培养基中的特殊化学物质发生特定的化学反应，产生明显的特征性变化，根据这种特征性变化，可将该种微生物与其他微生物区分开来。鉴别培养基主要用于微生物的快速分类鉴定，以及分离和筛选产生某种代谢产物的微生物菌种。常用的一些鉴别培养基参见表3-7。

表3-7　常用的一些鉴别培养基

培养基名称	加入化学物质	微生物代谢产物	培养基特征性变化	主要用途
酪素培养基	酪素	胞外蛋白酶	蛋白水解圈	鉴别产蛋白酶菌株
明胶培养基	明胶	胞外蛋白酶	明胶液化	鉴别产蛋白酶菌株
油脂培养基	食用油、吐温、中性红指示剂	胞外脂肪酶	由淡红色变成深红色	鉴别产脂肪酶菌株
淀粉培养基	可溶性淀粉	胞外淀粉酶	淀粉水解圈	鉴别产淀粉酶菌株
H_2S试验培养基	乙酸铅	H_2S	产生黑色沉淀	鉴别产H_2S菌株
糖发酵培养基	溴甲酚紫	乳酸、醋酸、丙酸等	由紫色变成黄色	鉴别肠道细菌
远藤氏培养基	碱性复红亚硫酸钠	酸、乙醛	带金属光泽深红色菌落	鉴别水中大肠菌群
伊红-亚甲基蓝培养基	伊红、亚甲基蓝	酸	带金属光泽深紫色菌落	鉴别水中大肠菌群

⑤ 其他　除上述四种主要类型外，培养基按用途划分还有很多种，比如：分析培养基，常用来分析某些化学物质（抗生素、维生素）的浓度，还可用来分析微生物的营养需求；还原性培养基，专门用来培养厌氧型微生物；组织培养物培养基，含有动、植物细胞，用来培养病毒、衣原体、立克次体及某些螺旋体等专性活细胞寄生的微生物。尽管如此，有些病毒和立克次体目前还不能利用人工培养基来培养，需要接种在动植物体内、动植物组织中才能增殖。常用的培养病毒与立克次体的动物有小白鼠、家鼠和豚鼠，鸡胚也是培养某些病毒与立克次体的良好营养基质，鸡瘟病毒、牛痘病毒、天花病毒、狂犬病病毒等十几种病毒也可用鸡胚培养。

 案例分析

现有培养基成分如下：

牛肉膏	0.5g
蛋白胨	1.0g
NaCl	0.5g
琼脂	2.5g
蒸馏水	100mL

> 20%乳糖水溶液　　　　　2.0mL
>
> 2%伊红水溶液　　　　　　2.0mL
>
> 0.5%亚甲基蓝水溶液　　　1.0mL
>
> pH　　　　　　　　　　　7.4～7.6
>
> （1）试分析各成分有什么作用？
>
> （2）根据培养基的物理状态来分类，该培养基应为哪种培养基？
>
> （3）该培养基有什么作用？

（二）实操练习——培养基的配制技术

1. 接受指令

（1）指令

① 掌握配制培养基的一般方法和步骤；

② 学习常见微生物培养基的配制方法。

（2）指令分析　一般配制培养基的步骤为：称取药品→溶解→（加琼脂熔化）→调pH值→过滤分装→包扎标记→消毒或灭菌→摆斜面或倒平板等。

在配制培养基时，首先按需要设计或选择合适的培养基配方，然后称取各种原料，再逐一加入水中加热溶解，一般先加无机物，后加有机物。难溶解的物质可先分别溶解后再加入。易受高温破坏的试剂应单独配制，过滤灭菌后备用。

2. 查阅依据

培养基配制原则。

3. 制订计划

知识预备→小组方案制定→任务实施→过程督导→跟踪检查→绩效评价。

4. 实施操作

（1）准备

① 试剂　牛肉膏、蛋白胨、琼脂、可溶性淀粉、葡萄糖、新鲜马铃薯、蔗糖、孟加拉红、链霉素、1mol/L NaOH、1mol/L HCl、KNO_3、NaCl、$K_2HPO_4 \cdot 3H_2O$、$MgSO_4 \cdot 7H_2O$、$FeSO_4 \cdot 7H_2O$。

② 器材　试管、三角瓶、烧杯、量筒、玻璃棒、天平、牛角匙、pH试纸、棉花、牛皮纸、记号笔、线绳、纱布、漏斗、漏斗架、胶管、止水夹、小刀、电炉等。

【训练】为了保证实操完成顺利，实操前应准备好所需的用具。请填写备料单（见表3-8）。

表3-8　备料单（培养基的配制技术）

序号	品名	规格	数量	备注
1				
2				
3				
4				
5				
6				
7				

续表

序号	品名	规格	数量	备注
8				
9				
10				

（2）培养基的制作方法

① 称量　按照培养基的配方（见附录三），准确称取各成分于烧杯中。

② 融化　向烧杯中加入足量的水，搅动，然后加热使其溶解，用马铃薯、豆芽等配制的培养基，须先将马铃薯等按其配方的浓度加热煮沸0.5h（马铃薯需先削皮，切碎），并用纱布过滤，然后加入其他成分继续加热使其熔化，补足水分，如果配方中含有淀粉，需先将淀粉加热熔化，再加入其他物质，补足水分。

③ 调pH值　初制备好的培养基往往不能符合所要求的pH值，需要进行调节，调pH值用1mol/L NaOH（称取40g NaOH，溶于蒸馏水中定容至1000mL）或1mol/L HCl（量取相对密度为1.19的浓盐酸82.5mL，溶于蒸馏水中定容至1000mL）。在未调pH值前，先用精密pH试纸测量培养基的原始pH值，如果偏酸，用滴管向培养基中逐滴加入1mol/L NaOH，一边加一边搅拌，并随时用pH试纸测其pH值，直至pH值达7.0～7.2；反之用1mol/L HCl进行调节。对于某些要求pH值较精确的微生物可用酸度计进行调节。

调pH值时注意不要过度，因回调会影响培养基内各离子浓度。

④ 过滤　趁热过滤。液体培养基可用滤纸过滤，固体培养基可用双层滤纸（中间夹一层脱脂棉）过滤。供一般使用的培养基，无特殊要求，该步骤可省略。

⑤ 分装　按实操要求，可将配制的培养基分装入试管内或三角瓶内。

a. 液体　分装高度以试管高度的1/4左右为宜。

b. 固体　分装试管，每管装液量为管高的1/5，灭菌后制成斜面；分装三角烧瓶的量以不超过1/2为宜；倒平板的培养基每管装15～20mL。

c. 半固体　分装试管以试管高度的1/3为宜，灭菌后制成斜面或垂直待凝成半固体深层培养基。

⑥ 包扎　参见模块一玻璃器皿包扎内容。

⑦ 灭菌　高压蒸汽灭菌，一般培养基0.1MPa、20～30min，含糖培养基为0.05MPa、15～20min。

【训练】按上述操作方法配制500mL的培养基，其中300mL分装于锥形瓶中，另外200mL分装入试管，灭菌后制成斜面。

5. 结果报告

记录本实验配制培养基的名称和数量，并图解说明其配制过程，指明要点（见表3-9）。

表3-9　实操结果

配制培养基	外观性状	pH值	无菌状态	其他
液体培养基				
固体培养基				
半固体培养基				

【思考讨论】
① 配制培养基的操作过程应注意些什么？关键操作是什么？
② 培养基配制好后，为什么必须立即灭菌？如何判断培养基是否灭菌彻底？

三、微生物的生长与培养

（一）微生物生长繁殖的条件

生长是微生物与外界环境因子共同作用的结果。微生物种类繁多，生长繁殖所需的条件不尽相同，但基本条件有以下几个方面。

1. 营养物质

微生物生长需要充足的营养物质，如果营养物质不足微生物一方面会降低或停止细胞物质合成，避免能量的消耗；另一方面微生物会对胞内某些蛋白质和脂肪等对其生长作用不大的物质进行降解以重新利用。如在氮源、碳源缺乏时，机体内蛋白质降解速率比正常条件下的细胞增加了7倍，同时DNA复制的速率也下降，导致生长停滞。

2. 温度

温度是有机体生长与存活的最重要的因素之一。温度对微生物生长的影响具体表现在：①影响酶活性，微生物生长过程中所发生的一系列化学反应绝大多数是在特定酶催化下完成的，每种酶都有最适的酶促反应温度，温度变化影响酶促反应速率，最终影响细胞物质合成；②影响细胞质膜的流动性，温度高流动性大，有利于物质的运输，温度低流动性降低，不利于物质运输，因此温度变化影响营养物质的吸收与代谢产物的分泌；③影响物质的溶解度，物质只有溶于水才能被机体吸收或分泌，除气体物质以外，温度上升物质的溶解度增加，温度降低物质的溶解度降低，最终影响微生物的生长。

每种微生物都有其最低生长温度、最适生长温度、最高生长温度和致死温度。根据其最适生长温度范围，可将微生物进行分类（见表3-10）。

表3-10　微生物的生长温度类型

微生物类型		生长温度范围			分布的主要处所
		最低	最适	最高	
低温型	专性嗜冷	$-10℃$	$5\sim15℃$	$15\sim20℃$	两极地区
	兼性嗜冷	$-5\sim0℃$	$10\sim20℃$	$25\sim30℃$	海水及冷藏食品中
中温型	室温	$10\sim20℃$	$20\sim35℃$	$40\sim45℃$	腐生菌
	体温		$35\sim40℃$		寄生菌
高温型		$25\sim45℃$	$50\sim60℃$	$70\sim95℃$	温泉、堆肥中、热水加热器等

最适生长温度是指某微生物群体生长繁殖速度最快的温度。但不一定是最快发酵温度。对不同生理、代谢过程各有其相应最适温度的研究，有着重要的实践意义。例如，国外曾报道在产黄青霉165h的青霉素发酵过程中，运用了有关规律，根据不同生理代谢过程的温度特点分四段控制其培养温度，即0h（30℃）→5h（25℃）→40h（20℃）→125h（25℃）→165h。结果，其青霉素产量比自始至终进行30℃恒温培养的对照提高了14.7%。

3. pH值

微生物生长过程中机体内发生的绝大多数的反应是酶促反应，而酶促反应都有一个最适pH值范围，在此范围内只要条件适合，酶促反应速率最高，微生物生长速率最大，因此微生物生长也有一个最适生长的pH值范围。此外微生物生长还有一个最低与最高的pH值范围，低于或高出这个范围，微生物的生长就被抑制，不同微生物生长的最适、最低与最高的pH值范围也不同（见表3-11）。

表3-11 微生物生长的pH值范围

微生物	最低pH值	最适pH值	最高pH值
细菌	0.5	7.0 ~ 8.0	8.0 ~ 10.0
放线菌	5.0	7.5 ~ 8.5	10.0
酵母菌	2.5	3.8 ~ 6.0	8.0
霉菌	1.5	4.0 ~ 5.8	7.0 ~ 11.0

微生物在生命活动过程中，会改变外界环境的pH值，对发酵来说，这种变化往往对生产不利，因此，在微生物培养过程中，如何及时调节合适的pH值就成了发酵生产中的一项重要措施。调节pH值的措施分为"治标"和"治本"两大类。"治标"是在培养基pH值发生变酸或变碱后，用相应的碱或酸进行调节；"治本"是在过酸时增加氮源和提高通气量的方式进行调节，培养基过碱时用增加适当碳源和降低通气量的方式进行调节。

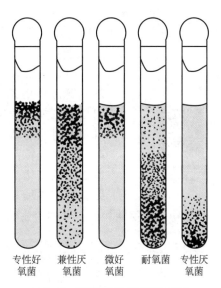

图3-5 氧与细菌生长关系示意图

4. 氧气

按照微生物与氧的关系，可把它们分成好氧菌和厌氧菌两大类，并可继续细分为五类（图3-5）。

（1）专性好氧菌 必须在有分子氧的条件下才能生长，有完整的呼吸链，以分子氧作为最终氢受体，细胞含超氧化物歧化酶（SOD）和过氧化氢酶。绝大多数真菌和许多细菌都是专性好氧菌。

（2）兼性厌氧菌 在有氧或无氧条件下均能生长，但在有氧情况下生长得更好；在有氧时靠呼吸产能，无氧时借发酵或无氧呼吸产能；细胞含SOD和过氧化氢酶。许多酵母菌和许多细菌都是兼性厌氧菌。

（3）微好氧菌 微好氧菌是在较低的氧分压 [0.01 ~ 0.03bar（1bar=10^5Pa），而正常大气中的氧分压为0.2bar] 下才能正常生长的微生物，也是通过呼吸链并以氧为最终氢受体而产能。如霍乱弧菌、一些氢单胞菌属以及少数拟杆菌等。

（4）耐氧菌 是一类可在分子氧存在下进行厌氧生活的厌氧菌，即它们的生长不需要氧，分子氧对它也无害。它们不具有呼吸链，仅依靠专性发酵获得能量。细胞内存在超氧化物歧化酶和过氧化物酶，但缺乏过氧化氢酶。一般的乳酸菌多数是耐氧菌。

（5）专性厌氧菌 厌氧菌有以下几个特点：分子氧对它们有毒，即使短期接触空气，也会抑制其生长甚至死亡；在空气或含10%CO_2的空气中，它们在固体或半固体培养基的表面上不能生长，只有在其深层的无氧或低氧化还原势的环境下才能生长；其生命活动所需能量是通过发酵、无氧呼吸、循环光合磷酸化或甲烷发酵等提供；细胞内缺乏SOD和细胞色素氧化酶，大多数还缺乏过氧化氢酶。

在微生物世界中，绝大多数种类都是好氧菌或兼性厌氧菌。厌氧菌的种类相对较少。但近年来已找到越来越多的厌氧菌。关于厌氧菌的氧毒机制从20世纪已陆续有人提出，但直到1971年在McCord和Fridovich提出SOD的学说后，才有了进一步的认识。他们认为，厌氧菌因缺乏SOD，故易被产生的超氧化物阴离子自由基毒害致死。

（二）微生物的生长规律

微生物的生长表现在微生物的个体生长与群体生长两个水平上。作为单细胞来讲，单个微生物个体的生长表现为细胞基本成分的协调合成和细胞体积的增加，细胞生长到一定时期，就分裂成为两个子细胞。而多细胞微生物的个体生长则反映在个体的细胞数目和每个细胞内物质含量两个方面的增加。然而在实际中，由于绝大多数微生物个体微小，个体质量和体积的变化不易观察，所以常以微生物的群体作为研究对象，以微生物细胞的数量或微生物群体细胞质量的增加作为生长的指标。

1. 微生物的个体生长

此内容参见模块二相关内容。

2. 微生物群体生长规律

动画扫一扫

单细胞微生物的
生长曲线

（1）单细胞微生物的生长曲线　当把某一种细菌接种到一个恒定容积的新鲜液体培养基时，在适宜的条件下培养，定时取样测定其细菌含量，可以看到如下现象：开始时，有一个短暂时期细菌数量并不增加，紧接着细菌数目快速增加。随后活菌数趋于稳定，然后又逐渐下降。如果以培养时间为横坐标，以细菌增长数目的对数值为纵坐标，根据不同培养时间细菌数量的变化，可以作出一条反映细菌在整个培养期间菌数变化规律的曲线，这个曲线称为生长曲线。一条典型的生长曲线至少可以分为迟缓期、对数期、稳定期和衰亡期四个生长时期（见图3-6）。

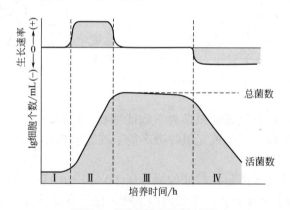

图3-6　微生物的典型生长曲线

Ⅰ—迟缓期；Ⅱ—对数期；Ⅲ—稳定期；Ⅳ—衰亡期

① 迟缓期　又称延滞期、适应期。细菌接种到新鲜培养基上时，需要适应新的环境，一般不会立刻分裂，生长速率几乎为零，细菌的数量维持恒定，甚至稍有减少。此时胞内的RNA、蛋白质等物质含量有所增加，相对地此时的细胞体积最大，说明细菌并不是处于完全静止的状态。

细菌处于迟缓期的特点为：分裂迟缓，合成代谢活跃，体积增长快，对外界不良环境敏感。迟缓期的长短与菌种、菌龄、接种量以及培养基成分有关，一般维持1～4h。发酵工业上，一般在此期进行消毒或灭菌。

产生迟缓期的原因，一般认为是微生物接种到一个新的环境，调整代谢，合成新的酶系和中间代谢产物以适应新环境。为了提高生产效率，工业发酵常采取一定的措施：Ⅰ.利用对数生长期的细胞作为"种子"；Ⅱ.采用营养丰富的天然培养基；Ⅲ.适当扩大接种量等方式缩短迟缓期，克服不良的影响。

② 对数期　又称指数生长期。细菌经过迟缓期进入对数生长期，并以最大的速率生长和分裂，导致细菌数量呈对数增加，而且细菌内各成分按比例有规律地增加，此时期内的细菌生长是平衡生长。对数生长期细菌的代谢活性、酶活性高而稳定，大小比较一致，生活力强，因而其广泛地在生产上用作"种子"和在科研上作为理想的实验材料。一般来说，对数期维持的时间较长，大概为 6～10h。

③ 稳定期　又称恒定期或最高生长期。由于营养物质消耗，代谢产物积累和 pH 值等环境变化，逐步不适宜细菌生长，导致生长速率降低至零（即细菌分裂增加的数量等于细菌死亡数量），结束对数生长期，进入稳定生长期。

稳定期的活菌数最高并维持稳定，细胞内开始积累储存物，收获菌体，大多数芽孢细菌也在此阶段形成芽孢，这一时期也是发酵过程积累代谢产物的重要阶段，某些放线菌抗生素的大量形成也在此时期。如果及时采取措施，补充营养物质或取走代谢产物或改善培养条件，如对好氧菌进行通气、搅拌或振荡等可以延长稳定生长期，获得更多的菌体物质或代谢产物。稳定期维持的时间大概为 8h。

④ 衰亡期　因营养物质耗尽和有毒代谢产物的大量积累，细菌死亡速率逐步增加、活细菌数量逐步减少，以至死亡菌数大大超过新生菌数，总活菌数明显下降，标志进入衰亡期。该时期细菌代谢活性降低，细菌衰老并出现自溶，有的微生物在这时产生抗生素等次级代谢产物；芽孢释放也往往发生在这一时期。

细菌的生长曲线，反映了一种细菌在某种生活环境中的生长、繁殖和死亡的规律，掌握细菌生长规律，不仅可以有目的地研究和控制病原菌的生长，而且还可以发现和培养对人类有用的细菌。

（2）丝状真菌的生长曲线　丝状真菌的纯培养采用孢子接种，其生长曲线可分为三个时期，即停滞期、迅速生长期、衰亡期。

（三）微生物的培养

1. 微生物的纯培养

微生物在自然环境中不仅分布很广，而且很多微生物是混合在一起的状态，科学研究或工业生产中常需要利用单一种类的微生物，这就需要把混合状态的微生物彼此分开。微生物应用技术中将在实验条件下从一个单细胞繁殖得到的后代称为纯培养。获得纯培养的方法有显微操作法（即在显微镜下直接挑取单个细胞进行培养）、稀释涂布法、稀释倒平板法、划线分离法等。

2. 微生物的培养方法

微生物培养是微生物操作的重要技术之一，微生物种类繁多，其培养方法也很多，由于氧对微生物的生命活动有着极其重要的影响，故培养方法又分为好氧培养和厌氧培养两大类。以下就实验室和工业生产上有代表性的微生物培养法作一简要介绍。

（1）好氧培养　指微生物在培养时，需要有氧气加入，否则就不能良好生长。

① 固体培养法　将微生物接种在固体培养基表面，在适宜的条件下进行生长繁殖的方法，如斜面培养、平板培养，常用于需氧微生物的分离、纯化、传代、保存和计数等。

② 半固体培养法　常用于观察细菌的运动能力或菌种保存。

③ 液体培养法　将菌种接种到液体培养基内，在适宜的条件下进行微生物培养的方法，包括静止培养、摇瓶振荡培养和发酵罐培养。

a．静止培养　是指接种后的液体静止于培养箱中。多用于菌种培养、微生物的生理生化试验。

b．摇瓶振荡培养　是在锥形瓶中装入一定量的液体培养基，经摇床振荡培养，以提高氧的吸收和利用，促进微生物的生长繁殖，获得更多的菌体和代谢产物。此法广泛用于种子培养、扩大发酵用。

c．发酵罐培养　是进一步的放大培养，为微生物提供丰富而均匀的养料、良好的通气搅拌、适宜的温度和酸碱度，使微生物均匀生长，大量产生微生物细胞或代谢产物，并能防止杂菌污染。一般实验室中较大量的通气扩大培养，可采用小型台式发酵罐，罐容积在 $5 \sim 30L$，生产用大型发酵罐的容积在 $50 \sim 500m^3$。

 知识链接

从19世纪开始，科学家们热衷于单细胞微生物的研究，故纯培养对微生物学的研究起着重要作用。但是自然界中微生物混杂在一起，单一的微生物个体又太小，所以分离纯化微生物并使其生长成一群纯培养物就能易于观察和研究。从巴斯德开始，用来培养微生物的人工配制的培养基都是液体状态的，分离并获得纯培养物非常困难。将混杂的微生物样品进行系列稀释，直到平均每个培养管中只有一个微生物个体，通过培养获得某一微生物的纯培养。此方法繁琐、重复性差，并且常导致纯培养物被杂菌污染。因此，在早期微生物学研究中，分离（病原）微生物的进展相当缓慢。

利用固体培养基分离培养微生物的技术，首先是由德国的Robert Koch（1843—1910年）及其助手建立的。1881年，Koch发表了利用马铃薯片分离微生物的方法。几乎在同时，Koch的助手Prederick Loeffier发展了利用肉膏蛋白胨培养基培养病原细菌的方法，Koch决定采取方法固化此培养基。Koch一名助手的妻子Fannie Eilshemius Hesse提议用厨房中用来做果冻的琼脂代替明胶。1882年，琼脂就开始作为凝固剂用于固体培养基的配制，为微生物学发展起到重要作用，一百多年来一直沿用至今，是培养基最好的凝固剂。

（2）厌氧培养法　这类微生物在培养时不需要氧分子参与。除了深层液体培养外，可以用物理、化学或生物学方法除去培养基及培养微环境中的氧气，创造厌氧条件。对于严格厌氧的微生物，要采取化学和物理并用的方法。常用的厌氧培养方法很多，可根据实际情况选用。

① 厌氧罐法　是用能密封的罐子，通过物理或化学方法造成无氧环境。本法适用于实验室较大量的厌氧培养。常用的有抽气法和冷催化剂法。

a．抽气换气法　是将接种好的厌氧菌培养皿依次放于厌氧罐中，抽去罐中空气、充以氮气，如此反复三次，最后充入 $10\%H_2$、$10\%CO_2$、$80\%N_2$ 的混合气体，并用钯为催化剂，催化罐中残存的氧与氢结合成水，达到厌氧环境。在罐内置亚甲基蓝指示剂，有氧时显蓝色，无氧时被还原为无色。

b．冷催化剂法　利用气体发生器产生氢及二氧化碳，产生的氢在催化剂作用下，与罐内的氧结合成水，将氧消耗掉，造成无氧环境。产生的二氧化碳约为10%，也适宜厌氧菌生长。方法为：先将催化剂（金属钯或铂）及亚甲基蓝指示剂放入罐内，然后将已接种的平板置于罐内，将气体发生袋的指定角剪开，加入10mL水，立即放入罐内，封闭厌氧罐即可。

② 庖肉培养法　将庖肉和肉汤装入大试管，液面封凡士林，造成无氧环境，该法适用于所有厌氧菌的培养及菌种保存。

③ 厌氧手套箱法　此法为公认的培养厌氧菌的最佳仪器（见图3-7），通过自动化装置自动抽气、换气，保持箱内的厌氧环境。它是密闭的大型金属箱，前面有透明面板，板上装两个手套，可通过手套在箱内进行操作。适用于在无氧环境中连续进行标本接种、培养和鉴定等全部工作。

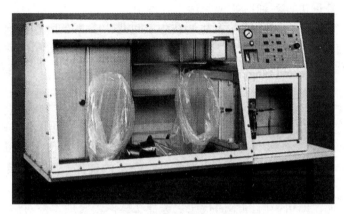

图3-7　厌氧手套箱示意图

（3）发酵工业常用的培养方法

① 分批培养　微生物经培养一段时间后，最后一次性地收获，称为分批培养。在分批培养中，培养基是一次性加入，不再补充，随着微生物的生长繁殖活跃，营养物质逐渐消耗，有害代谢产物不断积累，细菌的对数生长期不可能长时间维持。

② 连续培养　是在研究典型微生物生长曲线的基础上采取在培养器中不断补充新鲜营养物质，并搅拌均匀；同时及时不断地以同样速度排出培养物（包括菌体和代谢产物），达到一种动态平衡，使微生物可长期保持在对数期的平衡生长状态和稳定的生长速率上。

连续培养有两种类型，恒化器连续培养和恒浊器连续培养（见表3-12）。前者是在整个培养过程中通过控制培养基中某种营养物质的浓度基本恒定的方式，保持细菌的生长速率恒定，使生长"不断"进行。培养基中的某种营养物质通常是作为细菌生长速率的控制因子，这类因子一般是氨基酸、氨和铵盐等氮源，或是葡萄糖、麦芽糖等碳源或者是无机盐、生长因子等物质。恒化器连续培养通常用于微生物学的研究，筛选不同的

动画扫一扫

连续培养

变种。后者主要是通过连续培养装置中的光电系统控制培养液中菌体浓度恒定，使细菌生长连续进行的一种培养方式。菌液浓度大小通过光电系统调节稀释率来维持菌数恒定，此种培养方式一般用于菌体以及与菌体生长平行的代谢产物生产的发酵工业，从而获得更好的经济效益。

表3-12　恒浊器连续培养与恒化器连续培养的比较

装置	控制对象	培养基	培养基流速	生长速率	产物	应用范围
恒浊器	菌体密度	无限制生长因子	不恒定	最高速率	大量菌体或与菌体相平行的代谢产物	生产为主
恒化器	培养基流速	有限制生长因子	恒定	低于最高速率	不同生长速率的菌体	实验室为主

连续培养如用于生产实践上，就称为连续发酵，连续发酵与单批发酵相比有许多优点：a．高效，它简化了装料、灭菌、生产时间和提高了设备的利用率；b．自控，便于利用各种仪表进行自动控制；c．产品质量较稳定；d．节约了大量动力、人力等资源。

连续培养或连续发酵也有其缺点。最主要的是菌种易于退化，其次是易遭杂菌污染。此外营养的利用率一般亦低于单批培养。

在生产实践上，连续培养技术已广泛用于酵母菌体的生产，乙醇、乳酸和丙酮-丁醇等发酵，以及用假丝酵母进行石油脱蜡或是污水处理中。

③ 同步分裂培养（同步生长） 微生物在生长过程中并不是所有细胞同时分裂，因此，可用一定的方法使在对数生长期中的群体细胞达到同步分裂的目的，这种使细胞生理活性一致的培养方法称为同步分裂培养。主要用于微生物生理研究，了解个体细胞生长状况，以及遗传育种。

常用的有三种方法：a．诱导法，是通过控制培养环境条件（如温度、营养、代谢抑制剂等诱导法）诱使细胞同步生长；b．选择法，是用机械方法（如用不同孔径的滤膜过滤或用密度梯度离心）将处于不同生长时期的细胞分开，这种方法多用于酵母同步培养；c．抑制DNA合成法，DNA的合成是一切生物细胞进行分裂的前提，利用代谢抑制剂阻碍DNA合成一段时间后，再解除抑制，也可达到同步化的目的。

诱导法操作方便，但可影响细胞的代谢；选择法操作较繁琐，但对微生物的影响较少。

需要说明的是细胞同步分裂只能维持3～4代，很快一个单细胞的子代就会变得不同步而使细胞的"年龄"存在差异。

四、微生物生长的测定

（一）微生物生长测定的方法

微生物生长测定方法主要包括计数法和重量法。

1．计数法

此法通常用来测定样品中所含细菌、孢子、酵母菌等单细胞微生物的数量。计数法又分为直接计数法和间接计数法两类。

（1）直接计数法 这类方法是利用特定的细菌计数板或血细胞计数板，在显微镜下计算一定容积样品中微生物的数量。此法的缺点是不能区分死菌与活菌。计数板是一块特制的载玻片，上面有一个特定的面积为$1mm^2$和高为$0.1mm$的计数室，在$1mm^2$的面积里又被刻划成25个（或16个）中格，每个中格进一步划分成16个（或25个）小格，但计数室都是由400个小格组成。

将稀释的样品滴在计数板上，盖上盖玻片，然后在显微镜下计算4～5个中格的细菌数，并求出每个小格所含细菌的平均数，再按下面公式求出每毫升样品所含的细菌数：

$$每毫升原液所含细菌数 = 每小格平均细菌数 \times 400 \times 1000 \times 稀释倍数 \qquad (3\text{-}1)$$

（2）间接计数法

① 平板菌落计数法 此法又称活菌计数法，其原理是每个活细菌在适宜的培养基和良好的生长条件下可以通过生长形成菌落。将待测样品经一系列稀释，再取一定量的不同稀释度的样品，用涂布法或倒平板法在固体培养基上培养，计数出菌落数，即可算出活菌数。

② 膜过滤法 是当样品中菌数很低时，用微孔滤膜（硝化纤维素薄膜）将一定量样品通过膜过滤器，然后取下薄膜放在培养基上培养，计算其上的菌落数，即可求出样品中的含菌数。

③ 比浊法 是测定悬液中细胞数的快速方法。原理是在一定范围内，菌悬液中细胞浓

度与浑浊度成正比，即与吸光度成正比，菌越多，吸光度越大。因此可以借助于分光光度计，在一定波长下，测定菌悬液的吸光度，以吸光度（A）表示菌量。此法简便快捷，但只能检测含有大量细菌的悬浮液，得出相对的细菌数目，对颜色太深的样品，不能用此方法测定。

2. 重量法

此法的原理是根据每个细胞有一定的重量而设计的。可以用于单细胞、多细胞以及丝状体微生物生长的测定。将一定体积的样品通过离心或过滤将菌体分离出来，经洗涤、再离心后直接称重，求出湿重，如果是丝状体微生物，过滤后用滤纸吸去菌丝之间的自由水，再称重求出湿重。不论是细菌样品还是丝状菌样品，可以将它们放在已知重量的平皿或烧杯内，于105℃烘干至恒重，取出放入干燥器内冷却，再称量，求出微生物干重。如果要测定固体培养基上生长的放线菌或丝状真菌，可先加热至50℃，使琼脂熔化，过滤得菌丝体，再用50℃的生理盐水洗涤菌丝，然后按上述方法求出菌丝体的湿重或干重。

（1）直接测定法　即称重法，对菌体浓度高的样品，可通过直接称量细菌干重或湿重的方法来测定生长。

（2）间接测定法

① 含氮量测定法　一般细菌含氮量为原生质干重的12%～15%，酵母菌为7.5%，霉菌为6.0%，用化学分析方法测出待测样品的含氮量，即可知原生质的含量。

② DNA含量测定法　核酸DNA是微生物的重要遗传物质，每个细菌的DNA含量相对恒定，平均为$8.4×10^{-5}$ng。因此可从一定体积的细菌悬液所含的细菌中提取DNA，求得DNA含量，再计算出这一定体积的细菌菌悬液所含的细菌总数。

③ 生理指标法　对于一些非溶液的样品，要测定微生物数量除了用活菌计数法外，还可以用生理指标法进行测定。生理指标包括微生物的呼吸强度、耗氧量、酶活性、生物热等。在微生物生长过程中，微生物数量越多或生长越旺盛，这些指标越明显，因此可以借助特定的仪器如瓦勃氏呼吸仪、微量量热计等设备来测定相应的指标。这类测定方法主要用于科学研究，分析微生物生理活性等。

（二）实操练习——微生物细胞计数技术

任务1　细菌的平板菌落计数法

平板菌落计数法是一种应用广泛的微生物生长繁殖的测定方法，其特点是能测出样品中的活菌数，又称活菌计数法。一般用于生物制品检验（如活菌制剂），以及食品、饮料和水（包括水源水）等的含菌指数或污染程度的检测。

1. 接受指令

（1）指令

① 学习平板菌落计数的基本原理和方法；

② 掌握倒平板、系列稀释原理及操作方法。

（2）指令分析　平板菌落计数法的原理是根据微生物在固体培养基上所形成的菌落是由一个单位细胞繁殖而成的现象进行的，也就是说一个菌落即代表一个单细胞。操作时，先将待测样品做一系列稀释，再取一定量的稀释菌液接种到培养皿中，使其均匀分布于平皿中的培养基内，经培养后，由每个单细胞生长繁殖形成肉眼可见的菌落，即一个单菌落应代表样品中的一个单细胞。统计菌落数，根据其稀释倍数和取样接种量即可换算出样品中的含菌数。但是，由于待测样品往往不易完全分散成单个细胞，所以，一个单菌落也可来自样品中的2～3个或更多个细胞。因此平板菌落计数的结果往往偏低。为了清楚地阐述平板菌落计数的结果，现在已倾向使用菌落形成单位（colony-forming unit，cfu），而不以绝对菌落数米表示样品的活菌含量。

平板计数法一般用于某些产品检定（如杀虫剂）、生物制品检定、土壤含菌量测定及食品、水源的污染程度检定等。

2. 查阅依据

微生物菌落特点。

3. 制订计划

知识预备→小组方案制定→任务实施→过程督导→跟踪检查→绩效评价。

4. 实施操作

（1）准备

① 菌种　大肠杆菌菌悬液。

② 培养基　牛肉膏蛋白胨培养基。

③ 器材　1mL无菌移液管，无菌平皿，试管，试管架，恒温培养箱等。

【训练】为了保证实操完成顺利，实操前应准备好所需的用具。请填写备料单（见表3-13）。

表3-13　备料单（任务1　细菌的平板菌落计数法）

序号	品名	规格	数量	备注
1				
2				
3				
4				
5				
6				
7				
8				
9				
10				

（2）操作步骤

① 编号　取无菌平皿9套，分别用记号笔标明10^{-4}、10^{-5}、10^{-6}（稀释度）各3套。另取6支盛有9.0mL无菌水的试管，依次标明10^{-1}、10^{-2}、10^{-3}、10^{-4}、10^{-5}、10^{-6}。

② 稀释　用1mL无菌移液管吸取1mL已充分混匀的大肠杆菌菌悬液（待测样品），精确地放1.0mL至10^{-1}试管中，此即为10倍稀释。

将10^{-1}试管置试管振荡器上振荡，使菌液充分混匀。另取1支1mL移液管插入10^{-1}试管中来回吹吸菌悬液三次，进一步将菌体分散、混匀。吹吸菌液时不要太猛太快，吸时移液管伸入管底，吹时离开液面，以免将移液管中的过滤棉花浸液或使试管内液体外溢。用此移液管吸取10^{-1}菌液1mL放至10^{-2}试管中，此即为100倍稀释。其余依此类推。

放菌液时移液管尖不要碰到液面，每一支试管只能接触一个稀释度的菌悬液，否则稀释不精确，结果误差较大。

③ 取样　用三支1mL无菌移液管分别吸取10^{-4}、10^{-5}、10^{-6}稀释菌悬液各1mL，对号放

入编好号的无菌平皿中。

④ 倒平板　尽快向上述盛有不同稀释度菌液的平皿中倒入熔化后冷却至45℃左右（以手握不觉得太烫为宜）的牛肉膏蛋白胨培养基约15mL/平皿，置水平位置迅速旋动平皿，使培养基与菌液混合均匀而又不使培养基荡出平皿或溅到平皿盖上。

由于细菌易吸附到玻璃器皿表面，所以菌液加入到培养皿后，应尽快倒入熔化并已冷却至45℃左右的培养基，立即摇匀，否则细菌将不易分散或长成菌落连成一片，影响计数。

待培养基凝固后，将平板倒置于37℃恒温培养箱中培养。

⑤ 计数　培养24h后，取出培养平板，算出同一稀释度三个平板上的菌落平均数，按下式进行计算：

$$每毫升菌液中菌落形成单位（cfu）=同一稀释度三次重复的平均菌落数 \times 稀释倍数 \qquad (3\text{-}2)$$

一般选择每个平板上长有30～300个菌落的稀释度计算每毫升菌液的含菌量较为合适。同一稀释度的三个重复对照的菌落数不应相差很大，否则表示试验不精确。实际工作中同一稀释度重复对照平板不能少于三个，这样便于数据统计，减少误差。10^{-4}、10^{-5}、10^{-6}三个稀释度计算出的每毫升菌液中菌落形成单位数也不应相差太大。

平板菌落计数法所选择的倒平板的稀释度是很重要的。一般以三个连续稀释度中的第二个稀释度倒平板培养后所出现的平均菌落数在50个左右为好，否则要适当增加或减少稀释度进行调整。

平板菌落计数法的操作除上述倾注倒平板的方式外，还可以用涂布平板的方式进行。二者操作基本相同，所不同的是后者先将牛肉膏蛋白胨培养基熔化后倒平板，待凝固后编号，并于37℃左右的温箱中烘烤30min，或在超净台上适当吹干，然后用无菌移液管吸取稀释好的菌液对号接种于不同稀释度编号的平板上，并尽快用无菌玻璃涂棒将菌液在平板上涂布均匀，平放于实验台上20～30min，使菌液渗入培养基表层内，然后倒置于37℃的恒温箱中培养24～48h。

涂布平板用的菌悬液量一般以0.1mL较为适宜，如果过少菌液不易涂布开，过多则在涂布完成后或在培养时菌液仍会在平板表面流动，不易形成单菌落。

【训练】按上述操作方法进行大肠杆菌菌悬液的测定。

【操作要点】

① 稀释菌液加入培养皿时，要"对号入座"。

② 不要直接用来自冰箱的稀释液。

③ 每支移液管只能接触一个稀释度的菌液，每次移液前，都必须来回吸几次，以使菌液充分混匀。

④ 样品加入培养皿后要尽快倒入熔化后冷却至45℃左右的培养基，立即摇匀，否则菌体常会吸附在皿底，不易分散成单菌落，因而影响计数的准确性。

5. 结果报告

根据实操内容填写报告（见表3-14）。

表3-14　实操结果

稀释度	10^{-4}				10^{-5}				10^{-6}			
菌落数	1	2	3	平均	1	2	3	平均	1	2	3	平均
每毫升样品中活菌数												

【思考讨论】

① 为什么熔化后的培养基要冷却至45℃左右才能倒平板？

② 要使平板菌落计数准确，需要掌握哪几个关键操作环节？为什么？

③ 试比较平板菌落计数法和显微镜下直接计数法的优缺点。

④ 当你的平板上长出的菌落不是均匀分散而是集中在一起时，你认为问题出在哪里？

⑤ 用倒平板和涂布法计数，其平板上长出的菌落有何不同？为什么要培养较长时间（48h）后观察结果？

任务2　酵母菌的血细胞计数板计数

1. 接受指令

（1）指令

① 了解血细胞计数板的构造、计数原理和使用方法；

② 学会用血细胞计数板对酵母细胞进行计数。

（2）指令分析　利用血细胞计数板在显微镜下直接计数，是一种常用的微生物计数方法。此法的优点是直观、快速。将经过适当稀释的菌悬液（或孢子悬液）放在血细胞计数板载玻片与盖玻片之间的计数室中，在显微镜下进行计数。由于计数室的容积是一定的（$0.1mm^3$），所以可以根据在显微镜下观察到的微生物数目来换算成单位体积内的微生物总数目。由于此法计算得到的是活菌体和死菌体的总和，故又称为总菌计数法。

2. 查阅依据

直接计数法。

3. 制订计划

知识预备→小组方案制定→任务实施→过程督导→跟踪检查→绩效评价。

4. 实施操作

（1）准备

① 菌种　酿酒酵母。

② 器材　血细胞计数板，显微镜，盖玻片，无菌毛细滴管。

【训练】为了保证实操完成顺利，实操前应准备好所需的用具。请填写备料单（如表3-15）。

表3-15　备料单（任务2　酵母菌的血细胞计数板计数）

序号	品名	规格	数量	备注
1				
2				
3				
4				
5				
6				
7				
8				
9				
10				

（2）操作步骤

① 稀释 将酿酒酵母菌液进行适当稀释，菌液如不浓，可不必稀释。

② 镜检计数室 在加样前，先对计数板的计数室进行镜检。若有污物，则需清洗后才能进行计数。

③ 加样品 将清洁干净的血细胞计数板盖上盖玻片，再用无菌的细口滴管将稀释的酿酒酵母菌液由盖玻片边缘滴一小滴（不宜过多），让菌液沿缝隙靠毛细渗透作用自行进入计数室，一般计数室均能充满菌液。注意不可有气泡产生。

④ 显微镜计数 静置5min后，将血细胞计数板置于显微镜载物台上，先用低倍镜找到计数室所在位置，然后换成高倍镜进行计数。在计数前若发现菌液太浓或太稀，需重新调节稀释度后再计数。一般样品稀释度以每小格内约有5～10个菌体为宜。每个计数室选5个中格（可选4个角和中央的中格）中的菌体进行计数。位于格线上的菌体一般只数上方和右边线上的。如遇酵母出芽，芽体大小达到母细胞的一半时，即作两个菌体计数。计数一个样品要从两个计数室中计得的值来计算样品的含菌量。

⑤ 清洗血细胞计数板 使用完毕后，将血细胞计数板在水龙头上用水柱冲洗，切勿用硬物洗刷，洗完后晾干或用吹风机吹干。镜检，观察每小格是否有残留菌体或其他沉淀物。若不干净，则必须重复洗涤至干净为止。

【训练】某单位要求知道一种干酵母粉中的活菌存活率，请设计1～2种可行的检测方法。

 知识链接

血细胞计数板

血细胞计数板（见图3-8、图3-9）通常是一块特制的载玻片，其上由四条槽构成三个平台。中间的平台又被一短横槽隔成两半，每一边的平台上各刻有一个方格网，每个方格网共分九个大方格，中间的大方格即为计数室，微生物的计数就在计数室中进行。

计数室的刻度一般有两种规格：一种是一个大方格分成16个中方格，而每个中方格又分成25个小方格；另一种是一个大方格分成25个中方格，而每个中方格又分成16个小方格。但无论哪种规格的计数板，每一个大方格中的小方格数都是相同的，即16×25=400个小方格。

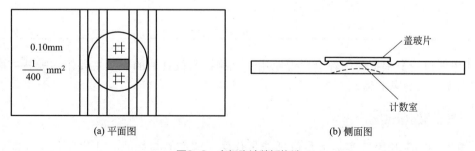

(a) 平面图 (b) 侧面图

图3-8 血细胞计数板构造

每一个大方格边长为1mm，则每一个大方格的面积为$1mm^2$，盖上盖玻片后，载玻片与盖玻片之间的高度为0.1mm，所以计数室的容积为$0.1mm^3$。在计数时，通常数五个中方格的总菌数，然后求得每个中方格的平均值，再乘上16或25，就得出一个大方格中的总菌数，然后再换算成1mL菌液中的总菌数。

设五个中方格的总菌数为A，菌液稀释倍数为B，如果是25个中方格的计数板，则：

$$1mL菌液中的总菌数（个）=A/5 \times 25 \times 10 \times 10^3 \times B = 50000AB \qquad (3-3)$$

同理，如果是16个中方格的计数板，则：

$$1mL菌液中的总菌数（个）=A/5 \times 16 \times 10 \times 10^3 \times B = 3200AB \qquad (3-4)$$

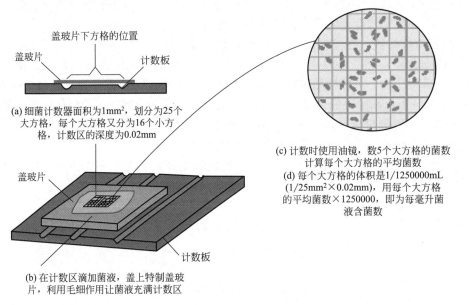

(a) 细菌计数器面积为1mm²，划分为25个大方格，每个大方格又分为16个小方格，计数区的深度为0.02mm

(c) 计数时使用油镜，数5个大方格的菌数计算每个大方格的平均菌数
(d) 每个大方格的体积是1/1250000mL（1/25mm²×0.02mm），用每个大方格的平均菌数×1250000，即为每毫升菌液含菌数

(b) 在计数区滴加菌液，盖上特制盖玻片，利用毛细作用让菌液充满计数区

图3-9　血细胞计数板法

5. 结果报告

将结果记录于表3-16中（A表示五个中方格的总菌数，B表示菌液稀释倍数）。

表3-16　实操结果

计数室	各中格中菌数					A	B	两室平均值	菌数/mL
	1	2	3	4	5				
第一室									
第二室									

【思考讨论】根据使用体会，说明用血细胞计数板计数的误差主要来自哪些方面？应如何减少误差，力求准确？

五、微生物的代谢

微生物的生长繁殖实际上是包括能量代谢（即产能与耗能）和物质代谢（即分解与合成）的新陈代谢过程，且物质代谢与能量代谢是同时偶联地进行的。

根据微生物代谢过程中产生的代谢产物在微生物体内的作用不同，还可将代谢分成初级代谢与次级代谢两种类型。初级代谢是指能使营养物质转换成细胞结构物质、维持微生物正常生命活动的生理活性物质或能量的代谢，其产物主要有氨基酸、核苷酸等。次级代谢是指某些微生物进行的非细胞结构物质和维持其正常生命活动的非必需物质的代谢，其产物主要有抗生素、色素、激素、生物碱等，这些产物在医学上有重要的作用。

微生物的代谢作用是由微生物体内一系列有一定顺序的、连续性的生物化学反应所组成的，这些生化反应在微生物体内可以在常温、常压和pH中性条件下极其迅速地进行，这是由于微生物体内存在着多种多样的酶和酶系，绝大多数的生化反应是在特定酶催化下进行的。

（一）微生物的代谢类型

1. 产能代谢

微生物在生命活动中需要能量，它主要是通过生物氧化而获得能量。所谓生物氧化就是指细胞内一切代谢物所进行的氧化作用。它们在氧化过程中能产生大量的能量，分段释放，并以高能磷酸键形式储藏在ATP分子内，供需要时用。

根据在低温进行氧化时，最终电子受体不同，微生物的生物氧化可以分为需氧呼吸、厌氧呼吸、发酵三个类型。

（1）需氧呼吸　以分子氧作为最终电子受体的生物氧化过程称为需氧呼吸。许多异氧微生物在有氧条件下，以有机物作为呼吸底物，通过呼吸而获得能量。以葡萄糖为例，通过糖酵解（EMP）途径和三羧酸（TCA）循环被彻底氧化成二氧化碳和水，生成38个ATP。

（2）厌氧呼吸　以无机氧化物作为最终电子受体的生物氧化过程称为厌氧呼吸。能起这种作用的化合物有硫酸盐、硝酸盐和碳酸盐，这是少数微生物的呼吸过程。例如脱氮小球菌利用葡萄糖氧化成二氧化碳和水，而把硝酸盐还原成亚硝酸盐（故称反硝化作用）。

（3）发酵　以有机物为基质，并以其中间产物为氢（或电子）受体的氧化过程称为发酵。在发酵过程中，有机物既是被氧化了的基质，又是最终的电子受体，但是由于氧化不彻底，所以产能比较少。如酵母菌利用葡萄糖进行酒精发酵，只释放$2.26 \times 10^5 J$热量，其中只有$9.6 \times 10^4 J$储存于ATP中，其余又以热的形式丧失。发酵产物的种类有乙醇发酵、丁二醇发酵、乳酸发酵、丙酸发酵、混合酸发酵及乙酸发酵等。通过工业发酵可获得人们所需要的大量的微生物代谢产物。

2. 物质代谢

（1）分解代谢

① 糖的代谢　糖类物质是微生物代谢所需要能量的主要来源，也是构成菌体有机物的碳源。各种微生物对多糖→单糖→丙酮酸的分解过程基本相同，但对丙酮酸的进一步分解，却因菌种不同而会产生不同的终末产物，如细菌在有氧条件下，将丙酮酸经三羧酸循环彻底分解成CO_2和水，同时在过程中产生各种中间代谢产物。厌氧菌则发酵丙酮酸，产生各种酸类（如甲酸、乙酸等）、醛类（如乙醛）、醇类（如乙醇、乙酰甲基甲醇等）、酮类（如丙酮）等。检测不同的糖分解产物，可帮助菌种鉴别，如糖发酵试验、甲基红试验等。

② 蛋白质的分解　蛋白质是由氨基酸组成的分子巨大、结构复杂的化合物，不能直接进入细胞。微生物利用蛋白质，首先分泌蛋白酶至体外，将其分解为蛋白胨，再进一步分解为各种多肽或氨基酸，才能被吸收进入细胞。产生蛋白酶的菌种很多，细菌、放线菌、霉菌等中均有。不同的菌种可以产生不同的蛋白酶，例如黑曲霉主要生产酸性蛋白酶，短小芽孢杆菌用于生产碱性蛋白酶。氨基酸的分解有脱氨基和脱羧基两种方式，通过脱氨基生成氨和各种有机酸类，通过脱羧基生成胺类和二氧化碳。常用的蛋白质分解产物检测有吲哚试验、硫化氢试验等。

③ 脂肪和脂肪酸的分解　脂肪是脂肪酸的甘油三酯，在脂肪酶作用下，可水解生成甘油和脂肪酸。脂肪酶成分较为复杂，作用对象也不完全一样。不同微生物产生的脂肪酶作用也不一样。能产生脂肪酶的微生物很多，有根霉、圆柱形假丝酵母菌、小放线菌、白地

霉等。脂肪酸的分解主要是通过 β-氧化途径。β-氧化是由于脂肪酸氧化断裂发生在 β-碳原子上而得名。在氧化过程中，能产生大量的能量，最终产物是乙酰辅酶 A。而乙酰辅酶 A 是进入三羧酸循环的基本分子。

（2）合成代谢　微生物的合成代谢主要指微生物体内简单的无机或有机物合成各种与细胞结构、生命活动有关的生物大分子物质的过程，这些物质包括蛋白质、核酸、多糖及脂类等化合物。

合成代谢时，必须具备三个条件：能量获取、小分子前体碳架物质合成和还原剂的获得。微生物从外界获得的高度氧化程度的营养元素首先要被还原成还原态形式才能被微生物细胞吸收利用，小分子前体碳架物质（如草酰乙酸等有机酸、磷酸四碳糖等膦酸糖和乙酰辅酶 A 等）可作为细胞合成生物分子的单体物质，在酶的催化下合成氨基酸、核苷酸、蛋白质、核酸等细胞物质。也就是说，合成是一个耗能过程，需要分解代谢产生的 ATP 及 $NAD(P)H_2$，合成代谢所需的原料来自细胞吸收的各种营养物质和分解代谢的中间产物。因此，分解代谢和合成代谢是不能分开的，两者在生物体内是有条不紊的平衡过程。

（二）微生物的代谢调控

微生物的代谢调控是微生物生长繁殖过程中的自我调节，其代谢调节系统的特点为精确、可塑性强，细胞水平的代谢调节能力超过高等生物。了解微生物的代谢调节，能有目的地改造和为微生物提供最适合的环境条件，使微生物最大限度地生产人类所需的代谢产品。遗传育种获得的某一高产菌株，就是远离细胞的自然调控机制，为目标代谢产物合成不受或少受固有代谢调控而选育获得的"不正常"菌株。

1.　分解途径的代谢调控

调控主要通过：①酶的诱导调节，诱导酶是细胞为适应外来底物或其结构类似物而临时合成的一类酶，例如 E. coli 在含乳糖培养基中所产生的 β-半乳糖苷酶和半乳糖苷渗透酶等。引导酶生成的化合物称为诱导物。这种诱导效应保证了诱导酶只在有相应底物时才合成，可避免生物合成的原料和能量的浪费。②分解代谢物阻遏，指细胞内同时有两种分解底物存在时，利用快的那种底物会阻遏利用慢的底物的有关酶合成的现象。例如有人将大肠杆菌培养在含乳糖和葡萄糖的培养基上，发现该菌可优先利用葡萄糖，并于葡萄糖耗尽后才开始利用乳糖，这就产生了两个对数生长期中间隔开一个生长延滞期的"二次生长现象"。其原因是，葡萄糖的存在阻遏了分解乳糖酶系的合成，这一现象称为葡萄糖效应。由于这类现象在其他代谢的普遍存在，后来人们索性把类似葡萄糖效应的阻遏统称为分解代谢物阻遏。

2.　生物合成途径的代谢调控

通过对酶的合成和酶的活性进行调控，使细胞内各种代谢物浓度保持在适当水平，其调控主要通过：①终产物阻遏，代谢途径中终产物达到一定浓度时阻遏该途径所有酶的合成；②反馈或变构抑制，代谢途径中终产物达到一定浓度时使该代谢链的第一个酶失去活性而使其他中间代谢产物不再合成。

3.　微生物代谢调控的意义

在微生物正常代谢过程中，各种调节控制协调而高效地参与到代谢活动中，使代谢产物不会过量积累。在发酵工业中，往往需要达到过量积累单一某产物的目的，提高生产效率，就必须使原有的代谢调节系统失去控制，改变或"破坏"一部分细胞固有的正常代谢功能，在保证微生物适当生存的条件下，通过改变培养环境或选育基因突变菌株等遗传学和生物化学的方法来实现代谢的人工控制，从而建立起新的代谢方式，使微生物的代谢产物按照人们的意愿积累。控制微生物生理状态的环境条件很多，如营养缺陷、氧的供应、

pH值调节和表面活性剂的存在等，也可通过控制微生物的正常代谢调节机制，如抗反馈调节突变株、抗分解代谢阻遏突变体等，使其累积更多为人们所需要的发酵产品。

（三）次级代谢产物及其应用

1. 热原

热原是细菌合成的一种注入人体或动物体内能引起发热反应的物质。产生热原的细菌大多是革兰阴性菌（如伤寒沙门菌、大肠埃希菌、铜绿假单胞菌）及个别革兰阳性菌（如枯草芽孢杆菌）。热原是细菌细胞壁的脂多糖，为细菌内毒素的主要成分，耐高温，高压蒸汽灭菌121℃ 20min亦不被破坏，必须以250℃ 30min或180℃ 2h的高温处理，或用强酸、强碱、强氧化剂煮沸半小时才可将其破坏。热原是制药工业和制备生物制品时必须严格预防的问题。在制药过程中原料、药液、容器等若被细菌污染，则有可能产生热原。注射用药液、器皿等若被热原污染，可引起输液反应。因此，在制备注射药品时，必须严格无菌操作，防止细菌污染。对液体中可能存在的热原可用蒸馏法，效果较好。玻璃器皿需在250℃高温干烤30min，以破坏热原。

2. 毒素

毒素是致病菌产生的对机体有毒害作用的物质，可分为内毒素和外毒素两类。两者均有强烈的毒性作用，尤其以外毒素为甚。外毒素是革兰阳性菌（如破伤风梭菌、白喉棒状杆菌等）及少数革兰阴性菌合成并分泌到菌体外发挥作用的蛋白质物质。内毒素是革兰阴性菌细胞壁的脂多糖，在细菌死亡或崩解后释放。

 知识链接

热原的检查

《中华人民共和国药典》（简称《中国药典》）现行版规定热原检测采用家兔法，细菌内毒素检测采用鲎试剂法。

热原检查法系将一定剂量的供试品，静脉注入家兔体内，在规定时间内，观察家兔体温升高的情况，以判断供试品中所含热原的限度是否符合规定。细菌内毒素检查法系利用鲎试剂来检测或量化由革兰阴性菌产生的细菌内毒素，以判断供试品中细菌内毒素的限量是否符合规定的一种方法。

3. 侵袭性酶

侵袭性酶是细菌合成的能损伤机体组织，促使细菌在机体内生存和扩散的一类酶，与细菌致病性有重要关系。

4. 抗生素

抗生素是由某些微生物在代谢过程中产生的一类能抑制或杀死某些病原微生物和肿瘤细胞的物质。抗生素大多由放线菌（如链霉素、红霉素）和真菌（如青霉素、头孢菌素）产生，细菌产生的较少，只有多黏菌素（损害菌体的原生质膜）、杆菌肽（干扰菌体蛋白质合成）数种。常用的抗生素如：链霉素、土霉素，抗肿瘤的博来霉素、丝裂霉素，抗真菌的制霉菌素，抗结核的卡那霉素，都为放线菌的次级代谢产物。有的放线菌可以产生一种以上的抗生素，此外，放线菌还应用于维生素和酶的生产。

5. 细菌素

细菌素是某些细菌产生的一类抗菌蛋白，但抗菌范围狭窄，仅对近缘关系密切的细菌有杀伤作用。细菌素受细胞内质粒控制。细菌素的名称按产生菌命名，如大肠埃希菌产生的大肠菌素，葡萄球菌产生的葡萄球菌素等。由于细菌素的作用具有特异性，利用细菌素或与噬菌体方法相结合，可以有效地对某些细菌进行分型和病原菌的流行病学检查。近年来对细菌素的研究与开发越来越受到重视，因其具有高效、无毒、耐酸、耐高温、无残留、无抗药性、大部分基因位于质粒上、分子量小、含修饰氨基酸、结构复杂等特点，而被认为是分子遗传、基因工程、蛋白质工程和食品添加剂、化妆品、皮肤保健、抑制病原菌和调节肠道菌群的好材料。

6. 色素

某些细菌在营养丰富、氧气充足、温度适宜时，能产生不同颜色的色素。脂溶性色素，不弥散，可使菌落呈现一定的颜色，如金黄色葡萄球菌色素；水溶性色素能弥散至培养基周围环境中，如铜绿假单胞菌色素，可使培养基呈现绿色，其感染的脓液及纱布等敷料也均带绿色。绿脓假单胞菌色素在20世纪上半叶被很多欧洲国家用于治疗炭疽感染，它可抑制其他细菌菌丛。这种色素在青霉素之前长期作为抗生素使用。细菌的色素有助于细菌的鉴别。

7. 维生素

细菌能合成某些维生素，除供自身所需外，还能分泌至周围环境中。如人体肠道内的大肠埃希菌，合成的B族维生素和维生素K也可被人体吸收利用。某些微生物对某种维生素产量较高，可工业上用于大量生产。

六、实操练习——微生物的接种、分离、纯培养技术

任务1 微生物的接种、分离、纯培养技术

（一）接受指令

1. 指令

（1）了解分离纯化微生物的原理；

（2）熟悉不同的微生物在平板、半固体培养基和液体培养基上的培养形状；

（3）掌握无菌操作技术、倒平板的方法和几种常用分离纯化微生物的基本操作技术。

2. 指令分析

微生物在自然界中呈混杂状态存在，要获得纯的目标微生物，必须从混杂的微生物群体中把它分离出来，获得只含有某一种或某一株微生物的过程称为微生物的分离纯化。微生物分离和纯化的方法很多，但基本原理却是相似的，即将待分离的样品进行一定倍数的稀释，并使微生物的细胞（或孢子）尽量以分散状态存在，培养后使其长成一个个纯种的单菌落。然而上述工作过程又离不开接种，接种就是将微生物接到适合它生长繁殖的人工培养基上或活的生物体内的过程。微生物的分离培养和接种是微生物学中的重要技术。

（二）查阅依据

微生物接种、分离、纯培养。

（三）制订计划

知识预备→小组方案制定→任务实施→过程督导→跟踪检查→绩效评价。

（四）实施操作

1. 准备

（1）菌种 大肠杆菌斜面和菌悬液、大肠杆菌与金黄色葡萄球菌的混合培养液、啤酒

酵母、产黄青霉。

（2）培养基　营养琼脂斜面、肉汤蛋白胨培养液（试管）、营养琼脂平板、半固体培养基、PDA平板、PDA斜面、伊红-亚甲基蓝琼脂平板。

（3）实训器材　超净台、培养箱、无菌培养皿、接种环、接种针、涂布棒、试管、移液管、滴管、酒精灯等。

【训练】为了保证实操完成顺利，实操前应准备好所需的用具。请填写备料单（见表3-17）。

表3-17　备料单（任务1　微生物的接种、分离、纯培养技术）

序号	品名	规格	数量	备注
1				
2				
3				
4				
5				
6				
7				
8				
9				
10				

 知识链接

一、超净工作台

超净工作台是一种局部净化设备，即利用空气净化技术使一定操作区内的空间达到相对的无尘、无菌状态。一般用于药品的微生物学检测及微生物分离培养的接种过程。使用方法如下。

① 接上电源插头，开启电源开关，同时开启紫外线杀菌灯，作用30min。

② 关闭紫外线杀菌灯，同时打开照明灯，开启风机，调节合适的风量。

③ 轻轻上抬前挡玻璃，高度以手臂在操作区内操作不受限制为宜，尽量低一些，以免环境中的微生物进入超净工作台。

④ 操作完毕，关闭风机和照明灯，关闭电源，拔掉电源插头，取出操作区内的物品。

注意事项：

① 在使用超净工作台前，应先处理操作区内表面积累的微生物，放入待操作物品再开启电源，同时开启紫外线杀菌灯。

② 在紫外线灯开启时间较长时，可激发空气中的氧分子缔合成臭氧分子，这种气体成分有很强的杀菌作用，可以对紫外线没有直接照射到的角落产生灭菌效果。但臭氧有碍健

康，在进行操作前应先关掉紫外线灯，待十多分钟后即可操作。

③ 紫外线杀菌完毕后，所有进入操作区内的物品必须是无毒的，工作人员的手臂和手掌进入操作区前也要消毒，常用75%的酒精棉球消毒。

④ 操作区内不存放不必要的物品，尽量保持工作区的洁净气流流动不受干扰。

⑤ 操作区内尽量避免大幅度动作。

⑥ 操作区的使用温度不超过60℃。

⑦ 紫外线杀菌灯具有一定的使用寿命，在使用一段时间后要及时更换，以免影响杀菌效果。

二、接种工具

在实验室或工厂实践中，用得最多的接种工具是接种环、接种针。由于接种要求或方法的不同，接种针的针尖部位常做成不同的形状，有刀形、耙形等之分，有时滴管、移液管也可作为接种工具进行液体接种。在固体培养基表面要将菌液均匀涂布时，需要用到涂布棒。实验和生产上接种常用的工具如图3-10所示。

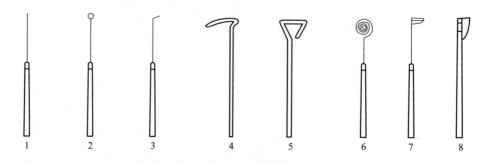

图3-10　接种和分离工具

1—接种针；2—接种环；3—接种钩；4，5—玻璃涂棒；6—接种圈；7—接种锄；8—小解剖刀

2. 操作过程

（1）微生物接种技术

① 斜面培养基接种法　由已长好微生物的斜面中挑取少量菌种接种至另一空白斜面培养基上。斜面接种时试管握法：一般来说，左手持菌种管及琼脂斜面管，菌种管放在左侧，斜面管放在右侧，两管口并齐，斜面向上。接种方法为：右手持接种环灼烧灭菌，火焰灭菌试管口和棉塞后，将斜面管的棉塞夹在右手掌心与小指之间，菌种管棉塞夹在小指与无名指之间，将两棉塞一起拔出，打开试管，两管口再次灭菌后，把灭菌接种环伸入菌种管内，钩取少量菌苔，伸入斜面培养基底部，由下而上在斜面上做蛇形划线，然后管口和棉塞通过火焰灭菌后塞好，接种环灼烧灭菌（见图3-11）。

② 液体培养基接种法　与斜面培养基接种方式基本相同，不同之处是：挑取的菌种移至液体培养基试管内，涂在试管接近液面的内壁上，直立试管时，使菌种在液面以下。

③ 半固体培养基接种法　使用接种针蘸取菌种，从半固体培养基表面刺向深部，但不触及试管底，之后接种针沿原路拔出。

④ 三点接种法　要获得霉菌的单菌落，宜在平板上用三点接种法接种。即用接种针蘸取少量霉菌孢子，在琼脂平板上点成等边三角形的三点。经培养后，每皿形成三个菌落。其优点是不但在一个培养皿上同种菌落有三个重复，更重要的是在菌落彼此相接近的边缘常留有一条狭窄的空白地带，此处菌丝生长稀疏、较透明，还分化出稀疏的典型子实器，

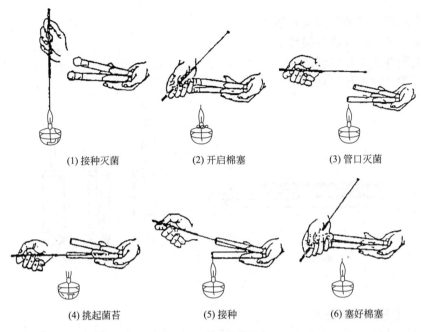

(1) 接种灭菌　　　　(2) 开启棉塞　　　　(3) 管口灭菌

(4) 挑起菌苔　　　　(5) 接种　　　　(6) 塞好棉塞

图3-11　斜面接种程序

因此可以直接把培养皿放在低倍镜下观察，便于根据形态特点进行菌种鉴定。

　　a. 倒平板　将已灭菌的马铃薯琼脂培养基加入，待冷却至45℃左右（以手握不觉得太烫为宜）后，用无菌操作法倒平板（见图3-12）。

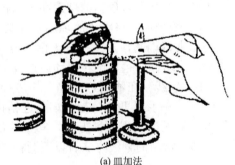

(a) 皿加法

💡 **知识链接**

　　制好的平板在恒温培养箱中应倒置放置。这样做的目的是防止培养基蒸发产生的水分凝结在皿盖上，皿盖上的水再滴到培养基上，会使菌落花成一片。而且，这样做也便于拿取培养基，不会掉落。其次，皿盖上的水珠也会影响观察。

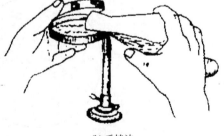

(b) 手持法

图3-12　倒培养基平板

　　b. 三点接种　用接种针从菌种斜面上分别挑取少量菌种孢子，点到对应的平板上，操作要点如下。

　　Ⅰ. 表明三点位置　欲使点接的三点分布均匀，可用记号笔先在平板底部以等边三角形标上三点。

　　Ⅱ. 取接种针　拿接种针，先在火焰上烧红灭菌，并在平板培养基的边缘冷却且蘸湿。

　　Ⅲ. 蘸取孢子　将灭过菌并蘸湿的接种针伸入菌种管，用针尖蘸取少量霉菌孢子。

　　Ⅳ. 点接　以垂直法或水平法（见图3-13）把接种针上蘸取的孢子以垂直的方向轻轻地点接到平板培养基表面预先做好标记的部位。注意在点接时切勿刺破培养基。

【训练】

① 用大肠杆菌接种斜面培养基；

② 用大肠杆菌进行液体接种；

③ 用大肠杆菌进行穿刺接种；

④ 用产黄青霉进行三点接种。

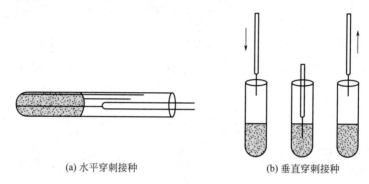

(a) 水平穿刺接种　　　　　　　　(b) 垂直穿刺接种

图3-13　点接

（2）微生物分离培养技术

① 平板划线分离法　一般是在琼脂平板上连续划线或分区划线，获得单个菌落，以便进行下一步的研究工作。本实验使用伊红-亚甲基蓝琼脂培养基，依据培养后的菌落特征，把大肠杆菌从金黄色葡萄球菌和大肠杆菌的混合培养液中分离出来，具体操作步骤如下。

a. 倒平板　将融化的琼脂培养基冷却至45℃左右，在酒精灯火焰旁，以右手的无名指及小指夹持棉塞，左手打开无菌培养皿盖的一边，右手持三角瓶向皿里注入10～15mL培养基。将培养皿稍加旋转摇动后，置于水平位置待凝。

b. 划线　在酒精灯火焰上灼烧接种环，待其冷却后，以无菌操作取一环待分离菌液。划线时，左手握平板，在火焰附近稍抬起皿盖，右手持接种环伸入皿内划线。划线的方法很多，但无论采用哪种方法，其目的都是通过划线将样品在平板上进行稀释，使之形成单个菌落。常用的划线方法有以下两种（见图3-14）。

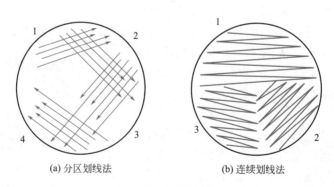

(a) 分区划线法　　　　　　　　　(b) 连续划线法

图3-14　划线分离法

1—第一次划线区；2—第二次划线区；3—第三次划线区；4—第四次划线区

Ⅰ. 分区划线法　用接种材料以无菌操作取一环待分离菌液，先在培养基的一边作第一次平行划线3～4条，再转动培养皿约70°角，并将接种环上剩余物烧掉，待冷却后通过第一次划线部分作第二次平行划线，再用同法通过第二次平行划线部分作第三次平行划线和通过第三次平行划线部分作第四次平行划线。划线完毕后，盖上皿盖。

　　Ⅱ．连续划线法　将挑取有样品的接种环在平板培养基上作"之"字形连续划线。

　　c．划线完毕，灼烧接种环，将培养皿盖好。用记号笔注明被检材料及日期，倒置于恒温培养箱中培养，观察结果。

　　② 倾注平板法（见图3-15）

　　a．编号　取6支盛有9mL无菌水的试管排列于试管架上，依次标上10^{-1}、10^{-2}、10^{-3}、10^{-4}、10^{-5}、10^{-6}字样。

　　b．稀释　以1mL无菌移液管按无菌操作从样品管中吸取1.0mL菌液于10^{-1}试管中，制成10^{-1}稀释液，再另取1支移液管从10^{-1}管中

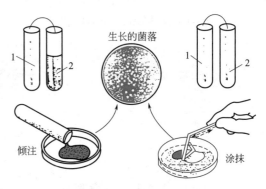

图3-15　平板分离法
1—菌悬液；2—熔化的培养基

吸取1.0mL稀释液注入10^{-2}管中，依次制成10^{-2}、10^{-3}、10^{-4}、10^{-5}、10^{-6}稀释液。

　　c．加样　用1mL无菌移液管分别吸取10^{-4}、10^{-5}、10^{-6}稀释液1mL注入已编好号的10^{-4}、10^{-5}、10^{-6}无菌培养皿中。

　　d．倾注平板　将熔化并冷却至45℃左右（以手握不觉得太烫为宜）的琼脂培养基，向加有稀释液的各培养皿中分别倒入10～15mL，迅速旋转培养皿，使培养基和稀释液充分混匀，水平放置。待其凝固后，倒置于恒温培养箱中培养，观察结果。

　　③ 涂布平板法（见图3-15）

　　a．平板制备。

　　b．稀释菌液。

　　以上两步与倾注平板法相同。

　　c．用1mL无菌移液管吸取经稀释的菌液0.2mL加入平板中央。

　　d．用无菌涂棒（或刮铲）涂抹均匀。其方法为先将菌液沿一条直线来回推动，然后改变方向90°沿另一垂线来回涂抹，最后沿平板内缘再涂抹一圈。室温下静置5min左右，把平皿倒置于恒温培养箱中培养，观察结果，挑取单个菌落转接斜面即可。

　　（3）细菌平板置于37℃恒温培养箱中培养24～48h；酵母菌平板置于28℃恒温培养箱中培养48～72h；霉菌和放线菌置于28℃恒温培养箱中培养5～7天。

　　【操作要点】

　　① 在全程操作过程中应具备无菌意识，进行无菌操作。

　　② 实训过程中，一个稀释度用一支无菌的移液管，涂布时一个稀释度用一只灭菌的涂棒（或刮铲）。

　　③ 分离培养时不要重复划线，以免形成菌苔；分区划线时，划完一个区后，应把接种环灼烧，待凉后再次探入培养皿中，进行下一区的划线，每区开始的第一条线应通过上一区的划线。

　　④ 用过的可能污染了微生物的移液管和玻璃刮铲（涂棒）放入2%～3%石炭酸溶液浸泡过夜后才能清洗。

　　【训练】

　　① 用啤酒酵母进行划线分离培养。

　　② 用大肠杆菌进行涂布培养。

（五）结果报告

　　1．检查接种后培养物的生长情况和染菌情况。

2．将实操结果填入表3-18内。

表3-18　实操结果（一）

培养物	生长情况（＋或－）	染菌情况（＋或－）
斜面培养基		
液体培养基		
半固体培养基		

3．写出下列菌种的菌落特征（见表3-19）。

表3-19　实操结果（二）

项目	大肠杆菌	酵母菌	产黄青霉
形状			
突起			
色素			
大小			

【思考讨论】

① 接种前后为什么要灼烧接种环？

② 为什么要待接种环冷却后才能与菌种接触？是否可以将接种环放在台子上冷却？如何知道接种环已经冷却？

③ 通过倾注培养法你是否得到了单菌落？如果没有，请分析可能的原因。

④ 本实训中，在进行平板划线分离时，为什么选择伊红-亚甲基蓝琼脂培养基接种大肠杆菌和金黄色葡萄球菌的混合培养物？

任务2　土壤中微生物的分离及菌落形态的观察

（一）接受指令

1．指令

（1）掌握倒平板的方法和几种常用的分离纯化微生物的基本操作技术；

（2）熟悉常见微生物菌落的形态特征，通过对微生物菌落形态的观察能识别细菌、酵母菌、放线菌和霉菌四大类微生物；

（3）了解从土壤中分离微生物的基本原理和方法。

2．指令分析

土壤中富含大量的微生物，是人类开发利用微生物资源的重要基地。土壤微生物的数量和分布主要受营养物、含水量、氧气、温度、pH等因素的影响。如细菌适宜在中性、潮湿的土壤中生长；中性或偏碱性富含有机质的土壤有利于放线菌的生长；而偏酸性环境有利于真菌的生长。在进行分离时，应根据分离目的选择适宜的土壤材料。一般来说，在每克耕作层土壤中，各种微生物含量之比大体有一个10倍系列的递减规律：细菌（约10^8）＞放线菌（约10^7）＞霉菌（约10^6）＞酵母菌（约10^5）＞藻类（约10^4）＞原生动物（约10^3）。

由此可见，土壤中尤以细菌数量最多，其次为放线菌和酵母菌，故可从中分离到许多有用的菌株。

纯种分离应在严格的无菌条件下进行。常用的分离方法有稀释平板分离法、涂布分离法和划线分离法。应根据不同的材料及最终目的采用不同的方法。

（二）查阅依据

微生物接种、分离、纯培养。

（三）制订计划

知识预备→小组方案制定→任务实施→过程督导→跟踪检查→绩效评价。

（四）实施操作

1. 准备

（1）材料和试剂　新鲜土壤、灭菌的牛肉膏蛋白胨培养基、高氏1号培养基、查氏培养基、无菌水。

（2）实训器材　培养箱、无菌培养皿、接种环、涂布棒、试管、移液管、滴管、酒精灯等。

【训练】为了保证实操完成顺利，实操前应准备好所需的用具。请填写备料单（见表3-20）。

表3-20　备料单（任务2　土壤中微生物的分离及菌落形态的观察）

序号	品名	规格	数量	备注
1				
2				
3				
4				
5				
6				
7				
8				
9				
10				

2. 操作过程

（1）稀释平板分离法

① 稀释液的制备　准确称取10g土壤样品，溶于90mL蒸馏水中，振荡摇匀（10min左右），静置30s后，即制成10^{-1}稀释液。用1mL无菌移液管吸取10^{-1}稀释液1mL，移入装有9mL无菌水的试管中，吹吸（可用灭过菌的洗耳球）3次，使菌液混合均匀，即成10^{-2}稀释液，依此类推，即可制成10^{-3}、10^{-4}、10^{-5}、10^{-6}、10^{-7}稀释液。

② 混菌法测定菌落数的方法

a. 细菌　取10^{-7}、10^{-6}两管稀释液各1mL，分别接入相应标号的平皿中，每个稀释度接种两个平皿。然后取冷却至45℃左右的牛肉膏蛋白胨培养基，分别倒入以上培养皿中（装量以铺满皿底的2/3为宜），迅速轻轻摇动平皿，使菌液与培养基充分混匀，但不沾湿皿的边缘，待琼脂凝固即成细菌平板。倒平板时要注意无菌操作，可采用皿加法和手持法（见图3-12）。

b. 放线菌 取10^{-5}、10^{-4}两管稀释液，在每管中加入10%酚液5～6滴，摇匀，静置片刻，然后分别从两管中吸出1mL加入相应标号的平皿中，选用高氏1号培养基，用与细菌相同的方法倒入平皿中，便可制成放线菌平板。

c. 霉菌 取10^{-2}、10^{-3}两管稀释液各1mL，分别接入相应标号的平皿中，每个稀释度接种两个平皿。选用查氏培养基，用与细菌相同的方法倒入平皿中，便可制成霉菌平板。

③ 培养 将接种好的细菌、放线菌、霉菌平板倒置，即皿盖朝下放置，于28～30℃中恒温培养，细菌培养1～2天，放线菌培养5～7天，霉菌培养3～5天。

④ 菌落观察。

（2）涂布分离法

① 菌悬液的制备（同稀释平板分离法）。

② 涂布分离 将冷却至45℃左右的3种培养基倒入平皿，待培养基凝固后，用无菌移液管吸取0.1mL。稀释液加入培养基上，每个稀释度做3个平行。用无菌刮铲在平板上将菌液涂抹均匀（见图3-15）。静置20min后，平皿倒置培养。

（3）划线分离法 操作见图3-14。

【训练】

① 土壤稀释分离法操作；

② 平板制作；

③ 菌落观察。

（五）结果报告

根据实操内容填写报告。

1. 记录土壤稀释分离结果，根据公式（3-2）计算出每克土壤中细菌、放线菌和霉菌的数量。

2. 菌落形态观察结果（见表3-21）。

表3-21 实操结果

菌种	辨别要点				菌落描述					
	湿		干		表面	边缘	隆起性状	颜色		透明度
	厚薄	大小	松密	大小				正面	反面	
细菌										
放线菌										
霉菌										

【思考讨论】

① 在测定土壤微生物含量时，除混菌法外还可用什么方法？

② 设计实验，从土壤中分离出酵母菌，并进行计数。

 **视野拓展**

打破微生物的反馈抑制

在正常情况下，微生物通过细胞内的自我调节，维持各个代谢途径的相互协调，使其代谢产物既不缺少又不会过多积累。而人类利用微生物进行发酵需要微生物积累较多的代谢产物，为此，对微生物的代谢必须进行人工控制。人工控制微生物代谢的方法很多，其中反馈抑制的解除可以造成某一产物的积累。

许多微生物可以用天冬氨酸作原料，通过分支代谢途径合成赖氨酸、苏氨酸和甲硫氨酸。赖氨酸在人类和动物营养中是一种十分重要的必需氨基酸，因此，在食品医药和畜牧业上需求量很大。但在菌体代谢过程中，一方面由于赖氨酸对天冬氨酸激酶有反馈抑制作用，另一方面由于天冬氨酸除用于合成赖氨酸外还要作为合成甲硫氨酸和苏氨酸的原料，因此，在正常生长的菌体细胞内就难以积累较高浓度的赖氨酸。为了解除正常的代谢调节以获得赖氨酸的高产菌株，工业上选育了谷氨酸棒杆菌（*Corynebacterium glutamicum*）这一高丝氨酸缺陷型菌株作为赖氨酸的发酵菌种。由于它不能合成高丝氨酸脱氢酶，故不能合成高丝氨酸，也就不能产生苏氨酸和甲硫氨酸。在补给适量高丝氨酸（或苏氨酸和甲硫氨酸）的条件下，该菌株可在含较高糖浓度和铵盐的培养基上产生大量的赖氨酸。

 **思政元素**

胸怀家国　勇担使命

有这样一位女士，她毕生保持纯真个性，不计名利，热心公益事业，是一位优秀的科学家，也是一位优秀的教育家。她就是中国科学院学部委员（院士）——张树政先生。她长期致力于我国微生物生物化学的研究，在白地霉糖代谢、红曲糖化酶结构与功能、糖苷酶和耐热酶、糖生物学和糖生物工程学等研究中成就卓著，是中国微生物生化的重要领军人，是糖生物学的奠基人之一，在国内外享有较高声望。

张树政教授具有强烈的家国情怀，就读北京大学选择化学专业时，怀着朴素而又热忱的赤子之心——中国要发展工业才能富强。20世纪50年代末期，国内粮食紧缺。1954年1月，进入中国科学院菌种保藏委员会（中国科学院微生物所的前身）后，张树政教授积极响应国家要求，为得到更加高效的糖化酶投身科学研究，筛选出了更优越的曲霉菌种，为酿酒和酒精业做了巨大贡献。随后，张树政教授在该领域继续研究，采用酶法糖化，研究出了我国第一个糖化酶制剂，使用糖化酶水解淀粉代替葡萄糖，该工艺保证了当时国内紧缺、受外国控制的化工原料的自主生产。在此基础上，张树政教授深入研究了糖化酶的结构和功能，继续改进，得到了糖化酶产量更高的黑曲霉，在国家最需要的关键时期，为祖国节约了大量粮食。张树政教授在当时艰苦的条件下，心系国家和人民需求，攻坚克难，没有仪器就自制仪器，靠着自己制作的电泳等设备，在关键时期为解决关乎国计民生的大事做出了自己的贡献。

知识小结

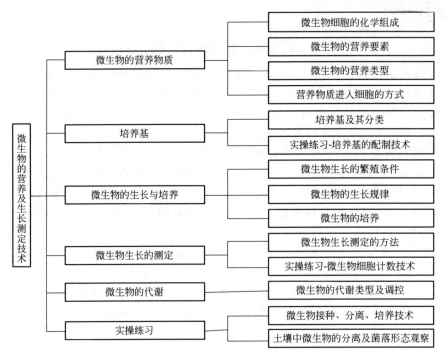

目标检测

一、选择题

（一）单项选择题

1. 用于微生物合成蛋白质和核酸的主要营养物质是（　　）。

A. 水　　　　　　　B. 碳源　　　　　　C. 氮源　　　　　　D. 能源

2. 微生物生长时不可缺少的微量有机物是（　　）。

A. 生长因子　　　　B. 碳源　　　　　　C. 氮源　　　　　　D. 无机盐

3. 属于专性需氧菌的是（　　）。

A. 葡萄球菌　　　　B. 肺炎球菌　　　C. 结核分枝杆菌　D. 大肠埃希菌

4. 超净工作台使用前要用紫外线灯灭菌（　　）。

A. 5min　　　　　　B. 30min　　　　　C. 1h　　　　　　　D. 2h

5. 细菌最容易出现变异的群体生长期是（　　）。

A. 迟缓期　　　　　B. 对数期　　　　　C. 稳定期　　　　　D. 衰亡期

6. 液体培养基主要用于（　　）。

A. 分离单个菌落　　　　　　　　　B. 增菌

C. 鉴别菌种　　　　　　　　　　　D. 观察微生物的运动能力

7. 关于真菌的培养，下述错误的是（　　）。

A. 营养要求很高　　　　　　　　　B. 最适pH 4.0 ~ 6.0

C. 最适温度22 ~ 28℃　　　　　　D. 酵母菌菌落和细菌菌落相似

8. 培养微生物的装置是（　　）。

A. 高压灭菌器　　　B. 液氮罐　　　C. 恒温箱　　　　D. 超净工作台

9. 单个细菌在固体培养基上生长可形成（　　）。

A. 菌落　　　　　B. 菌苔　　　　　C. 菌丝　　　　D. 菌团

10. 研究细菌性状选用的细菌群体生长繁殖期是（　　）。

A. 迟缓期　　　　B. 对数期　　　　C. 稳定期　　　D. 衰亡期

（二）多项选择题

1. 下列哪些属于细菌的合成代谢产物。（　　）

A. 色素　　　　　B. 细菌素　　　　C. 干扰素

D. 维生素　　　　E. 毒素

2. 下列哪些是细菌在液体中的生长现象。（　　）

A. 菌落　　　　　B. 菌膜　　　　　C. 浑浊

D. 沉淀　　　　　E. 变色

二、简答题

1. 微生物生长繁殖的条件有哪些？

2. 典型的微生物生长曲线有何特点？对微生物发酵生产有何指导意义？

3. 试举例说明什么是选择培养基？什么是鉴别培养基？它们在微生物学应用技术工作中有何重要性？并分析其原理。

4. 如果希望从土壤中分离到厌氧固氮菌，应选择哪种方法进行分离培养？如何设计此实验？

5. 制好的平板在恒温培养箱中为什么要倒置培养？

6. 如何利用代谢调控提高微生物发酵产物的产量？

三、实例分析

在超净工作台内应用平板分区划线法培养金黄色葡萄球菌，做好标记后倒置于37℃恒温培养箱培养24h。取出后观察结果如下：接种的大部分平板上都形成菌苔，很少有单独的菌落，而空白未接种平板上无菌落生长。试分析形成这种现象的原因。

项目二　微生物的分布与控制技术

 知识目标

1. 掌握消毒灭菌、无菌操作的概念，药物中微生物污染种类与危害，微生物控制的方法及适用范围；

2. 熟悉微生物的分布；

3. 了解消毒剂的消毒评价方法。

 能力目标

1. 熟练掌握消毒灭菌、无菌操作的方法；

2. 学会手提式高压蒸汽灭菌器和立式自动蒸汽灭菌器的使用。

素质目标

1. 弘扬科学家急国家之急、忧人民之忧的爱国情怀；
2. 树立"青年强则国家强"的理念，锤炼工匠精神，磨炼技术技能水平；
3. 形成严谨求实、勇于质疑、锐意创新、爱岗敬业的科学精神和职业道德。

　　巴斯德用著名的曲颈瓶实验证明了空气中微生物的存在，并解决了微生物不能自然发生的争论，第一个用煮沸消毒方法实现了啤酒的保鲜。英国外科医生李斯特，为解决伤口化脓感染，开创了外科手术石炭酸消毒技术。无菌技术使人们对微生物保护、微生物分离、疾病防治等方面有了新的认识，同时，也给人类带来了巨大的实惠和安全。

一、微生物的分布

（一）自然界中的微生物

　　微生物种类繁多，繁殖迅速，环境适应能力强，因此广泛分布于自然界中，无论是陆地、水体、空气、动植物以及人体的外表面和内部的某些器官，甚至在一些极端环境中都有微生物的存在。其中绝大多数微生物是人类和动植物的"朋友"，对工农业及药物生产有帮助；但也有少数微生物可导致人类和动植物疾病。学习微生物的分布一方面有助于利用、开发环境中对人类有益的微生物，另一方面也有助于人们有目的地控制微生物。

1. 土壤中的微生物

　　土壤是自然界微生物活动的主要场所之一，具有"微生物天然培养基"之称，这里的微生物数量最大、类型最多，是人类最丰富的"菌种资源库"。土壤中微生物包含细菌、放线菌、真菌、藻类和原生动物等类群。其中细菌最多，约占土壤微生物总量的70%～90%，放线菌、真菌次之，藻类和原生动物等较少。

　　土壤中的微生物绝大多数是非病原菌，参与有机物和无机物的转换。生产抗生素的放线菌大多来自土壤。随着人和动物的粪便、痰液等排泄物以及动植物尸体等进入土壤，也将病原微生物带入土壤，有些致病菌如炭疽芽孢杆菌、破伤风梭菌、肉毒梭菌的芽孢可以在土壤中长期存活，人和动物的伤口如果污染了泥土，就会引起创伤感染。

　　植物的根类药材，由于带有土壤中的各种微生物，采集后若没有及时妥善处理，就会因为微生物的繁殖而发生霉变，失去药用价值。

2. 水中的微生物

　　水是一种良好的溶剂，水中溶解或悬浮着多种无机和有机物质，能供给微生物营养而使其生长繁殖，水体是微生物栖息的第二天然场所。水体中微生物的种类与数量因水源不同而存在差异，一般地面水多于地下水，静止水多于流动水，近岸水多于中流水。

　　水中的微生物一般来源于土壤、生活污水等，主要有细菌、放线菌、螺旋体、病毒、霉菌等，这些微生物在水中可存活数天、数周至数月。在正常情况下，各种自然水体有各自的生态系统，在水体食物链中各种生物与它们生存的环境之间进行能量转移和物质交换，以保持相互依存的关系和相对稳定的状态，即生态平衡。因此，水体通过稀释、沉降、扩散等物理作用，氧化、还原、分解、凝聚等化学作用以及微生物的生物学作用达到自净。如果因某些原因打破了水体的生态平衡，超出水的自净能力，水中的微生物，尤其是病原菌在一定条件下可生长繁殖，引起水域的污染而危害人类，引起传染病的流行，因此必须加强水源的检测与管理。

水中微生物的含量和种类对该水源的饮用价值影响很大。在饮用水的微生学检验中，不仅要检查其总菌数，还要检查其中所含的病原菌数。通常以检查水中的细菌菌落总数和大肠菌群的数量作为指标，来判断水源被人、畜粪便污染的程度，从而间接推测其他病原菌存在的概率。根据我国有关部门所规定的饮用水标准，自来水细菌总数不可超过100个/mL，当超过100个/mL时，即不可作为饮用水了（37℃培养24h），大肠菌群数不能超过3个/L。

3. 空气中的微生物

空气中没有微生物生长繁殖所需要的营养物质和充足的水分，还有日光中有害的紫外线的照射，因此空气不是微生物良好的生存场所，但空气中却飘浮着许多微生物。这是由于土壤、水体、各种腐烂的有机物以及人和动植物体上的微生物，都可随着气流的运动被携带到空气中去，微生物身小体轻能随空气流动到处传播，因而微生物的分布是世界性的。

空气中的微生物主要有各种球菌、芽孢杆菌、产色素细菌以及对干燥和射线有抵抗力的真菌孢子等；也可能有病原菌，如结核分枝杆菌、白喉杆菌等，尤其在医院附近。空气中微生物的数量因环境不同而异，尘埃量多的空气中，微生物也多。一般在畜舍、公共场所、医院、宿舍、城市街道等的空气中，微生物数量最多，在海洋、高山、森林地带，终年积雪的山脉或高纬度地带的空气中，微生物数量则甚少。

空气中的微生物能够污染培养基、生物制品、药物制剂以及外科手术的伤口等。因此，制备生物制品、药物制剂等制药生产，进行微生物学实验及施行外科手术过程中必须对操作场所的空气进行消毒或过滤、净化，以免物品被污染或引起室内（手术、病房、实验室、车间等环境）污染。

 课堂互动

即使我们当中只有一个人在荒芜的沙漠上，那个人也并不孤独，因为微生物每时每刻都伴随着他（她）。请你分析一下，我们体内的微生物到底是敌是友？我们应该去消灭它们还是保护它们？

（二）人体的微生物分布

人体体表及与外界相通的腔道，如上呼吸道、口腔、泌尿生殖道存在不同种类和数量的微生物，这些微生物通常对人体无害，成为人体的正常微生物群，称为正常菌群（见表3-22）。正常人体的体液、内脏、骨骼、肌肉、密闭腔道等部位则是无菌的。

表3-22　人体各部位的正常菌群

部位	微生物种类
皮肤	葡萄球菌、类白喉棒状杆菌、大肠埃希菌、铜绿假单胞菌、丙酸杆菌等
外耳道	葡萄球菌、类白喉棒状杆菌、铜绿假单胞菌等
眼结膜	葡萄球菌、结膜干燥杆菌等
鼻咽腔	葡萄球菌、甲型链球菌、卡他莫拉球菌、流感嗜血杆菌、大肠埃希菌、铜绿假单胞菌、类杆菌等
口腔	葡萄球菌、甲型链球菌、卡他莫拉球菌、大肠埃希菌、类白喉棒状杆菌、乳杆菌、消化球菌、消化链球菌、梭菌、类杆菌等
肠道	大肠埃希菌、产气肠杆菌、变形杆菌、铜绿假单胞菌、肠球菌、葡萄球菌、产气荚膜梭菌、类杆菌、双歧杆菌、消化球菌、消化链球菌等
阴道	大肠埃希菌、乳杆菌、类白喉棒状杆菌、白假丝酵母菌等
尿道	表皮葡萄球菌、类白喉棒状杆菌、耻垢分枝杆菌等

　　一般情况下，正常菌群之间，正常菌群与宿主、外环境及各种微生物制剂互相制约又互相依存，构成了一种生态平衡和内环境的稳定，这就是微生态平衡。

　　正常菌群的作用是：①生物屏障与拮抗作用。正常菌群能构成一个生物屏障，以阻止外来细胞的入侵，还可通过夺取营养，产生脂肪酸、细菌素等物质来拮抗致病菌的生长。②免疫作用。正常菌群的存在可促进机体免疫器官的发育成熟，促进免疫细胞的分裂，产生免疫应答，使机体对致病微生物保持一定程度的免疫力。③营养作用。正常菌群能参与蛋白质、糖类与脂类的代谢，促进营养物的吸收，并合成B族维生素、维生素C、维生素K等，供人体利用。

　　正常菌群的种类和数量在不同个体间有一定的差异。正常菌群的微生态平衡是相对的、可变的和有条件的。一旦宿主的防御功能减弱，例如皮肤大面积烧伤、黏膜受损、机体着凉或过度疲劳时，一部分正常菌群会变成病原微生物；另一些正常菌群由于其生长部位的改变也可引起疾病。例如因外伤或手术等原因，*E. coli* 进入腹腔或泌尿生殖系统，可引起腹膜炎、肾盂肾炎或膀胱炎等症，又如，革兰阴性无芽孢厌氧杆菌进入内脏会引起各种脓肿；还有一些正常菌群，由于某些外界因素的影响，各种微生物间的相互制约关系被破坏，引起菌群失调，也能引起疾病。这种情况在长期服用抗生素后尤为突出，如长期服用广谱抗生素后，肠道内对药物敏感的细菌被抑制，而不敏感的白假丝酵母或耐药性葡萄球菌则大量繁殖，从而引起病变。这就是通常所说的菌群失调症。儿童患迁移性腹泻、消化不良、成人患胃肠炎时，都有好氧菌、肠杆菌数量增加，拟杆菌、双歧杆菌数量减少的倾向。痢疾病人除出现拟杆菌减少、肠杆菌增加外，还可检出痢疾杆菌等致病菌。因此在进行治疗时，除使用药物来抑制或杀灭致病菌外，还应考虑调整菌株恢复肠道正常菌群生态平衡的问题。

　　凡在体内外检查不到任何正常菌群的动物，称为无菌动物。它是在无菌条件下，将剖宫产的哺乳动物（鼠、兔、猴、猪、羊等）或特别孵育的禽类等实验动物，放在无菌培养器中精心培育而成。无菌动物最初始于1928年，用无菌动物进行实验，可排除正常菌群的干扰，从而使人们可以更深入、更精确地研究动物的免疫、营养、代谢、衰老和疾病等问题。

　　凡已人为地接种上某已知纯种微生物的无菌动物或无菌植物，称为悉生生物。

 知识链接

微生物之间的相互关系

　　各种微生物总是较多地聚在一个限定的空间内，它们之间相互作用构成复杂而多样化的关系，如互利共生、互惠共生、种间共生、偏利共生、捕食、竞争、拮抗、寄生等相互作用的生态关系。重要的有如下三种关系。

　　竞争关系：当两种微生物对某种环境因子有相同的要求时，就会发生竞争。在一个小环境内，在不同时间将会出现不同的优势微生物，当环境改变时，一种优势微生物就会被另一种优势微生物所取代。如发酵生产中，有些野生杂菌的生长速率比生产菌种快，因此染菌后杂菌很快就会取得生长优势而导致发酵失败。

　　拮抗关系：一种微生物在其生命活动中，通过产生某些代谢产物或改变环境条件，来抑制其他微生物的生长繁殖，或毒害杀死其他微生物。如在酸菜、泡菜和青储饲料的制作过程中，由于乳酸细菌的旺盛繁殖，产生大量乳酸，使环境中的pH下降，从而不耐酸的腐败细菌可被产生的乳酸所抑制。

寄生关系：一种生物侵入另一种生物体内吸取自己所需要的营养物质进行生长繁殖，在一定的条件下对后者造成损害甚至导致死亡。如噬菌体寄生于细菌体内，导致细菌死亡或变异。

二、实操练习——微生物的检测

任务1　环境中微生物的检测

学习环境中微生物的检测方法，加强对微生物分布的理解，为培养无菌操作习惯奠定基础。

（一）接受指令

1. 指令

（1）熟悉环境中微生物检测的基本方法；

（2）练习无菌操作技术。

2. 指令分析

培养基中含有微生物生长所需要的营养成分，当取自不同来源的样品接种于培养基平板上，在适宜的温度下培养时，1～2天内便会长出肉眼可见的菌落。每一种微生物所形成的菌落都有其自身特点，如菌落的大小，表面干燥或湿润、隆起或扁平、粗糙或光滑，边缘整齐或不整齐，菌落透明或半透明或不透明，颜色以及质地疏松或紧密等。因此，可通过这种方法来粗略地检查环境中不同场所微生物的数量和类型。

（二）查阅依据

微生物的分布。

（三）制订计划

以小组为单位进行实操→教师示教→教师巡视观察、纠正→"作品"质量检验→教师点评。

（四）实施操作

1. 准备

（1）培养基　牛肉膏蛋白胨培养基。

（2）试剂　无菌水、2%碘酒、75%乙醇、无菌生理盐水。

（3）器材　灭菌棉签、无菌培养皿、酒精灯、恒温培养箱。

【训练】为了保证实操完成顺利，实操前应准备好所需的用具。请填写备料单（见表3-23）。

表3-23　备料单（任务1　环境中微生物的检测）

序号	品名	规格	数量	备注
1				
2				
3			·	
4				

序号	品名	规格	数量	备注
5				
6				
7				
8				
9				
10				

2. 操作过程

（1）标记　用记号笔在平皿上写清楚班级、组别、姓名、日期、样品来源（如实验室桌面、门窗、空气、手指、头发、人民币等），不要打开皿盖。

（2）实验室周围环境微生物的检测　将一个牛肉膏蛋白胨琼脂平板放在实验室的桌面上，移去皿盖，使琼脂培养基表面暴露在空气中，也可以手持皿底，迎向空气，来回推动几次。在空气中暴露30min后盖上皿盖。

（3）人体环境微生物的检测

① 手指（洗手前与洗手后）

a．用记号笔在皿底外面画一竖线，将平皿均匀分为两部分，在每个部分的皿底外面标注好消毒前与消毒后。

b．移去皿盖，在无菌操作的条件下，将未洗过的手指在琼脂平板表面提前标注好的区域内（消毒前）轻轻地来回滑动几次，盖上皿盖。

c．将同一手指用2%碘酒和75%乙醇消毒后，在琼脂平板表面划分好的另一区域（消毒后）来回滑动几次，盖上皿盖。

② 头发　在揭开皿盖的琼脂平板的上方，用手将头发用力甩动几次，使细菌降落到琼脂平板表面，然后盖上皿盖。

③ 口腔　将去盖琼脂平板放在嘴边，对着琼脂表面用口呼气（或用灭过菌的湿棉签擦拭口腔黏膜或者牙齿内外两侧，然后再于琼脂表面接种），盖上皿盖。

（4）人民币表面微生物的检测

① 用记号笔在皿底外面画"+"竖线，将平皿均匀分为四部分，标明1、2、3、4区。

② 取无菌棉签一支，蘸取无菌生理盐水少许，分别擦拭一角、五角、一元人民币硬币表面及一元纸币表面约1cm^{2}的面积采集标本。

③ 以无菌操作法将棉签上的标本作"之"字形划线，分别接种于琼脂平板表面的不同区域。

（5）将所有的琼脂平板倒置，使皿底在上，放37℃培养箱培养1～2天。

（6）观察记录结果并进行比较分析。

【训练】按上述操作方法进行环境中微生物检测的实操练习。

（五）结果报告

根据实操内容填写报告，完成表3-24的内容。

表3-24 实操结果

序号	样品来源	培养物特征	备注
1			
2			
3			
4			
5			

任务2 水体中细菌总数检测

（一）接受指令

1. 指令

学会用稀释平板计数法测定水中细菌总数。

2. 指令分析

水的微生物学检验，特别是肠道细菌的检验，在保证饮用水安全和控制传染病方面有着重要意义，同时也是评价水质状况的重要指标。饮用水是否合乎卫生标准，需要进行水中的细菌总数及大肠菌群数的测定。细菌总数是指1mL或1g检样中所含细菌菌落的总数，所用的方法是稀释平板计数法，其单位是cfu/g（mL）。它反映的是检样中活菌的数量。

（二）查阅依据

生活饮用水卫生标准。

（三）制订计划

知识预备→小组方案制定→任务实施→过程督导→跟踪检查→绩效评价。

（四）实施操作

1. 准备

（1）培养基 牛肉膏蛋白胨培养基、伊红-亚甲基蓝琼脂培养基、乳糖蛋白胨培养基、3倍浓缩乳糖蛋白胨培养基。

（2）样品 自来水、河湖水（或池水）。

（3）器材 载玻片、无菌带玻璃塞空瓶、无菌移液管、无菌试管、无菌三角瓶、烧杯、杜氏小管、无菌培养皿、接种环、酒精灯、恒温培养箱、超净台、高压蒸汽灭菌锅。

【训练】为了保证实操完成顺利，实操前应准备好所需的用具。请填写备料单（见表3-25）。

表3-25 备料单（任务2 水体中细菌总数检测）

序号	品名	规格	数量	备注
1				
2				
3				
4				

序号	品名	规格	数量	备注
5				
6				
7				
8				
9				
10				

2. 操作过程

（1）水样的采取

① 自来水　先将自来水龙头用火焰灼烧3min灭菌，再开放水龙头使水流3～5min后，以具塞的灭菌三角瓶接取水样，以待分析。

② 池水、河水或湖水　应取距水面10～15cm的深层水样，先将灭菌的带塞玻璃瓶瓶口向下浸入水中，然后翻转过来，除去玻璃塞，水即流入瓶中，盛满后，将瓶塞盖好，再从水中取出，最好立即检查，否则需放入冰箱中保存。

③ 去离子水、蒸馏水或注射用水　先将水阀门用75%乙醇或0.1%新洁尔灭棉签擦拭消毒，再开放水阀门使水流1min后，以具塞的灭菌三角瓶接取水样待测。

（2）细菌总数的测定　以无菌操作法将水样作10倍系列稀释，选择2～3个适宜的稀释度（去离子水，饮用水如自来水、深井水等，一般选择1、10^{-1}两种稀释度；水源如河水、湖水等，比较清洁的可选择10^{-1}、10^{-2}、10^{-3}三种稀释度，污染较重的一般选择10^{-3}、10^{-4}、10^{-5}）。用无菌移液管分别吸取1mL稀释水样，加入灭菌平皿内（每个水样平行作三个平皿）。每个平皿各加入15mL左右已融化并冷却至45～50℃的牛肉膏蛋白胨培养基，并趁热转动平皿使水样与培养基混合均匀。待凝固后，将平板倒置于37℃恒温培养箱中培养24h，进行菌落计数。

（五）结果报告

将测定结果记录于下列表格中，并完成实操报告（见表3-26、表3-27）。

表3-26　自来水样细菌总数检测结果

稀释度	1		10^{-1}	
	1	2	1	2
平板菌落数				
细菌菌落总数/（cfu/mL）				

表3-27　水源水样细菌总数检测结果

稀释度	10^{-1}		10^{-2}		10^{-3}	
	1	2	1	2	1	2
平板菌落数						
细菌菌落总数/（cfu/mL）						

【思考讨论】
① 测定水中细菌菌落总数时，在操作中应注意哪些问题？
② 经检查，水样是否合乎饮用水标准？

三、微生物与环境的关系

随着工业高度发展、人口急剧增长，在人类生活的环境中，大量的生活废弃物（粪便、垃圾和废水）、工业生产形成的三废（废气、废渣和废水）及农业上使用化肥、农药的残留物等，特别是生活污水和工业废水，不经处理，大量排放入水体，给人类生存环境造成严重污染。微生物在环境保护方面起着重要作用，但是，微生物也可以造成环境的污染，如引起医药污染、实验室污染、制药车间的污染等。

（一）微生物与环境保护

环境污染的发生主要由人类活动所致，由于微生物有很强的净化环境的能力，故而微生物在保护环境方面功不可没，主要表现为：①在生物法处理污水过程中，以活性污泥或生物膜等主要形式，使有机物彻底氧化，从而使污水达到净化的过程；②对污染物的降解与转化，微生物以其个体小、繁殖快、适应性强、易变异等特点，可随环境变化，产生新的自发突变株，也通过形成诱导酶产生新的酶系，具备新的代谢功能以适应新的环境，从而降解与转化污染物；③对重金属的转化，环境污染中所说的重金属一般指汞、铬、铅、砷、银、硒、锡等，微生物特别是细菌、真菌在重金属的生物转化中起重要作用；④微生物检测，环境监测是测定代表环境质量的各种指标数据的过程。作为环境状况指标的生物称为指示生物。微生物种类多、分布广，对环境条件敏感，与环境关系极为密切，因此常用于环境监测，并且微生物的某些独有的特性使其在环境监测中有特殊作用。

动画扫一扫

活性污泥法

动画扫一扫

厌氧消化法

（二）微生物与环境污染

1. 医院感染

医院感染又称为医院内感染，系指包括医院内各类人群所获得的感染。感染对象包括患者、陪护人员、医药职工等。感染发生地点必须在医院内，不包括入院前已发生或处于潜伏期的感染。医药感染的发生与否主要与两个条件有关：一个是感染对象的免疫力；另一个是诊疗技术及侵入性检查与治疗。引起医药感染的诊疗技术主要包括器官移植、血液透析等。侵入性检查主要是指使用支气管镜、胃镜等所进行的检查，因为这些检查能破坏黏膜屏障，并将正常菌群带入相应检查部位，或因检查器械消毒不彻底，将其中的微生物带入检查部位而造成感染。

预防和控制医药感染应采取综合措施，包括医药设备管理、医疗用品和特殊病房（ICU、婴幼儿室、烧伤病房、手术室等）的消毒灭菌和染菌监控、合理使用抗生素等。

2. 实验室感染

在医学生物研究实验工作中，工作人员和有关人员受到实验涉及的病原微生物的感染称为实验室感染。国内外实验室操作中病原微生物感染事故屡见不鲜。实验室的污染源主要有：

（1）微生物　实验室每天接受和处理大量具有传染性的标本，在标本的采集、运送、使用和处理过程中，工作人员都会直接接触到标本，增加感染的机会。有报道乙肝病毒者每毫升血液中有1亿个病毒颗粒，感染乙肝只需要0.004mL血液；HIV感染者每毫升血液中含1～100个病毒颗粒，感染HIV只需要0.1mL的血液。在操作过程中，医务人员若被玻璃用具和金属器械等锐器损伤皮肤黏膜，就可能受到上述病原微生物的感染。有资料显示医务人员受锐器损伤接触患者的血液、体液，感染乙肝的危险率为3%～5%，感染丙肝的危险率为4%～12%。

（2）消毒剂　在实验室，各种化学消毒剂广泛用于回收物品的浸泡、工作台面及地面的擦拭。消毒剂的挥发会造成空气污染，从而对实验室工作人员的皮肤、神经系统、呼吸系统等均有不良影响，甚至损伤免疫系统。

微生物实验室的工作性质决定了有可能发生病原微生物实验室潜在性感染的问题，因此，在实践工作中，应加强工作和管理人员的生物安全意识，建立规范化、法制化和日常化的管理体系，进行安全防护，配备必要的生物防护设施设备，强化工作人员的操作能力，建立规范（安全）的微生物学实验室技术规范（GMT），从而最大限度地防止实验室感染的发生。

四、微生物控制

防止污染是微生物学工作中十分关键的技术。消毒和灭菌是无菌技术的两个方面，因此从事灭菌或无菌制剂的生产，以及从事微生物检验的人员都应了解消毒与灭菌的方法。

（一）几个基本概念

1. 灭菌

采用强烈的理化因素，杀死物体表面及内部一切微生物的方法称为灭菌，如高温灭菌、辐射灭菌等。使一定范围内的微生物永远丧失生长繁殖能力，使之达到无菌程度，是灭菌的目的。经过灭菌的物品称"无菌物品"。如培养基、手术器械、注射用具等都要求绝对无菌。灭菌可分为杀菌和溶菌。杀菌是指菌体失活，但形体尚存；溶菌是指菌体死亡后发生溶解、消失的现象。

2. 消毒

采用较温和的理化因素，仅杀死物体表面或内部一部分对人体或动植物有害的微生物，而对被消毒物品基本无害的方法。消毒一般只杀死病原菌，对非病原微生物和芽孢没有致死作用。如一些常用的对皮肤、水果、饮用水进行药剂消毒的方法，对牛奶、果汁、啤酒和酱油等用巴氏方法处理都属于消毒措施。

3. 防腐

利用某种理化因素完全抑制霉腐微生物的生长繁殖，即通过抑菌作用防止食品、生物制品等发生霉腐的措施。防腐的方法很多，如低温、干燥、盐渍、糖渍、加入防腐剂等。

4. 无菌

在一定范围内没有活的微生物存在，称为无菌。

5. 化疗

即化学治疗，是指利用对病原菌具有高度毒力，而对机体本身无毒害作用的化学物质，杀死或抑制被感染寄主体内病原微生物的方法。各种抗生素、磺胺类药物等是常用的化学治疗剂。

值得说明的是，消毒灭菌主要利用的是理化因素。各种理化因子起灭菌、消毒或防腐等作用，主要取决于其强度或浓度、作用的时间、微生物对理化因子的敏感性及菌龄等综合因素的影响。任何消毒灭菌法的使用，必须达到既要杀灭物品所带的微生物，又要不破坏其固有性质的目的。

（二）控制微生物的物理方法

控制微生物的物理因素主要有热力、辐射、滤过、渗透压、干燥和超声波等，它们对微生物生长起抑制作用或杀灭作用。

1. **热力灭菌法**

利用热能达到消毒或灭菌的方法称为热力灭菌法。高温使菌体蛋白质、核酸、酶等重要细胞物质发生凝固或变性失活，从而导致微生物的死亡，是热力灭菌的主要原因。灭菌的彻底与否，一般以杀死细菌的芽孢为标准。

利用温度进行杀菌的定量指标有两种：①热致死时间，即在一定温度下（一般为60℃）杀死所有某一浓度微生物所需要的最短时间；②热致死温度，即在一定时间内（一般为10min），杀死所有某一浓度微生物所需要的最低温度。

 知识链接

在所有可利用的消毒与灭菌方法中，热是一种应用最早、效果最可靠、使用最广泛的方法。热可以灭活一切微生物，包括细菌繁殖体、真菌、病毒和抵抗力最强的芽孢。

人类用热进行消毒、灭菌和防腐历史悠久，原始人和古代人懂得用火加热食物，防止其腐败。进入中世纪以后，人们用火烧毁患者的衣物和尸体，以阻止传染病的流行。1718年Joblot用煮沸15min的方法对一种试剂灭菌。1810年，Appert发展了用热对食物灭菌的方法。1832年，Henry发现在加热时温度越高，杀菌力越大。1876年，Tyndll发明了间歇灭菌法。1880年，Chamberland研制出高压灭菌法。1881年，Koch对湿热和干热灭菌进行了比较，指出细菌的耐热性在有无水汽存在下差异很大。1888年，Kinyoun提出高压蒸汽灭菌时排出冷空气易于成功，并于1897年研制出夹层高压灭菌器。此后，对高压灭菌器进行了进一步的改进，至1933年，Underwood完成了今天所用高压灭菌器的基本构造。1939年，Vallerradot建立了干热灭菌法。

热力灭菌法根据加热方式的不同，分为干热灭菌法和湿热灭菌法两类。在实践中，可根据灭菌物品的性质和具体条件选用。

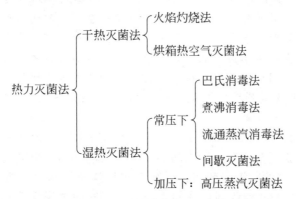

（1）干热灭菌法　干热灭菌法是一种利用火焰或热空气杀死微生物的方法，没有饱和水蒸气的参与，一般微生物的营养体，在干燥状态80～100℃条件下，约1h就可被杀死，而芽孢则需160℃、约2h才会全部死亡，该法一般适用于不怕烧或烘烤的玻璃及金属器皿，具有简便易行的优点，但使用范围有限。

① 火焰灼烧法　火焰灼烧是一种最彻底地干热灭菌法，可是因其破坏力很强，故应用范围仅限于废弃物品或体积小的玻璃或金属器皿。

② 烘箱热空气灭菌法　将灭菌物品放入烘箱内，160～170℃下维持2～3h，即可达

到彻底灭菌的目的。该法适用于培养皿、玻璃和陶瓷器皿、金属用具等耐高温物品的灭菌。优点是灭菌后物品是干燥的。缺点是操作所需时间长，易损坏物品，对液体的样品不适用。

（2）湿热灭菌法 是指用煮沸或饱和热蒸汽杀死微生物的方法。在相同的温度下，湿热灭菌比干热灭菌效力高，这是因为热蒸汽的穿透力比热空气强，可使被灭菌物品的内部温度迅速上升，湿热中菌体蛋白质含水量增加，使蛋白质凝固所需的温度降低；热蒸汽冷凝时能放出大量潜热，可逐渐提高灭菌物体的温度。此外，湿热灭菌的应用范围也比干热灭菌广泛。

湿热灭菌法的种类很多，主要有以下几类。

① 巴氏消毒法 由巴斯德首创而得名。此法是用较低温度杀死物品中的病原菌或特定微生物，同时又能保持食品的风味和营养价值不变，常用于牛奶和酒类的消毒。消毒方法有两种：一种是63℃加热30min；另一种是高温瞬时法，即72℃加热15～30s。

② 煮沸消毒法 在1atm（1atm=101325Pa）下，煮沸100℃ 5min可杀死细菌的繁殖体，杀死芽孢则需煮沸2h左右。此法主要用于一般外科器械、注射器、胶管和食具等的消毒。若水中加入1%碳酸氢钠，可提高沸点，既可加速芽孢死亡，又可防止金属器械生锈。

③ 流通蒸汽消毒法 可采用流通蒸汽灭菌器或普通蒸笼进行。通常100℃加热15～30min可杀死细菌的繁殖体，但不能杀死全部芽孢。此法用于无需杀死芽孢的器物的消毒。

④ 间歇灭菌法 利用蒸汽反复几次进行灭菌。100℃维持30～60min，以杀死微生物的营养体，冷却后，于37℃培养一天，次日同法灭菌，如此反复3次，即可达到灭菌的目的。主要应用于一些不耐高温的营养物质的灭菌，如含血清培养基。

 知识链接

手术消毒的创立

1865年8月12日，英国外科医生李斯特，在为一位断腿病人实施手术时，为解决伤口化脓感染问题，选用石炭酸作为消毒剂，并实行了一系列的改进措施，包括：医生穿白大衣，手术器具的高温处理、手术前医生和护士洗手、病人的伤口消毒后绑上绷带等，这位病人很快痊愈而未发生手术感染，从此开创了外科手术消毒技术。1880年德国医生纽伯首次将高压蒸汽消毒法运用于手术室器械的消毒，这种消毒方法比用石炭酸浸泡更彻底。至此，手术室中开始使用无菌器械，手术后感染的发生率大大降低。

⑤ 高压蒸汽灭菌法 这是一种利用高温（而非压力）进行湿热灭菌的方法，其原理是：将待灭菌的物件放置在盛有适量水的加压蒸汽灭菌锅内。把锅内的水加热煮沸，并把其中所有的空气彻底驱尽后将锅密闭。再继续加热就会使锅内的蒸气压逐渐上升，从而温度也上升到100℃以上。为达到良好的灭菌效果，一般要求温度达到121℃，时间维持15～20min，也可采用在较低温度115℃下维持30min的方法。此法适合于一切微生物学实验室、医疗保健机构或发酵工厂中对培养基及多种器材、物料的灭菌。

一般微生物实验室使用的小型手提式、立式或卧式高压蒸汽灭菌锅如图3-16所示，手提式多为人工控制型，而立式或卧式高压蒸汽灭菌锅多为全自动或半自动型，使用时根据需要调整灭菌温度与时间。

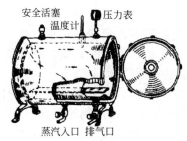

(a) 卧式高压蒸汽灭菌器(锅)

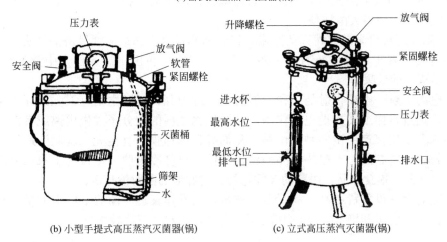

(b) 小型手提式高压蒸汽灭菌器(锅)　　(c) 立式高压蒸汽灭菌器(锅)

图3-16　高压蒸汽灭菌锅结构

 案例分析

　　某实验室用牛肉膏蛋白胨配置了一批斜面，配置过程是称好培养基干粉后加水，放在电炉上加热溶解，然后分装到试管中，每管10mL，试管用硅胶塞密封。121℃湿热灭菌20min。灭菌结束后，锅内温度约为90℃时开锅取出灭菌物品，放在室温制成斜面，然后放入培养箱36℃预培养。奇怪的是培养24h后，每一支斜面里全都长菌。这是什么原因？

解析：

导致灭菌失败的原因有以下几种可能。

1. 未排出冷空气造成假压，温度上不去，达不到灭菌效果。

2. 降温速度太快，导致培养基爆沸。

3. 开锅温度太高，虽然这么高的温度培养基没有溢出，塞子没掉，但外界空气等杂质也会很快进入培养基导致污染。应该自然冷却至常温再开锅。

　　2. 辐射灭菌法

　　辐射灭菌是利用电磁辐射产生的电磁波杀死大多数物质上的微生物的一种有效方法。辐射灭菌包括非电离辐射［如紫外线（UV）、日光等］和电离辐射（如α射线和β射线、γ射线等），它们都能通过特定的方式控制微生物生长或杀死它们。

　　（1）非电离辐射

　　① 紫外线　紫外线是一种低能量的短光波，其灭菌效果与波长有关，以265～268nm的紫外线灭菌力最强。这与微生物DNA的吸收光谱范围一致。其灭菌机制主要是诱导菌体DNA分子中相邻的嘧啶形成胸腺嘧啶二聚体，抑制DNA复制与转录等功能。轻则导致菌体

变异，重则使其死亡。

紫外线穿透力很弱，虽能穿透石英，但普通玻璃、尘埃、水蒸气、纸张等均能阻挡紫外线，故只能用于手术室、传染病房、无菌制剂室、微生物接种室、菌种培养室等环境的空气消毒，亦可用于不耐热物品的表面消毒。

在实际使用中，一般无菌操作室内，一支30W的紫外灯照射30min左右可杀死空气中的微生物。其灭菌效果还与光源的强度、被照物的距离、照射时间、湿度等因素有关。

紫外线对人的皮肤、眼睛及视神经有损伤作用，应避免直视灯管和在紫外线照射下工作。紫外灯的灭菌效果随照射时间的延长而降低，应适时更换。紫外线对真菌的作用效果较差，可配合化学消毒灭菌法使用。

② 日光   直射日光是天然灭菌因素。日光暴晒是常用的最简便经济的消毒方法。将被褥、衣服等物品置于烈日下暴晒3～6h，并时常翻动，可因干燥及日光中紫外线的作用，而达到消毒灭菌的效果。

（2）电离辐射   电离辐射是一种光波短、穿透力强、对微生物有很强致死作用的高能电磁波。它通过直接或间接地电离作用，使微生物体内的大分子发生电离或者激发，也可使体内的水分子电离产生出多种自由基，从而导致菌体损伤甚至死亡。此法适用于生物制品、中药材、塑料制品等不耐热物品的消毒灭菌，也称冷灭菌。也常用于农业方面的诱变育种、果蔬保鲜、粮食储藏，医疗的X线透视，对肿瘤的照射治疗等。

电离辐射灭菌设备费用高，需要专门技术人员操作管理。商业上用于大量物品灭菌使用的是放射性源钴60和铯137，它们放射出γ射线，相对而言比较廉价。

 案例分析

2006年9月，《消费日报》报道了武汉某制药企业将一些药品送到当地辐射加工单位进行核源辐射除菌的事件，在读者中引起极大的反响。很多消费者提出质疑，武汉制药企业的做法是否符合药品的生产工艺流程？对药品有没有影响？

分析：

近年来很多药厂在盲目地使用钴60放射来灭菌，在食品行业中尤为突出，在药品行业（主要为中药）也如星星之火。这种方法使用不当会产生辅解产物。目前，关于辅解产物的研究工作国内外还不多，但是在有限的研究中，大量检测和临床显示，辅解产物会产生不可估量的危害。由于滥用辐射灭菌，我国多次受到欧盟、日本、美国等国家和组织的警告、退货等处理。目前企业在进行辐照时具有很大的盲目性，超剂量的情况比较普遍，甚至国外研究已经证实的含水量高的不能辐照的药品，有些企业也纷纷一照了之。

辐射穿透力极强，尤其是γ射线。因此无需打开包装，可直接照射整体包装物品，有的药厂发现了辐照灭菌的捷径后，就放松了对原材料的处理，也放松了对中间环节的过程控制，导致产品微生物严重超标。有的药厂药材省去拣选、整理、洗涤等前处理环节，不管中间的污染有多严重，造好药后拉去大剂量辐照一下，就万事大吉。有的药辐照前微生物含量达到几千万，甚至不可计数。由于辐照灭菌的终极威力能给药厂带来许多利益，比如省事、省时、省钱，所以药厂趋之若鹜。大剂量辐照造成的危害远远抵制不了金钱的诱惑。

3．滤过除菌法

滤过除菌是用机械方法除去液体或空气中细菌的方法。利用具有微细小孔的滤菌器的筛滤和吸附作用，使带菌液体或空气通过滤菌器后成为无菌液体或空气。该法常用于不耐高温的血清、抗毒素、抗生素等药液的除菌。滤菌器的种类很多，目前常用的有蔡氏滤菌器、玻璃滤菌器和薄膜滤菌器等。

 课堂互动

5%葡萄糖注射液可选用的灭菌方法是什么，安瓿可选用的灭菌方法是什么？

A．干热灭菌法　　　　B．高压蒸汽灭菌法　　　　C．紫外线灭菌法

D．滤过除菌　　　　　E．流通蒸汽灭菌法

解析：

干热灭菌适用于耐高温的玻璃、金属等用具，以及不允许湿气穿透的油脂类和耐高温的粉末化学药品如油、蜡及滑石粉等，但不适用于橡胶、塑料及大部分药品。注射剂容器、安瓿、输液瓶、西林瓶及注射用油宜采用干热空气灭菌法灭菌。

流通蒸汽灭菌法是指在常压条件下，采用100℃流通蒸汽加热杀灭微生物的方法，灭菌时间通常为30～60min。该法适用于消毒及不耐高热制剂的灭菌，但不能保证杀灭所有芽孢，是非可靠的灭菌方法。

因此，注射液的灭菌选择B，安瓿的灭菌选择A。

（三）控制微生物的化学方法

化学方法利用的是对微生物有杀灭或抑制作用的化学药剂。抑制或杀灭微生物的化学药物很多，其杀菌作用的强弱随本身的毒性、浓度、进入细胞的渗透性及微生物种类的不同而有差异。一般来说，在极低浓度时，会对微生物有刺激生长的作用，随着浓度逐渐增高，就会相继出现抑菌、消毒、灭菌作用的一个连续作用。

对微生物有杀灭或抑制作用的化学药品可分为消毒剂和治疗剂。消毒剂因对人体组织细胞有损害作用，故只能外用，主要用于物体表面、环境及人体表面的消毒。常规浓度下的化学治疗剂对人体组织细胞的损害较小，既可外用也可内用。化学消毒剂常以液态或气态的形式使用。液态消毒剂一般是通过喷雾、浸泡、洗刷、涂抹等方法使用，气态消毒剂通常是以加热、氧化、焚烧等方法进行。

1．消毒剂的选用原则

消毒剂的种类很多，性质不一，作用机制不尽相同，主要有：①使菌体蛋白质变性或凝固；②干扰微生物的酶系统和代谢；③损伤细胞膜或改变细胞膜的通透性。一种化学消毒剂对细胞的影响常以其中一个方面为主，兼有其他方面的作用，应根据具体情况选择安全又有效的消毒剂。常用的消毒剂种类见表3-28。

表3-28　常用消毒剂的种类、浓度及用途

类型	名称及使用浓度	作用机制	应用范围
重金属盐类	0.05%～0.1%升汞	与蛋白质的巯基结合使失活	非金属物品，器皿
	2%红汞	与蛋白质的巯基结合使失活	皮肤，黏膜，小伤口
	0.01%～0.1%硫柳汞	与蛋白质的巯基结合使失活	皮肤，手术部位，生物制品防腐
	0.1%～1%AgNO$_3$	沉淀蛋白质使其变性	皮肤，滴新生儿眼睛
	0.1%～0.5%CuSO$_4$	与蛋白质的巯基结合使失活	杀致病真菌与藻类
酚类	3%～5%石炭酸	蛋白质变性，损伤细胞膜	地面，家具，器皿

类型	名称及使用浓度	作用机制	应用范围
酚类	2%来苏尔	蛋白质变性，损伤细胞膜	皮肤
醇类	70%～75%乙醇	蛋白质变性，损伤细胞膜，脱水等	皮肤，器械
酸类	5%～10%乙酸	破坏细胞膜和蛋白质	房间消毒
醛类	0.5%～10%甲醛	破坏蛋白质氢键及氨基	物品消毒，接种箱、接种室的熏蒸
	2%戊二醛	破坏蛋白质氢键及氨基	精密仪器等消毒
气体	600mg/L环氧乙烷	有机物烷化，酶失活	手术器械，毛皮，食品，药物
氧化剂	0.1%KMnO₄	氧化蛋白质的活性基团	皮肤，尿道，水果，蔬菜
	3%H₂O₂	氧化蛋白质的活性基团	污染物件的表面
	0.2%～0.5%过氧乙酸	氧化蛋白质的活性基团	皮肤，塑料，玻璃，人造纤维
卤素及化合物	0.2～0.5mg/L氯气	破坏细胞膜、酶、蛋白质	饮水，游泳池水
	10%～20%漂白粉	破坏细胞膜、酶、蛋白质	地面，厕所
	0.5%～1%漂白粉	破坏细胞膜、酶、蛋白质	饮水，空气（喷雾），体表
	0.2%～0.5%氯胺	破坏细胞膜、酶、蛋白质	室内空气，表面消毒
	4mg/L二氯异氰尿酸钠	破坏细胞膜、酶、蛋白质	饮水
	3%二氯异氰尿酸钠	破坏细胞膜、酶、蛋白质	空气（喷雾），排泄物，分泌物
	2.5%碘酒	酪氨酸卤化，酶失活	皮肤
表面活性剂	0.05%～0.1%新洁尔灭	蛋白质变性，破坏膜	皮肤黏膜，手术器械
	0.05%～0.1%杜米芬	蛋白质变性，破坏膜	皮肤，金属，棉织品，塑料
染料	2%～4%龙胆紫	与蛋白质的羧基结合	皮肤，伤口

2. 影响消毒灭菌效果的因素

在化学方法消毒灭菌过程中，其效果受多种因素的影响。掌握并利用这些因素可提高消毒灭菌的效果。影响消毒灭菌效果的主要因素有以下几种。

（1）消毒剂的浓度、剂量和作用时间　用于消毒灭菌处理的剂量，包括两个方面：一是强度；二是时间。所谓强度是指化学消毒剂的浓度，所谓时间是指所使用处理方法对微生物的作用时间。一般情况下，强度越高，微生物越易死亡；时间越长，微生物被杀灭的概率也就越大。许多消毒剂在高浓度时具有杀菌作用，在低浓度时只起抑菌作用或完全失去对细菌的抑制作用。但乙醇例外，以70%～75%的浓度杀菌力最强。原因可能是由于乙醇浓度过高使菌体表面蛋白质迅速凝固，导致乙醇无法继续渗入菌体内部发挥作用。

（2）消毒剂的种类与性质　各种消毒剂的理化性质不同，对微生物的作用大小各有差异。不同种类的消毒剂有不同的适用范围，没有一种消毒剂的消毒效果是绝对的，任何种类消毒剂的消毒效果都是相对于一定条件因素而言的。如季铵盐类消毒剂为阳离子表面活性剂，对革兰阳性菌的杀菌效果比对革兰阴性菌强；龙胆紫对葡萄球菌作用较强。

（3）微生物的种类与污染程度　消毒剂的消毒效果与微生物的种类及芽孢的有无等有关。同一消毒剂对不同微生物的杀菌效果不同，如5%石炭酸5min可杀死沙门菌，而杀死金黄色葡萄球菌则需10～15min；一般消毒剂对结核分枝杆菌的作用要比对其他细菌繁殖体的作用差；70%乙醇可杀死一般细菌繁殖体，但不能杀灭细菌的芽孢。因此，必须根据消毒对象选择合适的消毒剂。微生物的数量越多，消毒所需的剂量就越多、时间也越长。

（4）温度与湿度　温度越高，消毒效果越好。消毒剂的杀菌过程基本上是一种化学过程，化学反应的速度随温度的升高而加快，如金黄色葡萄球菌在石炭酸中被杀死的时间在20℃时比10℃大约快五倍；2%戊二醛杀灭每毫升含10^4个炭疽芽孢杆菌的芽孢，20℃时需15min，40℃时需2min，56℃仅需1min。但也有少数例外，如臭氧消毒，在20℃时所需的剂量反比0℃时要大得多。各种气体消毒剂都有其适宜的相对湿度，过高过低都会减低杀菌效果。直接喷洒消毒剂干粉处理时，需要有较高的相对湿度使药物潮解才能充分发挥作用。

（5）酸碱度　消毒剂的杀菌作用受酸碱度的影响。例如戊二醛本身呈中性，其水溶液呈弱碱性，不具有杀芽孢的作用，只有在加入碳酸氢钠后才发挥杀菌作用。新洁尔灭的杀菌作用是pH值越低所需杀菌浓度越高。

（6）有机物与其他化学拮抗物　在自然情况下，微生物常与很多其他物质混在一起，影响消毒处理的效果。在化学消毒中，这些有机物能吸附消毒剂或与消毒剂的活性基团结合，影响消毒剂对细菌的杀伤作用。受有机物影响较大的消毒剂有升汞、季铵盐类消毒剂、次氯酸盐、乙醇等。此外，对于化学消毒剂还存在其他拮抗物质的影响。如季铵盐类消毒剂的作用可被肥皂或阴离子洗涤剂所中和；次氯酸盐、过氧乙酸的作用可被硫代硫酸钠中和。这些现象在消毒处理过程中都应避免发生。

3. 消毒剂的消毒评价

在涉及消毒剂的实际工作中，特别是消毒剂生产中，对消毒效果的评价具有重要意义。一个消毒剂是否具有杀菌作用及其杀灭细菌的效力，是消毒剂消毒评价的具体内容。任何一个消毒剂的选择及其应用，都应以实际应用条件下消毒评价结果作为依据，这样才能保证其消毒效果，避免盲目性。消毒剂评价方法很多，如最小抑菌浓度（MIC）和最小杀菌浓度（MBC）测定、定量悬浮试验、酚系数测定、10min临界杀菌浓度测定等。

 课堂互动

消毒灭菌方法应用能力测试

对象	消毒灭菌方法
玻璃器皿	
含菌培养物	
普通培养基	
接种环	
实验动物尸体	
病房、实验室空气	
静脉注射部位	

五、实操练习——消毒灭菌技术

学习消毒灭菌的原理、方法，并比较热力灭菌的效果，为今后实践中要求的消毒灭菌技术奠定基础。

（一）接受指令

1. 指令

（1）了解消毒与灭菌的基本原理和方法；

（2）熟悉灭菌设备的构造及功能；

（3）熟练掌握热力灭菌技术、紫外线杀菌试验、常用化学消毒剂的应用。

2. 指令分析

干热灭菌是利用高温使微生物细胞内的蛋白质凝固变性而达到灭菌的目的。高压蒸汽灭菌是应用最广、效果最好的湿热灭菌方法。将待灭菌的物品放入一个密闭的高压蒸汽灭菌锅内，通过加热使隔套间的水沸腾而产生蒸汽，待水蒸气急剧地将锅内的冷空气从排气阀中排净，然后关闭排气阀，继续加热，此时由于蒸汽不能溢出，从而增加了灭菌器内的压力，使沸点增高，获得高于100℃的蒸汽温度，导致菌体蛋白质凝固变性，即可杀死一切微生物，以达到完全灭菌的目的。紫外线杀菌机制是短波的紫外线引起细胞核酸变性导致微生物死亡。其中以265～268nm的杀菌力最强，在波长一定的条件下，紫外线的杀菌效率与强度和时间的乘积成正比。

（二）查阅依据

消毒与灭菌原理。

（三）制订计划

知识预备→小组方案制定→任务实施→过程督导→跟踪检查→绩效评价。

（四）实施操作

1. 准备

（1）菌种　大肠杆菌、枯草杆菌的斜面菌种和菌液。

（2）试剂　牛肉膏蛋白胨培养基、5%苯酚、2%碘酒、75%乙醇、0.1%升汞。

（3）器材　玻璃器皿、电烘箱、手提式高压蒸汽灭菌锅、立式压力蒸汽灭菌器、超净台、恒温培养箱、接种环、小镊子等。

【训练】为了保证实操完成顺利，实操前应准备好所需的用具。请填写备料单（见表3-29）。

表3-29　备料单（消毒灭菌技术）

序号	品名	规格	数量	备注
1				
2				
3				
4				
5				
6				
7				
8				
9				
10				

2. 操作过程

（1）干热灭菌

① 装箱　将准备灭菌的玻璃器皿洗净晾干，用纸包好，放入灭菌的铁盒或铝盒内，置于电烘箱（见图3-17）内，关好箱门。

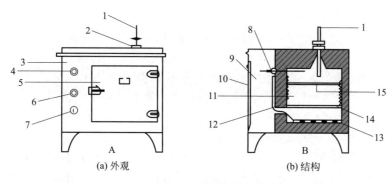

图3-17　**电热干燥箱的外观和结构**

1—温度计；2—排气阀；3—箱体；4—控温器旋钮；5—箱门；6—指示灯；7—加热开关；8—温度控制阀；
9—控制室；10—侧门；11—工作室；12—保温层；13—电热器；14—散热板；15—搁板

② 灭菌　接通电源，打开电烘箱排气孔，等温度升至80～100℃时关闭排气孔，继续升温至160～170℃，恒温灭菌2h。

③ 灭菌结束后，断开电源　自然降温至100℃以下，打开排气孔促使降温，降到60℃以下时，打开电烘箱门，取出物品放置备用。

（2）湿热灭菌　高压蒸汽灭菌器有手提式、卧式和立式（见图3-16）等类型。

① 手提式高压蒸汽灭菌锅

a. 加水　使用前将内锅取出，向外层锅内加入适量的清水，以水面与三角搁架相平为宜。若连续使用，必须每次灭菌后，补足上述水量。不用时应将锅内水全部倒出。

b. 装锅　将内锅放回，把需要灭菌的物品均匀、有序、相互之间留有间隙地放入内锅，不要过满或太挤，以免妨碍蒸汽流通影响灭菌效果，将盖上的软管插入消毒桶中凸管内对准正盖与主体的螺栓槽，放好锅盖，按对角方向用力均匀将螺栓拧紧，达到密封要求，打开排气阀。

c. 加热排气　加热至锅内沸腾，并有大量蒸汽自排气阀冒出时，维持3～5min以排出空气，然后关闭排气阀。

d. 保温保压　当压力升至0.1MPa、温度达到121℃时，应控制热源，维持恒压，按不同物品控制不同的灭菌时间。灭菌参数见表3-30。

表3-30　灭菌参数

消毒物品	灭菌所需保温时间/min	蒸汽压力（表压）/MPa	温度/℃
橡胶类	15	0.105～0.11	121
敷料类	30～45	0.105～0.14	121～126
器皿类	15	0.105～0.14	121～126
器械类	10	0.105～0.14	121～126
瓶装溶液类	20～40	0.105～0.14	121～126

e. 降压与排气　灭菌结束后，停止加热，使消毒器自然冷却至压力表指针回复零位，再打开排气阀，将余汽排净。切勿过早打开排气阀，使锅内压力骤然降低，培养基因剧烈沸腾而造成不必要的污染和损失。

f. 出锅　余汽排净后，松开螺旋，打开盖子，取出内容物。将锅内余水倒出，以保持内壁及搁架干燥，盖好锅盖。

② 立式自动高压蒸汽灭菌的操作

a．通电与加水　接通电源，将控制面板上的电源开关按至ON处，缺水位和低水位灯均亮。低水位灯亮，蒸发锅内属断水状态。缺水位灯亮，显示电源已正常输入本机。

打开锅盖，将纯水加入蒸发锅内，同时观察控制面板上的水位灯，当加水至低水位和缺水位灯相继灭后，应继续加水至高水位灯亮时停止加水，关闭水阀门。

b．装锅　将待灭菌物品放入内层锅中，不要过满或太挤，盖好锅盖，将螺旋柄旋紧。

c．设定温度与时间　通电后控制面板上的数显窗灯亮，上层红色的数显可阅读温度及工作状态，下层绿色的数显是温度时间的设定数显示，温度有限可调范围50～128℃，当超出范围时，将由安全阀控制灭菌室内的泄压及恒温。时间可调范围0～99h，时间运行采用倒计时形式，当灭菌室内达到所设定的温度后，计时器才开始计时。

d．灭菌程序控制　当所需温度、时间设定完毕，本机即进入自动灭菌循环程序，控制面板上的加热灯亮，显示灭菌室内正在正常加热升温升压，当显示正在保温状态的同时，自动控制系统开始进行灭菌倒计时，并在控制面板上的设定窗内显示出所需灭菌的时间。

e．断电与泄压　灭菌完成，电控装置将自动关闭加热系统，并伴有蜂鸣提醒。并且将保温时间切换成End显示，此时，应将控制面板上电源开关按至OFF，关闭电源。待压力表指针回落零位后，观察箭头所示位置，开启安全阀或排汽水总阀，放净灭菌室内余汽。

f．出锅　排汽完毕，即可扭松盖上旋转柄使锅盖松动。此时将锅盖提高1～2cm，但不必推开锅盖，目的是借锅内余热将棉塞、包装纸烘干。待15～20min后推开锅盖，取出灭菌物品。

【训练】设计干热灭菌和湿热灭菌效果比较的实操方案。

（3）紫外线杀菌操作

① 用接种环取大肠杆菌琼脂斜面培养物，密涂于普通琼脂平板培养基表面。

② 火焰灭菌小镊子，待稍凉后，打开平皿盖，取无菌黑纸片一片平贴于涂有细菌的平板培养基表面中间（见图3-18）。

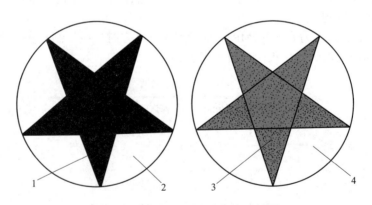

图3-18　紫外线对微生物生长的影响操作

1—黑纸片；2—紫外线照射区；3—遮黑纸片处有细菌生长；4—紫外线照射处无细菌生长

③ 将平板暴露于距紫外灯管20～30cm处，打开紫外灯照射30min。

④ 照射完毕，无菌操作取出黑纸片，投入消毒液中，盖上皿盖，做标记，注明日期、操作者等。

⑤ 37℃培养24h，观察培养基表面细菌生长情况，并分析其结果。

（4）化学消毒剂的杀菌操作

① 将琼脂平板分成四等份，并在其底面做标记。

② 用接种环取枯草杆菌琼脂斜面培养物，密涂于整个琼脂培养基表面。

③ 用无菌镊子夹取无菌小滤纸片，分别蘸取上述消毒剂（消毒剂不宜蘸得过多，防止外流），平贴于各相应分区的中央，盖上皿盖，标明日期和操作者。

④ 置37℃培养24h，观察各种化学消毒剂的杀菌作用。

⑤ 分别测量四种消毒剂抑菌圈的直径（见图3-19），以mm为单位进行记录。纸片周围无细菌生长的区域，称为抑菌圈。

【训练】按上述操作方法进行紫外线杀菌、化学消毒剂杀菌的实操。

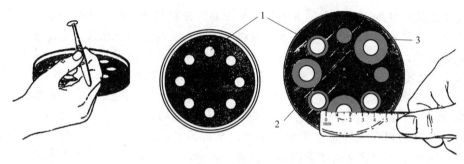

图3-19　化学试剂对微生物生长的影响操作

1—滤纸片；2—有菌区；3—抑菌区

（五）结果报告

1. 根据实操内容填写报告。

2. 化学消毒剂杀菌结果见表3-31。

表3-31　化学消毒剂杀菌结果

化学消毒剂种类	抑菌圈直径/mm
5%苯酚	
2%碘酒	
75%乙醇	
0.1%升汞	

【思考讨论】

① 干热灭菌完毕后，在什么情况下才能开箱取物？为什么？

② 高压蒸汽灭菌开始之前，为什么要尽可能把锅内冷空气排尽？灭菌完毕后，为什么要待压力将到0时才能打开排气阀，开盖取物？

③ 若灭菌后物品培养后有杂菌生长，会是什么原因造成的？

④ 怎样进行紫外线灭菌？应注意哪些问题？

　视野拓展

臭氧技术是既古老又崭新的技术。1840年德国化学家发明了这一技术，该技术1856年被用于水处理消毒行业。目前，臭氧已广泛用于水处理、空气净化、医疗、医药、水产养殖等领域，对这些行业的发展起到了极大的推动作用。臭氧可通过臭氧发生器制取。

　　臭氧灭菌为溶菌级方法，杀菌彻底，无残留，杀菌谱广，可杀灭细菌繁殖体和芽孢、病毒、真菌等，并可破坏肉毒杆菌毒素。臭氧由于稳定性差，很快会自行分解为氧气或单个氧原子，而单个氧原子能自行结合成氧分子，不存在任何有毒残留物，所以，臭氧是一种无污染的消毒剂。

 思政元素

不畏艰险　一心报国

　　青霉素是能破坏细菌细胞壁，并在细菌细胞的繁殖期起到杀菌作用的一类抗生素，是从青霉菌培养液中提制出来的药物，是第一种能够治疗人类疾病的抗生素。青霉素的发明具有里程碑式的意义，所以大多数人都记住了它的发明者是英国细菌学家亚历山大·弗莱明。而对于我国生产青霉素，却不能不提到一个人，他就是童村，他是中国抗生素事业的先驱者。

　　童村，医学家、微生物学家。早年从事医学临床、教学和微生物学研究工作，后来致力于抗生素研究。在20世纪50年代中国工业基础较薄弱的情况下，他主持领导青霉素研究工作，在较短时间内实现青霉素工业化生产，奠定了中国抗生素事业的基础，是中国抗生素事业的先驱者。童村教授基于我国国情，勇于探索，利用低价原材料生产出青霉素。

　　20世纪40年代，童村在美国约翰霍甫金斯大学攻读公共卫生学博士学位时，恰逢英国弗洛莱等与化学家钱恩等合作，从青霉菌的培养液中分离出青霉素，并用于治疗金黄色葡萄球菌感染引起的败血症等疾病，获得显著疗效。1941年，童村开始青霉素的研究工作，并发表了论文。当时正值第二次世界大战，美国的青霉素研究、试制工作都是秘密进行的。

　　童村教授在祖国最需要的时候回国工作，体现了爱国精神和社会责任心；在简陋的条件下攻坚克难，体现了不畏艰险、勇于奋斗、脚踏实地的科学精神。

知识小结

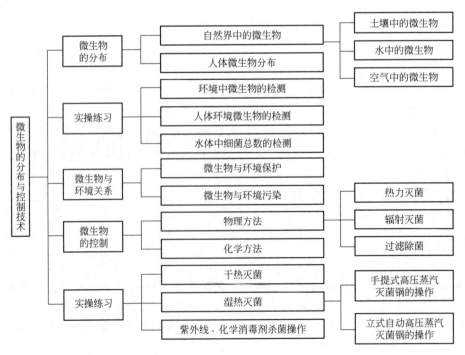

目标检测

一、选择题

（一）单项选择题

1. 紫外线杀菌力最强的波长是（　　）。
A. 180～200nm　　　　　　　　B. 210～250nm
C. 265～266nm　　　　　　　　D. 270～280nm

2. 消毒剂不能内服是因为（　　）。
A. 对微生物有毒性　　　　　　B. 对机体有毒性
C. 容易在体内分解　　　　　　D. 容易从体内排出

3. 目前最有效的一种消毒灭菌措施是（　　）。
A. 巴氏消毒法　B. 紫外线消毒法　C. 高压蒸汽灭菌法　D. 微波灭菌法

4. 酒精消毒处理，灭菌效果最好的浓度是（　　）。
A. 60%～70%　B. 70%～75%　C. 75%～80%　　D. 95%～100%

5. 自然界中微生物数量最多的环境是（　　）。
A. 空气　　　　　B. 土壤　　　　　C. 水体　　　　D. 地壳深层

6. 人体下列部位的细菌为正常菌群，例外的是（　　）。
A. 皮肤——表皮葡萄球菌　　　B. 肠道——大肠埃希菌
C. 阴道——非致病性奈瑟菌　　D. 呼吸道——结核分枝杆菌

7. 杀灭包括芽孢在内的微生物的方法称为（　　）。
A. 消毒　　　　　B. 防腐　　　　　C. 灭菌　　　　D. 抑菌

8. 饮水消毒宜采用（　　）。
A. 高压蒸汽灭菌　B. 滤过除菌　C. 紫外线　　　D. 煮沸消毒

9. 石炭酸用于桌面消毒浓度宜采用（　　）。
A. 1%～3%　B. 3%～5%　C. 5%～7%　D. 7%～9%

10. 对医药用具、药物制剂以及微生物学实验器皿等进行灭菌时，应以杀灭细菌的哪种结构作为标准。（　　）
A. 芽孢　　　　　B. 荚膜　　　　　C. 鞭毛　　　　D. 菌毛

（二）多项选择题

1. 巴斯德消毒法可用于（　　）的消毒。
A. 啤酒　　　　B. 注射器　　　C. 牛奶　　　D. 粉剂　　　E. 葡萄酒

2. 正常菌群在（　　）条件下可变为条件致病菌。
A. 正常菌群寄生部位的改变　　B. 长期使用广谱抗生素导致菌群失调
C. 机体免疫力升高　　　　　　D. 机体免疫力降低
E. 以上都对

二、简答题

1. 饮用水为何要检查大肠菌群数，检查的指标有哪些？
2. 何谓消毒、灭菌、防腐和化疗？
3. 在日常生活中如何根据不同消毒物品选取不同的消毒灭菌方法，试举五例。

三、实例分析

某制剂车间对制药设备按照规定完成了表面的灭菌消毒操作，但还是达不到规定的微生物指标要求，问题可能出在哪里？

项目三　药品生产过程中微生物控制技术

 知识目标

1. 掌握我国现行GMP规定的洁净室空气净化标准；制药用水分类及微生物指标，人员净化程序和进入洁净室的步骤；
2. 熟悉药品生产过程中微生物主要来源；
3. 了解药品微生物污染的危害。

 能力目标

熟练掌握药品生产过程中常用的微生物控制技术，制药用水中控制微生物的常用方法，人员卫生管理的具体要求。

 素质目标

1. 树立人民的生命大于天的价值观；
2. 培养严谨的职业素养，严肃认真的科学态度。

微生物与药物的关系非常密切。有些药物本身就是微生物，有些药物是以微生物的代谢产品作为原料或以其有效作用参与制药过程。药品作为直接应用于人体的特殊商品对卫生学有着较高的要求，药品不仅要具有确切疗效，而且必须安全可靠，质量稳定，便于长期保存。无处不在的微生物会对药品原料、生产环境和成品造成污染，促使药物发生物理或化学性质的改变，使药品疗效降低或失效或产生毒害作用，直接或间接对人类健康造成危害。在世界各国的医药实践中，由于药品污染微生物而引发的悲剧时有发生。1970年10月和1971年4月，美国疾病控制中心（CDC）报告有败血症流行，该病的流行与静脉输液药剂有关。调查报告称截至1971年3月6日，在美国7个州中的8家医院里发现有150例细菌污染病例，到1971年3月27日，败血症的病例达到405人，1971年4月2日，生产导致上述败血症的输液药剂厂家的注册文号被取消。美国1976年的统计数字表明，前10年内因质量问题从市场撤回输液产品的事件超过60起，410人受到伤害，54人死亡。所以，有效检测、合理控制药品中的微生物，是保证药品质量的重中之重。

一、制药生产环境对药品质量的影响

（一）《药品生产质量管理规范》（GMP）简介

药品是指用于预防、治疗、诊断人的疾病，有目的地调节人的生理功能并规定有适应证或者功能主治、用法和用量的物质，包括中药材、中药饮片、中成药、化学原料药及其制剂、抗生素、生化药品、放射性药品、血清、疫苗、血液制品和诊断药品等。药品的质量好坏不仅影响到人的健康和安危，还影响到社会的稳定和发展。药品的质量除了体现在药效和安全上，还体现在产品的稳定性和一致性。

为了确保药品的安全性、有效性，1963年美国食品药品管理局（FDA）率先实施了"医药产品的制造和质量管理规范（GMP）"。1969年世界卫生组织（WHO）颁布了GMP，规定了对包装药品采取无菌生产，对生产环境和用水质量做了明确的要求。同年，世界卫生组织向世界各国推荐使用GMP。1972年，欧共体14个成员国公布了GMP总则。1975年，日本开始制定各类食品卫生规范。随后各国相继制定了各自的GMP。

GMP是对企业生产过程合理性、生产设备的适用性和生产操作的精确性、规范性提出强制性要求。几十年的应用实践证明，GMP是确保药品高质量的有效工具。

GMP是一套适用于制药行业的强制性标准。我国GMP是依据《中华人民共和国药品管理法》和《中华人民共和国药品管理法实施条例》的有关规定而制定的，是从负责指导药品生产质量控制人员和生产操作者的素质到生产厂房、设施、建筑、设备、仓储、生产过程、质量管理、工艺卫生、包装材料与标签，直至成品的储存与销售的一整套保证药品质量的管理体系，是药品生产企业对药品质量和生产进行控制和管理的基本要求。

（二）现行版GMP对药品生产环境的要求

我国首部GMP颁布于1988年，经过多次修订。现行版GMP于2011年3月1日正式执行。自2011年3月1日起，凡新建药品生产企业、药品生产企业新建（改、扩建）车间均应符合《药品生产质量管理规范》（2010年修订）的要求。2010年版药品GMP与1998年版药品GMP比较，对药品洁净度级别和药厂关键人员资质等要求大幅提高。

1. 悬浮粒子监测

2010年版药品GMP将药品生产区域的净化度标准划分为四个级别，即A级、B级、C级和D级。

A级：高风险操作区，如灌装区、放置胶塞桶和与无菌制剂直接接触的敞口包装的区域及无菌装配或连续操作的区域，应当用单向流操作台（罩）维持该区的环境状态。

B级：指高风险操作A级洁净区所处的背景区域。

C级和D级：指无菌药品生产过程中重要程度较低操作步骤的洁净区。

以上各级别空气悬浮粒子的标准规定见表3-32。

表3-32　各级别空气悬浮粒子的标准规定表

洁净级别	悬浮粒子最大允许数/m³			
	静态		动态	
	≥0.5μm	≥5μm	≥0.5μm	≥5μm
A级	3520	20	3520	20
B级	3520	29	3520	2900
C级	352000	2900	352000	29 000
D级	3520000	29000	不做规定	不做规定

注：静态是指所有生产设备均已安装就绪，但没有生产活动且无操作人员在场的状态。动态是指生产设备按预定的工艺模式运行并有规定数量的操作人员在现场操作的状态。

2. 微生物监测

2010年版药品GMP对于微生物的相关规定见表3-33。

表3-33　洁净区微生物监测的动态标准[1]

洁净度级别	浮游菌/（cfu/m³）	沉降菌（φ90mm）/（cfu/4h[2]）	表面微生物	
			接触（φ55mm）/（cfu/碟）	5指手套/（cfu/手套）
A级	<1	<1	<1	<1

续表

洁净度级别	浮游菌/（cfu/m³）	沉降菌（φ90mm）/（cfu/4h②）	表面微生物	
			接触（φ55mm）/（cfu/碟）	5指手套/（cfu/手套）
B级	10	5	5	5
C级	100	50	25	—
D级	200	100	50	—

① 表中各数值均为平均值。

② 单个沉降碟的暴露时间可以少于4h，同一位置可使用多个沉降碟练习监测并累积计数。

3. 药品生产操作环境

2010年版药品GMP对药品生产操作环境的相关规定见表3-34、表3-35。

表3-34　最终灭菌药品的生产操作环境

洁净度级别	最终灭菌药品生产操作示例
C级背景下的局部A级	高污染风险①的产品灌装（或灌封）
C级	1. 产品灌装（或灌封）； 2. 高污染风险产品的配制和过滤②； 3. 眼用制剂、无菌软膏剂、无菌混悬剂等的配制、灌装（或灌封）； 4. 直接接触药品的包装材料和器具最终清洗后的处理
D级	1. 轧盖； 2. 灌装前物料的准备； 3. 产品配制（指浓配或采用密闭系统的配制）和过滤； 4. 直接接触药品的包装材料和器具的最终清洗

① 此处的高污染风险是指产品容易长菌、灌装速度慢、灌装用容器为广口瓶、容器需暴露数秒后方可密封等状况。

② 此处的高污染风险是指产品容易长菌、配制后需等待较长时间方可灭菌或不在密闭系统中配制等状况。

表3-35　非最终灭菌药品的生产操作环境

洁净度级别	非最终灭菌药品生产操作示例
B级背景下的局部A级	1. 处于未完全密封①状态下产品的操作和转运，如产品灌装（或灌封）、分装、压塞、轧盖②等； 2. 灌装前无法除菌过滤的药液或产品的配制； 3. 直接接触药品的包装材料、器具灭菌后的装配以及处于未完全密封状态下的转运和存放； 4. 无菌原料药的粉碎、过筛、混合、分装
B级	1. 处于未完全密封①状态下的产品置于完全密封容器内的转运； 2. 直接接触药品的包装材料、器具灭菌后的装配以及处于未完全密封状态下的转运和存放灭菌后处于密闭容器内的转运和存放
C级	1. 灌装前可除菌过滤的药液或产品的配制； 2. 产品的过滤
D级	直接接触药品的包装材料、器具的最终清洗、装配或包装、灭菌

① 轧盖前药品视为处于未完全密封状态。

② 根据已压塞产品的密封性、轧盖设备的设计、铝盖的特性等因素，轧盖操作可选择在C级或D级背景下的A级送风环境中进行。A级送风环境应当至少符合A级区的静态要求。

二、药品生产过程中微生物污染来源

1. 空气

无处不在的空气虽然没有足够的湿度和可利用的营养成分，并不是微生物理想的生长和繁殖环境，但几乎所有未经处理的空气中都含有多种微生物，例如葡萄球菌属、链球菌属、杆菌属、梭状芽孢杆菌属、棒状杆菌属、青霉属、曲霉属、毛霉属和红酵母属等。空气中的微生物主要来自灰尘微粒、人的皮肤与衣服，以及由谈话、咳嗽、打喷嚏等造成的飞沫。其数量取决于灰尘量和人员活动状况，例如，有活跃人群的地方比无人群的地方微生物多，不洁的房间比清洁的房间微生物多，潮湿的地方比干燥的地方微生物多。

良好的流动性使空气成为传播微生物的载体。因此，在药物生产过程中，如果不采取适当的处理措施，空气中飘浮着的微生物就很有可能进入药品，从而使药物受到污染。

2. 工艺用水

水是药物生产过程中不可缺少的重要原辅材料，很多生产环节都会用到水，在很多药品中水本身就是成分之一，生产前期准备和后期生产维护中的各种清洁、冷却常常也要用到水。自然条件下水中含有一定量的可溶性有机物和盐类，为微生物的生长和繁殖提供了必需的养料，几乎各种水体都有微生物存在。水中存在的微生物对药品质量影响非常大，必须加以重视和控制。

《中国药典》在收载纯化水、注射用水的标准及使用范围时，就防止微生物污染问题提出原则的要求："由于各种生产方法存在不同污染的可能性，因此对各生产装置要特别注意是否有微生物污染。对其各个部位及流出的水应经常监测，尤其是当这些部位停用几小时再使用时。""注射用水必须在防止内毒素产生的设计条件下生产、储藏及分装"。

《中国药典》根据制药用水的使用范围不同，将水分为纯化水、注射用水和灭菌注射用水，制药用水的原水通常为自来水或深井水。

纯化水：为原水经蒸馏法、离子交换法、反渗透法或其他适宜的方法制得供作药用的水，可作为配制普通药物制剂用的溶剂或试验用的水；可作为中药注射剂、滴眼剂等灭菌制剂所用药材的提取溶剂，口服、外用制剂配制用溶剂或稀释剂；非灭菌制剂用器具的清洗用水；必要时也可作非灭菌制剂所用药材的提取溶剂。用作溶剂、稀释剂或清洗用水的纯化水，一般应现制现用。纯化水不得用于配制注射剂的溶剂与稀释剂。

注射用水：为纯化水经蒸馏所得的制药用水，可作为配制注射剂的溶剂或稀释剂，静脉用脂肪乳剂的水相及注射用容器的精洗，必要时也可作为滴眼剂配制的溶剂，其质量应符合《中国药典》注射用水项下的规定。为保证注射用水的质量，必须随时监控蒸馏法制备注射用水的各生产环节，定期清洗与消毒注射用水制造与输送设备，经检验合格的注射用水方可收集，一般应在无菌条件下保存，并在制备12h内使用。

灭菌注射用水：为注射用水经灭菌所得的制药用水，主要用作注射用灭菌粉末的溶剂或注射剂的稀释剂，其质量应符合《中国药典》灭菌注射用水项下的规定。因此，灭菌注射用水灌装规格应适应临床需要，避免大规格、多次使用造成的污染。

3. 生产人员

微生物广泛分布于自然界，人体与自然环境接触，凡是人体体表及与外界相通的腔道，如口腔、上呼吸道、肠道、眼结膜、泌尿生殖道等均存在不同种类和数量的微生物，其中有些微生物可以长期寄居在人的体表、皮肤和黏膜上。现代制药工业无论生产工艺设计、生产设备控制以及各种相关处理，都离不开人的操作。所以，生产中凡是有人参与的阶段都有可能直接或间接地发生微生物污染，从某种角度来看，人是药物生产过程中最大的污染源，人的呼吸、毛发、皮肤、衣物每分钟都散发着大量的微生物。

据统计，每只脏手可携带40万细菌；刚洗过的手，每平方厘米亦可检验出3200个细菌；人身体其他部位的皮肤表面，也携带着大量细菌，每平方厘米面积的皮肤表面大约含有1万～10万个细菌。

来自工作人员产生的污染：①皮肤，人类通常每四天完成一次皮肤的完全脱换，人类每分钟脱落约1000片皮肤（平均大小为30μm×60μm×3μm）；②头发，人类的头发（直径约为50～100μm）一直在脱落；③口水，包括钠、酶、盐、钾、氯化物及食品微粒；④日常衣物，包括微粒、纤维、硅土、各种化学品和细菌等；⑤人类静止和坐立每分钟将产生10000个大于0.3μm的微粒，人类在头部和躯干做动作时每分钟将产生1000000个大于0.3μm的微粒，人类以0.9m/s的速度行走时每分钟将产生5000000个大于0.3μm的微粒。

4. 原辅物料

物料本身质量不好，自身滋生了微生物，或在药物生产的运输、储存、检查取样、配料过程中操作不当，容易直接造成药物的微生物污染，所以了解并有效控制物料中的微生物种类及含量非常重要。

制药工业中涉及的原料，常可分为天然物料和合成物料。未经处理的天然物料中常含有各种各样的微生物，比如动物物料明胶、胰腺干粉，植物物料琼脂、淀粉等，均有可能被致病菌污染，因此药典等法规文件均规定，天然原料中的大肠杆菌和沙门菌含量必须控制在规定范围内。合成物料中通常不含微生物，但有些物料比如碳酸钙、滑石粉、碳酸镁等，在生产和储存时较易受到微生物的污染，所以，为了保证药品生产质量，控制物料中微生物的含量是非常重要的。

5. 厂房设备

制药企业从厂房的选址到内部结构设计都应考虑可能存在的微生物污染。厂房选址时，要考虑到周边环境的卫生状况，比如是否存在严重的污染源。设计或改造厂房设施时，要考虑到墙壁和顶棚天花板上容易滋生青霉菌、曲霉菌和芽霉菌等多种微生物，在通风不好且墙壁经过涂料处理的房间里，霉菌更易生长，会对生产环境造成较大污染。

在现代制药工业中，许多生产设备需要与药物直接接触，用作加工制造或包装药物设备的每个部件，只要存在接缝和交叉连接，都可能成为微生物驻留生长繁殖的场所，如果不加以重视，生产设备就可能成为微生物传播的直接媒介，导致微生物控制失败，继而导致微生物污染。

三、微生物污染对药品的影响

自然界中微生物几乎无处不在，药物制剂从原料到生产、运输和储存过程中各个环节都可能受到微生物的污染，虽然药物中微生物的来源不同，微生物的种类和数量也有很大差异，但通常情况下，微生物对营养的要求不高，适应能力和抵抗力较强，只要条件适宜，这些微生物就可以生长繁殖，轻则导致药物变质，药效降低或丧失疗效，重则对患者造成不良反应或药源性感染，甚至危及患者生命安全。

1. 药物被微生物污染后的判断

药物制剂受到微生物污染后，常可引起药物理化性质的改变，这种改变主要取决于药物本身的组成成分是否适宜微生物的生长繁殖。不同的药物制剂，如果出现以下情况之一，即可判断该药已经被微生物污染：

① 药物发生可被察觉的性状改变，例如颜色、气味、硬度、黏度和澄清度等；

② 经检测，明确有致病菌存在；

③ 无菌制剂中检测到有活的微生物存在；

④ 非规定灭菌药物中的微生物超出特定限度；

⑤ 检测到有微生物代谢物，例如热原存在等。

2. 变质药物对人体的危害

药物一旦发生微生物污染，除了其有效成分可能被微生物降解、药物理化性质发生改变而导致药物失效外，药物中存在的微生物及其代谢产物可以引起药源性疾病，进而对人体健康造成严重危害。

无菌制剂（如注射剂、输液剂等）生产过程中被微生物污染，使用时可引起感染、败血症，严重时甚至会导致患者感染死亡。如使用被微生物感染的眼药水、眼药膏，尤其是被铜绿假单胞菌污染的眼部药物，可引起严重的眼部感染或使病情加重甚至角膜溃疡、穿孔致盲；软膏乳剂类药物如果被金黄色葡萄球菌污染，使用时可造成皮肤患处的局部化脓性感染，严重时可进入血液引起败血症。若伤口使用了被破伤风杆菌污染的药膏，就有发生破伤风的可能。消毒不彻底的冲洗液能引起尿路感染等。

另外，药物中的微生物产生有毒代谢物对人体健康的危害也很大，必须引起重视。例如，灭菌制剂残留污染菌产生的热原，轻者可引起患者发热反应，重者可导致患者休克、死亡；残留在药物上的微生物代谢产物、毒素和真菌孢子还可导致人体中毒或发生变态反应。

四、药品生产过程中的微生物控制

针对药物生产过程中可能导致微生物污染的各种途径，根据不同药品在生产工艺上、终产物微生物控制上的标准，应科学合理地选择合适的消毒与灭菌方法以保证药品的质量。

（一）空气中微生物的控制

针对不同的药品生产工艺环境要求，我国药品GMP把空气洁净度划分为四个等级，如表3-36所示。

表3-36　医药洁净室（区）空气洁净度级别标准

洁净级别	尘粒最大允许数/m³		微生物最大允许数	
	≥0.5μm	≥5μm	浮游菌/m³	沉降菌/皿
A级	3500	0	5	1
B级	350000	2000	100	3
C级	3500000	20000	500	10
D级	10500000	60000	—	15

从表3-36可以看出，我国GMP划分的空气洁净度级别是由尘埃粒子数和微生物数确定的。表中洁净级别为A级的工作区，通常称为无菌区，如灌装区，放置胶塞桶、敞口安瓿瓶、敞口西林瓶的区域及无菌装配或连接操作等岗位；洁净级别为B级的工作区，通常称为洁净区，如滴眼液、眼膏剂、软膏剂和混悬剂的配制灌装等岗位；洁净级别为C～D级的工作区，通常称为控制区，如原料的称量、压片、轧盖包装等岗位。

目前，制药企业采取的空气消毒灭菌方法主要有：过滤法、化学消毒法和紫外线照射法三种。

1. 过滤法

过滤是净化空气最常用的除菌方法。空气净化系统通常可分为三级过滤，即初效滤过、中效滤过和高效滤过。初效滤过器主要滤除5μm以上的悬浮粉尘，通常设在上风侧的新风滤过，防止中、高效滤过器被大粒子堵塞，以延长中、高效滤过器的寿命；中效滤过器可滤去1μm以上的尘粒，一般也可以设置于高效滤过器前，以保护高效滤过器；高效滤过器可除去0.3～1μm的尘粒，除尘效果最好，但价格昂贵且不能再生。通过合理组合配置空气净化系统，可达到我国GMP中对不同级别空气洁净度的等级要求，例如组合使用初、中效滤过器，一般可用于C级或D级的洁净室；组合使用初、中、高效滤过器，一般可用于A级到B级的洁净室。在使用过程中应注意控制湿度，否则微生物易沿着湿膜蔓延而导致过滤失效。空气过滤器应定期检查，确保气流是从清洁区向不洁区移动。高效空气净化系统如图3-20所示。

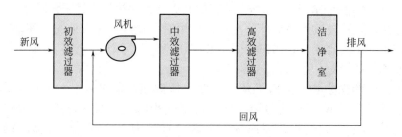

图3-20　高效空气净化系统

 知识链接

　　制药车间空气净化系统的主要用途是防止药品和洁净区受到微生物污染，防止用于制药生产的病毒、致病菌和芽孢菌的扩散和污染，防止诸如青霉素或其他高活性药品的扩散和污染，防止固体粉尘的扩散污染。因此，在空气净化系统的验证中要重点考虑以下几点：空气中的流向必须是从关键区或更清洁的区域到环绕区域或低级别的区域；为保证区域空气的洁净度和空气流向，空气的进风和排风必须平衡，保证空气的换气次数、气流模型、压差；操作区域的每个房间应对送风的位置和数量、排风的位置和数量、换气次数、排风比例、产品裸露区域的气流模型、产品裸露点的空气速度等进行控制；洁净度测定应包括悬浮粒子和微生物的测定。医药行业对于空气净化系统的要求相当严格，包括进风、空气处理、送风、排风等环节。因此，空气净化系统必须周期性检测其质量特性。

2. 化学消毒法

　　化学消毒法是利用对微生物有杀灭或抑制作用的化学试剂，使之形成喷雾或汽化后，与空气中微生物颗粒充分接触，杀灭空气中的微生物，来达到空气消毒灭菌的方法。目前常用的空气消毒剂有甲醛、环氧乙烷、过氧乙酸、丙二醇、石炭酸和乳酸的混合液等。我国制药企业无菌室消毒灭菌传统的方法是用 $1 \sim 2mg/L$ 甲醛熏蒸、0.075%季铵化合物喷雾。

　　由于化学消毒剂有刺激性，对人体有伤害，故其使用受到很大限制，必须无人在场时才可使用。

3. 紫外线照射法

　　该法是利用紫外线能够诱导菌体内DNA分子中相邻的嘧啶形成胸腺嘧啶二聚体，抑制DNA复制与转录功能，从而抑制或杀死微生物。可在厂房内安置固定的或可移动的紫外灯，采用波长为 $240 \sim 280nm$ 之间的紫外线照射，来减少空气中微生物的数量。以 $265 \sim 268nm$ 处的紫外线杀菌力最大，但穿透力较差，可被不同的物品表面反射，房间静态空气消毒时剂量一般为 $0.1 \sim 0.4W/m^2$。紫外灯的灭菌效果随照射时间的延长而降低，使用时应考虑灯具的寿命，约1400h时需更换。

　　由于紫外线对人的皮肤、眼睛有损伤作用，使用时应避免直视灯管或在紫外线照射下工作。

（二）水中微生物的控制

　　水是药品生产中使用最广、用量最大的重要原料。水质的优劣直接影响药品的质量。

2020年版《中国药典》中规定：制药用水的原水通常为自来水或深井水，其质量必须符合中华人民共和国国家标准GB 5749—2022《生活饮用水卫生标准》（见表3-37）。

表3-37　我国饮用水卫生标准（GB 5749—2022）

序号	检测项目名称	单位	国家标准
1	总大肠菌群	（MPN/100mL或cfu/100mL）	不得检出
2	大肠埃希氏菌	（MPN/100mL或cfu/100mL）	不得检出
3	菌落总数	（MPN/100mL或cfu/100mL）	100
4～21	毒理指标（略）		
22	色度	度	＜15
23	浑浊度	NTU	＜1
24～37	理化项目（略）		

注：《生活饮用水卫生标准》GB 5749—2022替代GB 5749—2006将于2023年4月1日正式实施。

目前，制药工业中水的消毒灭菌常用方法有：热力灭菌法、过滤法和化学消毒法。

1. 热力灭菌法

热力灭菌法是最常用的方法，是指利用热能达到消毒或灭菌的方法。对制药用水系统而言，常用的热力灭菌法有巴氏消毒法和纯蒸汽发生器消毒法两种。前者主要适用于纯化水系统中的活性炭过滤器和使用回路的消毒，即用80℃（80～85℃）的热水循环1～2h，可有效减少内源性微生物污染。

2. 过滤法

过滤法的原理是用致密的过滤材料，使水中粒子进入其内部曲折的孔道而被阻留，从而滤去水中的微生物。常用介质有孔径0.22～0.45μm的硝酸纤维素滤膜、醋酸纤维素滤膜、玻璃纤维、棉花等。该法无法滤去病毒、支原体等能通过致密滤布的微生物，无法杀死微生物。主要适用于对消毒水平要求不高且存在连续水循环的工艺用水。膜滤器要定期进行消毒，以防微生物在此生长繁殖，造成二次污染。

3. 化学消毒法

化学消毒法是指通过向制药用水中投加化学试剂来达到消毒或灭菌的方法。常用化学消毒剂主要分为氯类、氧类两种，它们通过形成氧化物和自由基来氧化细菌和生物膜，也可直接氧化细菌、病毒的核糖核酸和分解DNA、RNA、蛋白质等而杀灭或抑制微生物的生长繁殖。一般仅用于原水和粗洗用水的消毒。

（三）人员的消毒灭菌

1. 定期检查药品生产人员的健康状况，建立健康档案

新进人员的健康检查：药品生产企业在招收新职工时，必须对新职工进行全面的健康检查，确保新进职工不患有急性或慢性传染病。另外还要根据新进职工安排的具体岗位性质再确定其他具体检查的项目。建立生产人员健康档案：药品生产企业应对职工建立个人健康档案，以便于检查、了解、追踪个人健康状况

2. 培养药品生产人员的个人卫生习惯

勤洗手、勤剪指甲、定期洗澡、勤理发、勤换衣服、勤洗工作服。在生产区内做到三个严禁：禁止吃东西、禁止吸烟、禁止大声喧哗。

3. 建立一套进入洁净区人员必须遵守的制度

工作人员进入洁净室（区）不得化妆，不得戴手表、戒指等首饰，不得吃东西、嚼口香糖。

　　进入D级及C级区：脱去个人外衣→洗手→烘干→消毒手→穿上该区域指定的工作服、帽、口罩和工作鞋（不能让头发、衣袖等暴露在外面）→洗手→烘干→消毒手→戴上无菌手套→进入该区。

　　进入B级及A级区：冲淋沐浴→脱去第一区工作鞋→跨过分界台→换上第二区无菌隔离鞋→脱去第一区工作衣、帽、口罩→洗手→烘干→消毒手→穿上第二区洁净工作服、帽、口罩（不能让头发、衣袖等暴露在外面）→洗手→烘干→消毒手→换上第二区灭菌手套→再经风淋室30s风淋后进入该区（所用工作服、帽、手套、口罩均应经过灭菌，隔离鞋也应进行灭菌或消毒）。

　　洁净区工作人员要尽可能少而精，只有工作需要时才能进入；操作人员在洁净区动作尽量要缓慢，避免剧烈运动，以减少人的发尘量；洁净区的门应关紧，避免不必要的移动，以保持洁净区的风速、风量、风型和风压稳定；如果是无菌区，操作人员要严格按无菌操作规程执行。

 知识链接

　　洁净室内当工作人员穿无菌服时，静止时的发菌量一般为每人每分钟10～300个，躯体一般活动时的发菌量为每人每分钟150～1000个，快步行走时的发菌量为每人每分钟900～2500个。咳嗽一次的发菌量一般为70～700个，打一次喷嚏的发菌量一般为4000～60000个。

　　4.　日常工作

　　生产前开启紫外灯灭菌；生产结束后岗位人员须及时彻底清洁生产现场和设备表面；灭菌人员用消毒剂擦拭顶面（包括高效送风口）、墙壁、地面等，并开启紫外灯；定期进行消毒。

（四）物料的消毒灭菌

　　制药过程中使用的各种物料不可避免地会含有微生物，如果不加以消毒灭菌，物料可能将大量微生物带入药物制剂，在加工过程中也可能造成原有的微生物增殖或污染新的微生物，因此对物料进行消毒灭菌非常重要。

　　首先，药品生产使用的原辅料应按卫生标准检验，只有合格的才能使用。

　　其次，要对原辅料进行必要的消毒灭菌。由于物料的来源复杂多样，须采取不同的措施进行处理，既要消除微生物污染，同时又不能影响药物的稳定性和纯度。如化学合成药物一般性质稳定，耐热性好，对于熔点高的晶体药物，干热灭菌较为常用，对于熔点较低的可采取湿热灭菌法。原料药是植物提取物的，可视提取条件而定，若是常规或高温提取的，可用高压蒸汽、流通蒸汽灭菌；若是低温提取的，可优先考虑使用过滤除菌法。疫苗、菌苗等生化药品均为蛋白质，对热、辐射敏感，常用低温间歇灭菌法、过滤除菌等方法。

　　原辅料保存时要注意环境卫生，以免受到污染。

（五）厂房与设备的消毒灭菌

　　厂房建筑物的内表面、设备表面以及容器内外表面等，都是微生物可能寄存的地方。制药企业生产车间的厂房、库房及实验室都必须清洁整齐。设计建造厂房时，要做到建筑物表面不透水，光滑平整、无裂缝、接口严密、无颗粒物脱落，并能耐受清洗和消毒。

　　对于制药设备的设计、安装，在GMP中有相应的原则规定，应便于拆卸、清洗和消毒，设备每次使用完毕应及时尽快清洗，去除上面驻留的细菌以及残留的药物，杜绝细菌赖以生存繁殖的基础，并且每次用前还需再消毒清洗。

目前，制药工业中所用设备和容器的制造材料主要有不锈钢、塑料、橡胶或硅胶等，因其材质不同，消毒方法应有所区别。常用消毒灭菌方法有：热力灭菌法、化学消毒法、紫外线照射法。

1. 热力灭菌法

热力灭菌法主要适用于耐热材质设备的消毒灭菌，如发酵釜、传输管道、过滤除菌的过滤器、供水系统等密闭型设备；配制或储存干粉的设备；聚乙烯、聚氟乙烯等塑料制品如输液包装；硅胶或橡胶制品如密封管、硅胶管等物品等。

2. 化学消毒法

化学消毒法主要适用于耐酸碱而不耐热材质设备的消毒灭菌，可用过氧乙酸、过氧化氢、戊二醛等化学消毒剂擦拭或浸泡。对小件物品比如连接器、搅拌器及勺子、小桶进行消毒可以采取完全浸泡的方式，对于体积较大的设备比如反应釜、配料罐可使用喷雾的方法处理内部表面。

3. 紫外线照射法

紫外线照射法主要用于不耐热也不耐酸碱的表面消毒，比如工作台除了可用消毒剂擦拭外，也可采用紫外线照射消毒。

由于制药企业中的设备多种多样，对其消毒灭菌，根据具体情况，可采取以上三种方法联合处理。

五、实操练习——制药用水中大肠菌群的检测

1. 接受指令

（1）指令

① 学习水样的采取方法和水样中大肠杆菌的检测方法；

② 学会用多管发酵法得到具有不同特征的大肠杆菌。

（2）指令分析　水是制药行业使用最为广泛的原料，也是人们日常生活离不开的、赖以生存的基础。水与药品、食品中的其他原料一样，必须符合既定的质量标准，如果水被污染就会影响多批次产品。

流行病学研究确认，水携带的病原菌与肠道来源的细菌相关，肠道病原微生物进入水体，随水流传播可引起肠道病暴发流行，所以必须对水中病原微生物采取严格监控。但要从水体中直接检出病原微生物比较困难，它们在水中的数量很少且培养条件苛刻，分离和鉴别都比较难，即使样品检测结果是阴性也不能保证没有病原微生物的存在。因此，常用指示微生物作为水体中病原微生物的监测指标。大肠菌群细菌在人的肠道和粪便中数量很多，受到粪便污染的水容易被检出，且检测方法比较简易。所以，常以大肠菌群作为指示微生物评价水的卫生质量。根据水中大肠菌群的数目即可判断水源是否被粪便污染，并推断水源受肠道病原菌污染的可能性。

大肠菌群是指在37℃、48h内能发酵乳糖产酸、产气的兼性厌氧的革兰阴性无芽孢杆菌的总称，主要由肠杆菌科中四个属的细菌组成，即埃希菌属、柠檬酸杆菌属、克雷伯菌属和肠杆菌属。水中大肠菌群数是指100mL水检样中含有的大肠菌群的实际数值，以大肠菌群最近似数（MPN）表示。

水中大肠菌群的检验方法，常用多管发酵法和滤膜法。滤膜法仅适用于自来水和深井水，但操作简单、快速。多管发酵法可适用于各种水样的检验，但操作烦琐、耗时长，此法操作分为三个部分。

① 初发酵试验   水样接种于装有乳糖蛋白胨液体培养基的发酵管内，37℃下培养，24h或48h内产酸（培养基由紫色变为黄色）产气的为阳性结果。需继续做下面两部分实验，才能确定是否是大肠菌群。48h后仍不产气的为阴性结果。

② 平板分离   初发酵管24h和48h产酸产气的均需在平板上划线分离菌落，再于37℃下培养18～24h。将符合特征的菌落进行涂片，革兰染色，镜检。平板分离一般使用伊红-亚甲基蓝琼脂培养基。伊红-亚甲基蓝琼脂平板含有伊红与亚甲基蓝染料，使大肠菌群产生带核心的、有金属光泽的深紫色菌落。

③ 复发酵试验   经涂片、染色、镜检，如为革兰阴性无芽孢杆菌，则挑取该菌落的另一部分，重新接种于普通浓度的乳糖蛋白胨发酵管中，每管可接种来自同一初发酵管的同类型菌落1～3个，37℃培养24h，结果若产酸又产气，即证实有大肠菌群存在。以上大肠菌群阳性菌落，经涂片染色为革兰阴性无芽孢杆菌者，通过此试验再进一步证实，原理与初发酵试验相同。

2. 查阅依据

大肠菌群检索表见表3-38。

表3-38　大肠菌群检索表

每升水样中大肠菌群数	接种水样量/mL			
	10	1	0.1	0.01
＜90	−	−	−	−
90	−	−	−	+
90	−	−	+	−
95	−	+	−	−
180	−	−	+	+
190	−	+	−	+
220	−	+	+	−
230	+	−	−	−
280	−	+	+	+
920	+	−	−	+
940	+	−	+	−
1800	+	−	+	+
2300	+	+	−	−
9600	+	+	−	+
23800	+	+	+	−
＞23800	+	+	+	+

注："+"表示大肠菌群发酵阳性；"−"表示大肠菌群发酵阴性。

3. 制订计划

知识预备→小组方案制定→任务实施→过程督导→跟踪检查→绩效评价。

4. 实施操作

（1）准备

① 水样：自来水。

② 培养基

a. 乳糖蛋白胨培养基：蛋白胨2.4g；牛肉膏0.72g；乳糖1.2g；氯化钠1.2g；1.6%溴甲酚紫溶液0.24mL；蒸馏水240mL；pH7.4（分装于试管中，内含倒置杜氏小管）。

b. 3倍浓度乳糖蛋白胨培养基：蛋白胨1.05g；牛肉膏0.315g；乳糖0.525g；氯化钠0.525g；1.6%溴甲酚紫溶液0.105mL；蒸馏水35mL；pH7.4（分装于试管中，内含倒置杜氏小管）。

c. 伊红-亚甲基蓝（EMB）培养基：伊红-亚甲基蓝（EMB）培养基粉末4.24g；蒸馏水100mL；pH7.2。

③ 灭菌水作阴性对照。

④ 接种大肠埃希菌的水样作阳性对照。

⑤ 试剂盒染色剂：草酸铵结晶紫染液、卢戈碘液、番红染液。

⑥ 仪器设备：超净工作台、恒温培养箱、显微镜、高压蒸汽灭菌仪等。

⑦ 其他：灭菌移液管、载玻片、接种环、酒精灯、香柏油、二甲苯、无菌水、擦镜纸等。

（2）操作过程

① 初发酵试验

a. 标记试管　取5支3倍浓度乳糖蛋白胨培养基试管，标记加水量10mL；5支乳糖蛋白胨培养基试管，标记加水量1mL；5支乳糖蛋白胨培养基试管，标记加水量0.1mL。

取2支3倍浓度乳糖蛋白胨培养基试管，分别标记阳性对照、阴性对照，加样量10mL；2支乳糖蛋白胨培养基试管，分别标记阳性对照、阴性对照，加样量1mL；2支乳糖蛋白胨培养基试管，分别标记阳性对照、阴性对照，加样量0.1mL。

b. 接种　用移液枪分别取10mL水样加入标记好的3倍浓度乳糖蛋白胨培养基试管内；分别取1mL水样加入标记好的乳糖蛋白胨培养基试管内；分别取0.1mL水样加入标记好的乳糖蛋白胨培养基试管内，轻轻摇匀。

c. 制备阳性对照　用移液枪分别取接种 *E. coli* 的水样10mL、1mL、0.1mL加入以上标记好的试管中。

d. 制备阴性对照　用移液枪分别取灭菌水10mL、1mL、0.1mL加入以上标记好的试管中。

e. 培养　将以上接种后的所有试管放入37℃培养箱中培养48h。

f. 观察实验结果　观察记录各加水量产酸产气的试管数，即为阳性管数。若有 a 支3倍浓度培养基试管产酸产气，有 b 支1倍浓度培养基加水量1mL的试管产酸产气，有 c 支1倍浓度培养基加水量0.1mL的试管产酸产气，则阳性组合为 a-b-c。根据大肠菌群存在的管数查大肠菌群检索表得出每100mL水样中大肠菌群MPN，报告每升水样中大肠菌群数。

对于表中未列出的组合，可利用Thomas公式计算最大可能数：

$$\text{MPN/100mL} = （阳性管数×100）/\text{exq}[阴性管中水样体积（mL）×$$
$$全部试管中水样体积（mL）]$$

② 平板分离

a．划线接种　将产酸产气试管中的培养物在EMB平板上进行划线接种，于37℃培养箱培养24h。

b．观察培养后的菌落特征　菌落特征类型：

菌落深紫色，有金属光泽——典型大肠菌群菌落；菌落深紫色，无金属光泽——典型大肠菌群菌落；

菌落粉红色，黏稠状，不透明——非典型大肠菌群菌落；

其他特征。

c．镜检　挑选呈以上三种菌落特征的菌种进行革兰染色，用显微镜观察革兰染色结果和有无芽孢。

③ 复发酵试验

a．再次接种　将镜检确认为革兰阴性无芽孢的菌落接种于乳糖蛋白胨培养基中，于37℃培养箱中培养24h。

b．观察结果　观察培养24h后菌种产酸产气的情况，产酸产气的可最终确认为大肠菌群菌落。

c．计算结果　根据复发酵试验结果，再次计算100mL水样中大肠菌群MPN。

5．结果报告

将测定结果记录于表3-39中，并完成实操报告。

表3-39　自来水、水源水中大肠菌群数测定结果

样品	初发酵（+）	平板分离		复发酵（+）	大肠菌群数 /（个/L）
		G⁻菌	无芽孢		
自来水	（　）管	（　）管	（　）管	（　）管	
	（　）瓶	（　）瓶	（　）瓶	（　）瓶	
水源水	（　）管	（　）管	（　）管	（　）管	
	（　）瓶	（　）瓶	（　）瓶	（　）瓶	

【思考讨论】

① 检查饮用水中的大肠菌群数有何意义？

② 何谓大肠菌群？其主要包括哪些细菌属？

 视野拓展

我国在抗真菌感染药物研发上取得重要进展

中国新一代抗真菌感染单克隆抗体药物研发取得重大进展。2017年7月11日，同济大学与迈威（上海）生物科技有限公司签署了人民币3000万元的技术转让协议，共同在同济大学医学院研发成果的基础上合作开发具有自主知识产权的抗真菌感染单克隆抗体药物。

该成果实现产业化后，将成为临床上更为有效地预防和治疗侵袭性真菌感染的药物，填补中国该治疗领域抗体药物的空白。

本次转让的科研成果出自同济大学医学院姜远英/安毛毛研究团队，该团队由"973计

划"首席科学家姜远英教授领衔，安毛毛副教授负责具体研发管理，长期从事真菌耐药机制研究及抗真菌药物的开发工作，成功建立了抗真菌药物成药性研究及临床前药效学评价技术平台，在国内抗真菌药物研究领域处于领先地位。研究团队历经5年的研发，获得了针对真菌细胞壁高度保守蛋白的单克隆抗体分子。该抗体分子在多种属的动物感染模型体内均显示出较强的抗真菌活性，能够有效降低感染脏器载菌量和病理损伤，显著延长实验动物生存期，并具有良好的药代动力学特征，具备合作进入临床前研究的可行性。

 思政元素

从二氧化碳到淀粉的人工合成

淀粉是粮食最主要的成分，也是重要的工业原料。中国科学院天津工业生物技术研究所联合大连化物所等单位，抽提自然光合作用的化学本质，从头设计创建了从二氧化碳到淀粉合成的非自然途径，解决了途径代谢流从头计算、关键酶元件设计组装、生化途径精确调控等科学问题，以生物催化与化学催化耦合的11步反应，颠覆了自然光合作用固定二氧化碳合成淀粉的复杂生化过程，在国际上首次实现了从二氧化碳到淀粉的人工全合成，能效和速率超越玉米等农作物，突破了自然光合作用局限，为淀粉的车间制造打开了一扇窗，并为以二氧化碳为原料合成复杂分子提供了新思路。在国际上引起强烈反响，被认为是一项里程碑式突破，将在下一代生物制造和农业生产中带来变革性影响。

这一成果是科技作为第一生产力的体现，也是我国科技工作者勇于创新的丰硕成果。

知识小结

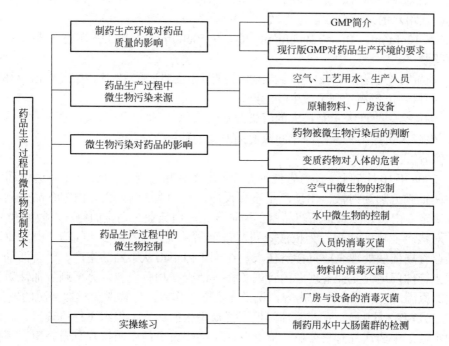

📋 **目标检测**

一、单项选择题

1.《中国药典》现行版本为（　　　）。

A. 2005年版　　　B. 2020年版　　　C. 2010年版　　　　D. 2015年版

2.《药品生产质量管理规范》是（　　　）。

A. GMP　　　　B. GSP　　　　C. GLP　　　　　　D. GAP

3. 下列哪项不作为药品微生物污染的途径考虑。（　　　）

A. 原料药材　　　B. 操作人员　　　C. 制药设备　　　　D. 天气情况

4. 制药厂的生产车间根据洁净度的不同，可分为控制区和洁净区。控制区一般要求达到（　　　）。

A. A级　　　　B. B级　　　　C. C级　　　　　　D. D级

5. 无菌区对洁净度的要求是（　　　）。

A. D级　　　　B. C级　　　　C. A级　　　　　　D. B级

6. 下列哪项不属于常见的药用包装材料。（　　　）

A. 可溶性玻璃瓶　B. 聚丙烯瓶　　C. 聚乙烯膜　　　　D. 聚乙烯瓶

7. 下列哪项不属于制药物料。（　　　）

A. 原料　　　　B. 辅料　　　　C. 空气　　　　　　D. 包装材料

8. 疫苗等生物制品的原料药一般采取的消毒灭菌方法是（　　　）。

A. 烘烤法　　　B. 滤过法　　　C. 高压蒸汽法　　　D. 流通蒸汽法

9. 注射用灭菌粉末的溶剂一般采用（　　　）。

A. 灭菌注射用水　B. 注射用水　　C. 纯化水　　　　　D. 饮用水

10. 饮用水的细菌总数指标为（　　　）。

A. ≤10cfu/mL　B. ≤100cfu/mL　C. ≤50cfu/mL　　　D. 不得检出

二、简答题

1. 药品生产过程中，容易造成微生物污染的环节主要有哪些？应该如何防止，举例说明。

2. 如何判定药物受到了微生物污染？

3. 为什么说生产人员是最大的污染源？

4. 生产人员进出医药洁净车间应遵循怎样的程序？

三、实例分析

1. 2008年10月5日，云南省红河州6名患者使用了标示为黑龙江完达山药业公司生产的两批刺五加注射液，出现严重不良反应，其中有3例死亡。国家食品药品监督管理总局决定：由黑龙江省食品药品监管局责令完达山药业公司全面停产，收回药品GMP证书，对该企业违法违规行为依法处罚，直至吊销《药品生产许可证》。由黑龙江省食品药品监管局依法处理企业直接责任人，在十年内不得从事药品生产、经营活动。建议该企业主管部门追究企业管理者的管理责任。请查找相关资料，分析刺五加注射液被紧急召回的原因，并联系所学的内容，说说在实际工作中应怎样避免类似情况的发生？

2. 2017年3月9日，食药监部门根据群众举报的线索，组织飞行检查组，突然出现在亳州市豪门中药饮片有限公司。检查发现，亳州市豪门中药饮片有限公司，不但物料管理混乱，而且生产现场管理还不规范。原药材仓库现存的部分中药材，在原药材购进总账中未见到；中药饮片成品库中所有的饮片未建立物料库卡，保管员只是销售后建立了成品出入库分类账；原药材购进分类账、原药材购进总账均没有登记产地，导致中药材、饮片产地无法溯源。2017年5月，国家食药监总局发出通告，指出亳州市豪门中药饮片有限公司违反相关规定，安徽省食药监局已收回其《药品GMP证书》，监督其召回相关产品，对涉嫌违法生产行为立案查处。请对照2010年版GMP，分析原因。

项目四　微生物菌种保藏技术

 ## 知识目标

1. 掌握微生物菌种保藏方法及注意事项；
2. 熟悉菌种衰退的原因及复壮方法；
3. 了解遗传和变异对菌种保藏的影响。

 ## 能力目标

1. 熟练掌握菌种保藏、防止菌种退化以及菌种复壮等技能；
2. 学会菌种保藏的操作方法。

 ## 素质目标

1. 树立一步一个脚印的精神，做好人生规划，厚积才能薄发；
2. 明确微生物菌种资源对国家发展的重要性，引导和激励学生为祖国的发展奉献自己的力量。

　　菌种是一个国家所拥有的重要生物资源，研究和选择良好的菌种保藏方法是微生物应用技术中的一项重要工作。特别是从2020年版《中国药典》开始要求对药品的无菌检测和微生物限度检测进行方法学验证，并规定所用标准菌种的传代次数不得超过5代。因此，菌种的纯度、活性、变异可直接影响检测结果，采用一种适宜的菌种保藏方法至关重要，可保持菌种原有的各种生物学特性，从而达到研究和检测的目的。自然条件下，菌种的污染、死亡及生产性能的下降是不可避免的。菌种保藏就是把从自然界分离到的野生型或经人工选育得到的优良菌种，用各种适宜的方法妥善保存，尽可能保持其原有的性状及活力，使之不死亡、不衰退、不变异、不被污染，以达到便于随时供应优良菌种给生产和科研进行研究、交换及使用。

一、微生物的遗传

1. 微生物的遗传物质

　　遗传和变异是生物体最本质的属性之一。遗传变异有无物质基础以及何种物质可承担遗传变异功能，是生物学中的一个重大理论问题。直到1944年后，利用微生物这一实验对象进行了三个著名的实验，才以确凿的事实证实了核酸尤其是DNA才是遗传变异的真正物质基础。一是1928年英国细菌学家格里菲斯（Griffith）的肺炎双球菌转化实验；二是1952

年美国人候喜（Hershey）和蔡斯（Chase）的噬菌体感染实验；三是1956年弗朗克-康勒托（Fraenkel-Conrat）的病毒拆开和重建实验。

DNA是遗传物质，在真核微生物中主要集中于染色体上，在原核微生物中则集中于核质中。有些病毒没有DNA，只有RNA，遗传物质就是RNA。

2. DNA的结构与复制

DNA具有不同于生物体内其他物质的独特的分子结构，DNA分子结构的变化是导致生物多样性的内在原因。

（1）DNA的结构

① DNA的化学组成　核酸有两种，即脱氧核糖核酸（DNA）和核糖核酸（RNA），它们都是由核苷酸聚合而成的大分子化合物，而核苷酸是由碱基、戊糖和磷酸三部分组成，组成DNA的戊糖是脱氧核糖，碱基是腺嘌呤（A）、鸟嘌呤（G）、胞嘧啶（C）和胸腺嘧啶（T）。而组成RNA的戊糖是核糖，碱基是腺嘌呤（A）、鸟嘌呤（G）、胞嘧啶（C）和尿嘧啶（U）。许多核苷酸按照一定的顺序连接在一起的多核苷酸长链就是DNA分子。

② DNA的双螺旋结构　沃森（Watson）和克里克（Crick）于1953年提出了DNA的双螺旋结构模型，认为DNA是由两条多核苷酸链构成，其中一条多核苷酸链的A、T、G、C分别和另一条链的T、A、C、G相配对，两条多核苷酸链彼此互补和排列方向相反，这两条链之间靠碱基上的氢键作用相互连接，并且遵循碱基配对原则，即A必定与T互补，G必定与C互补。A与T之间形成2个氢键，G与C之间形成3个氢键。在空间上以右手旋转的方式围绕同一根主轴而形成双螺旋结构。

（2）DNA的复制　DNA是生物遗传变异的物质基础，DNA分子上储存着全部的遗传信息，生物遗传性就是由DNA分子中碱基对的数目和排列顺序所决定的。为了确保子代与亲代的遗传性状不变，必须将亲代DNA分子上的遗传信息原样地传给子代，即在母代细胞中DNA碱基对的数目和排列顺序必须准确地被复制，传递到子代细胞中去。

DNA的复制过程：首先DNA双螺旋从一端解开成为两条单链，然后以每条单链为模版，按照碱基配对原则，从细胞中摄取营养物质来合成完全互补的另一条核苷酸链，这样就由一条新合成的单链和原有的一条单链结合在一起形成一个新的双螺旋的DNA分子。由此一个DNA分子便产生了两个与原来DAN分子结构完全一样的新的DNA分子。由于新的DNA分子中都包含有原来DAN分子中的一条单链，所以，这种复制称半保留复制。

💡 知识链接

遗传变异有无物质基础以及何种物质可承担遗传变异功能，是生物学的一个重大理论问题。围绕这一问题，曾有过种种推测和争论。1883～1889年，Weissmann提出了种质连续理论，认为遗传物质是一种具有特定分子结构的化合物。到了20世纪初，发现了染色体并提出了基因学说，使得遗传物质基础的范围缩小到染色体上。通过化学分析进一步表明，染色体是由核酸和蛋白质这两种长链状高分子组成的。由于其中的蛋白质可由千百个氨基酸单位组成，而氨基酸通常又有20多种，经过它们的不同排列和组合，演变出的不同蛋白质数目几乎可达到一个天文数字。而核酸的组成却简单得多，一般仅由4种不同的核苷酸组成，它们通过排列和组合只能产生较少种类的核酸。因此，当时认为决定生物遗传性的染色体和基因，其活性成分是蛋白质。直到1944年后，由于连续利用微生物这一有利的实验对象进行了三个著名的实验，才以确凿的事实证实了核酸（尤其是DNA）才是遗传变异的真正的物质基础。

二、微生物的变异

突变是指遗传物质发生数量或结构变化的现象，它导致的性状改变叫变异。突变是变异的物质基础，变异是突变的表现。广义突变包括基因突变和染色体畸变，狭义突变是指基因突变。

1. 微生物突变体的主要种类

微生物突变的类型很多，主要包括以下几种类型。

（1）依据突变体表型变化

① 形态突变型　指造成形态改变的突变型。包括影响细胞个体形态和菌落形态及影响噬菌体的噬菌斑形态的突变型。

② 营养缺陷型　某一野生型菌株由于发生基因突变而丧失合成一种或几种生长因子的能力，因而无法在基本培养基上正常生长繁殖的变异类型，只有添加相应的营养成分才能正常生长。主要有氨基酸缺陷型、维生素缺陷型和嘌呤嘧啶缺陷型等。营养缺陷型突变体在科研和生产实践中都有重要意义。

③ 抗性突变型　由于基因突变而使原始菌株产生了对某种化学药物或致死物理因子抗性的变异类型。抗性突变型普遍存在，例如对各种抗生素的抗药性菌株等。

④ 发酵突变型　指从能够利用某种营养物质到不能利用的突变型。例如野生型大肠杆菌可发酵乳糖，但也可以突变为不能发酵乳糖的突变体。

⑤ 产量突变型　指产生某种代谢产物的能力发生改变（增强或减弱）的突变型。高产量突变型在提高工厂的经济效益上有重要意义。

⑥ 条件致死突变型　指在某一条件下具有致死效应，而在另一条件下没有致死效应的突变型。Ts突变株（温度敏感突变株）是一类典型的条件致死突变株。例如，大肠杆菌的某些菌株可在37℃下正常生长，却不能在42℃下生长等。又如，某些T_4噬菌体突变株在25℃下可感染其宿主，而在37℃却不能感染等。

⑦ 抗原突变型　指由于基因突变而引起的抗原结构发生突变的变异类型。具体类型很多，包括细胞壁缺陷变异（L-型细菌等）、荚膜变异或鞭毛变异等。

（2）依据碱基变化与遗传信息的改变

① 同义突变　指某个碱基的变化没有改变产物氨基酸序列的密码子变化。

② 错义突变　指碱基序列的改变引起了产物氨基酸的改变。有些错义突变严重影响蛋白质活性甚至使之完全无活性，从而影响了表型。如果该基因是必需基因，则该突变为致死突变。

③ 无义突变　指某个碱基的改变，使代表某种氨基酸的密码子变为蛋白质合成的终止密码子（UAA，UAG，UGA）。蛋白质的合成提前终止，产生截短的蛋白质。

④ 移码突变　由于DNA序列中发生1～2个核苷酸的缺失或插入，使翻译的阅读框发生改变，从而导致从改变位置以后的氨基酸序列的完全变化。

 知识链接

微生物的变异分遗传性变异和非遗传性变异，遗传性变异又称基因突变，往往只是微生物某一群体中的少数个体由于内部的遗传物质DNA或RNA通过突变或基因转移而导致某些性状发生变异，并且变异了的性状可以相对稳定地传给后代。非遗传性变异又称表型变异，是指外界环境条件发生改变时微生物群体发生暂时的形态或生理特性等的改变，但这种变异并非遗传物质基因水平的改变，其性状是可逆的，变异不能遗传给后代。

2. 微生物突变体的筛选

微生物突变后的活动可以是自然发生，也可以是经诱变处理而产生的，在生产实践中可以利用微生物突变体的优良性状提高产量。但微生物群体中出现各种变异，其中绝大多数是负变株。要获得某种微生物的优良表型效应，主要靠科学的筛选方案和筛选方法，一般要经过两步筛选，即初筛和复筛两个阶段。

（1）初筛　初筛的方法很多，一般都是在培养皿中进行，通过平板稀释法使培养的菌体充分分散，获得单个菌落，然后对各个菌落进行有关性状的初步测定，从中选出具有优良性状的菌落。采用的方法是用每个菌落产生的代谢产物，与培养基内的指示物作用后，形成的变色圈、透明圈等的大小来表示菌株性状是否优良。例如对抗生素产生菌来说，选出抑菌圈大的菌落；对于蛋白酶生产菌来说，选出透明圈大的菌落。

此法快速、简便、结果直观性强。缺点是由于培养皿的培养条件与三角瓶、发酵罐的培养条件有很大差别，有时会造成两者结果不一致。

（2）复筛　是指对初筛出的菌株的有关性状做精确的定量测定。一般采用化学分析或其他精确的定量方法。复筛时要尽量将培养条件与生产实际相接近，在实验室中模拟实际生产条件，可在摇床上或台式发酵罐中进行培养。经过精细的分析测定，得出准确的数据，更具有实际意义。

3. 基因突变与诱变育种

（1）基因突变　突变是生物体的表现突然发生了可遗传的变化，在微生物中是经常发生的。突变可分为基因突变和染色体畸变，但从本质上都是造成了基因的改变。基因突变是由DNA链上的一对或少数几对碱基发生改变引起的，而染色体畸变是指DNA的大段变化（损伤）现象。

① 基因突变的特点　自发性和结果与原因间的不对应性。各种性状的突变都可以在没有人为干预下自发产生，这就是基因突变的自发性。基因突变的性状改变与引起突变的因素之间无直接的对应关系。例如抗青霉素的突变并非都是由于接触青霉素所引起的，抗紫外线的突变也并非都是由于接受紫外线照射所产生的，同样接受紫外线照射可能产生抗紫外线的突变，也可能不产生抗紫外线的突变，还可能产生抗青霉素突变，或其他性状的改变。

a. 稀有性　各种突变可能自然发生，但自发突变发生的频率却是极低的。自发突变率一般在 $10^{-9} \sim 10^{-6}$。突变率是指每一个细胞在每一世代中发生某一改善突变的概率。例如突变率为 10^8 表示一个细胞繁殖成 2×10^8 个细胞时，平均产生一个突变体。

b. 独立性　每个基因的突变是独立的，不受其他基因突变的影响，也不会影响其他基因的突变。在某一群体中既可发生抗青霉素的突变型，亦可发生抗链霉素的或其他药物的抗药性，还可以发生不属于抗药性的任何突变。

c. 诱变性　人为地使用诱变剂处理微生物，能够大大提高菌体的突变率，一般可提高 $10 \sim 10^5$ 倍，因此在微生物菌种选育中常常用诱变剂作用于微生物，从而获得大量的突变菌株。

d. 稳定性　突变的原因是遗传物质的结构发生了稳定的变化，所以，产生新的变异性状也是稳定的，可遗传的。

e. 可逆性　基因突变是可逆的，由野生型基因变异成突变型基因的过程称为正向突变，相反的过程称为回复突变。实验证明，任何遗传性状都可发生正向突变，也可发生回复突变。

② 基因突变的机制　引起突变的根本原因是DNA分子的碱基排列次序发生改变，这种

改变可以是碱基置换、移码突变和染色体畸变。由于遗传密码是由DNA链上三个相邻的碱基组成的，所以碱基的变化，就改变了原来的遗传密码。

a. 碱基对置换　　DNA双链中的某一碱基对转变成另一碱基对的现象称为碱基置换。置换可分为两个亚类：一类叫转换，即DNA链中的一个嘌呤被另一个嘌呤或一个嘧啶被另一个嘧啶所置换；另一类叫颠换，即一个嘌呤被另一个嘧啶或一个嘧啶被另一个嘌呤所置换。

b. 移码突变　　指诱变剂使DNA分子中的一个或少数几个核苷酸的增添（插入）或缺失，从而使该部位后面的全部遗传密码发生转录和转译错误的一类突变（见图3-21）。

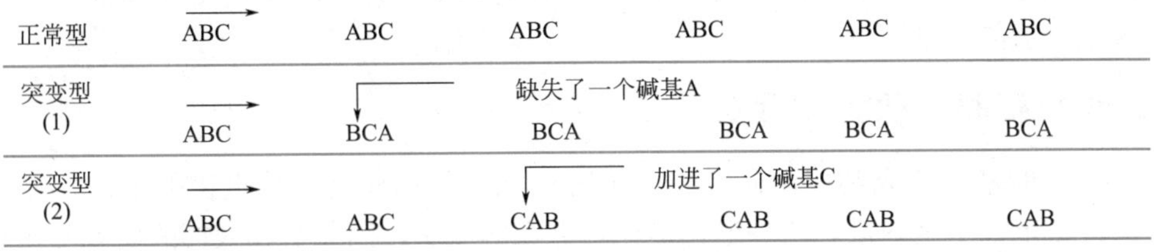

图3-21　移码突变示意图

c. 染色体畸变　　某些理化因子，引起DNA的大损伤——染色体畸变，它既包括染色体结构上的缺失、重复、插入、易位和倒位，也包括染色体数目的变化。

（2）诱变育种　　诱变育种是根据微生物基因突变的理论，通过人工方法处理微生物，使之发生突变，并运用合理的筛选程序和方法，把适合人类需要的优良菌株选育出来的过程。人工诱变与自发突变相比可大大提高微生物的突变率，使人们可以简便、快速地筛选出各种类型的突变株，作生产和研究之用。

诱变育种的主要步骤是选择合适的出发菌株，制备待处理的菌悬液，诱变处理和突变体的筛选。突变体的筛选前面已经介绍，这里不再赘述。

① 出发菌株的选择　　用来进行诱变的原始菌株称为出发菌株。选择好合适的出发菌株对提高诱变育种的效率有重要意义。其选择原则是：选择具有有利性状和对诱变剂敏感的菌株，如生长速度快、营养要求低、产孢子早而多的菌株。选择经过多次自发或诱发突变，且每次诱变都有较好表现的菌株作为出发菌株，可以获得较好的效果，如在金霉素生产菌株中以失去色素的变异菌株为出发菌株，经诱变可获得高产菌株，而以分泌黄色色素的菌株作为出发菌株时则产量下降。尽量选择纯系菌株，因其遗传性单一，有较强的稳定性，诱变效果较好。

② 制备菌悬液　　待处理的菌悬液要处于单细胞或单孢子的生理状态，菌悬液中细胞或孢子的分布要均匀，这样可保证诱变剂充分地接触每个细胞，同时也避免了变异菌株与非变异菌株的混杂而出现不纯的菌落，给筛选工作造成困难。为避免细胞团出现，可以采用玻璃珠进行振荡打散，然后用脱脂棉或滤纸过滤，从而得到分散的菌体。对于产孢子或芽孢的微生物应采用其孢子或芽孢悬液，因其多为单核状态，孢子悬液也应打散过滤成单孢子状态。处理的菌体要处于对数生长期，并要促使细胞同步生长，孢子或芽孢应处于萌发前期。

③ 诱变处理　　选择恰当的诱变剂和合适的剂量对出发菌株的菌悬液进行处理，来获得突变体，这是诱变育种的关键所在。

诱变剂包括物理诱变剂和化学诱变剂。物理诱变主要是采用辐射的方法，常用的诱变剂有紫外线、X射线、γ射线、激光和快中子等。其中，紫外线是一种使用方便、诱发效果较好的诱变剂，波长在260nm左右（253～265nm）诱变效果最好。化学诱变剂常用的有氮芥、硫酸二乙酯、亚硝酸、甲基硫酸乙酯、N-甲基-N-硝基-N-亚硝基胍（NTG）和亚硝基甲基脲（NMU）等，其中，亚硝酸是一种常用的诱发缺失的有效诱变剂。诱变剂选用的原则是使用的方便性和有效性。由于微生物对诱变剂的敏感程度不同，因此选择何种诱变剂要根据需要来确定。在育种实践中使用复合的诱变剂效果比单一的要好，所以常常将多种诱变剂同时使用、交叉使用或一种诱变剂反复多次应用。

各种诱变剂有不同的剂量表示方式。剂量一般指强度与作用时间的乘积。化学诱变剂常以一定温度下诱变剂的浓度和处理时间来表示。

由于诱变剂是用来提高突变率、扩大产量变异的幅度和使产量变异向正突变的方向移动，因此，凡在提高诱变率的基础上，既能扩大变异幅度，又能促使变异移向正变范围的剂量，就是合适的剂量。

三、菌种的衰退、复壮和保藏

在微生物的基础研究和应用研究中，选育一株理想菌株是一件艰苦的工作，而要保持菌种的遗传稳定性更是困难。菌种退化是一种潜在的威胁，因此引起人们的研究与重视。

1. 菌种衰退

菌种退化是指群体中退化细胞在数量上占一定数值后，表现出菌种生产性能下降的现象。常表现为，在形态上的分生孢子减少或颜色改变，甚至变形，如放线菌和霉菌在斜面上经多次传代后产生了"光秃"型，从而造成生产上用孢子接种的困难；在生理上常指产量的下降，例如黑曲霉的糖化能力、抗生素生产菌的抗生素发酵单位下降等。

（1）菌种退化的主要原因

① 自然突变　微生物与其他生物类群相比最大的特点之一就是有较高的代谢繁殖能力，在DNA大量快速复制过程中，因出现某些基因的差错从而导致突变发生，故繁殖代数越多，突变体的出现也越多。一般来说，微生物的突变常常是负突变，是指使菌种原有的优良特性丧失或导致产量下降的突变。只有经过大量的筛选，才有可能找到正突变。

② 环境条件　环境条件对菌种退化的影响，如营养条件，有人把泡盛曲霉的生产种，在3种培养基上连续传代10次，发现不同培养基和传代次数对淀粉葡萄糖苷酶的产量下降有不同影响，说明营养成分影响菌种退化的速度。环境温度也是重要的作用因素。例如，温度高、基因突变率也高，温度低则突变率也低，因此菌种保藏的重要措施就是低温。其他环境因子，如紫外线等诱变剂也可加速菌种退化。

（2）菌种退化的防止措施　菌种退化是一个从量变到质变的逐步演化过程。开始时，在群体中只有个别细胞发生负突变，这时如不及时发现并采取措施，继续移种传代，则群体中这种负突变个体的比例会逐渐增高，最后占据优势，从而使整个群体发生严重的衰退。因此可根据对菌种退化原因的分析，制定出一些防止退化的措施。

① 控制传代次数　基因突变往往发生在菌体繁殖、DNA复制过程中。菌种传代次数越多，菌种细胞的繁殖就越频繁，DNA复制的次数也就越多，产生基因突变的概率和菌种发生退化的机会也随之增加。因此，无论是实验室还是工业生产，应尽量避免不必要的移种，把必要的传代降低到最低水平。

② 利用不同类型的细胞进行接种传代　在放线菌和霉菌中，由于它们的菌丝常含有多个细胞核，甚至是异核体，因此用菌丝接种就会出现不纯和衰退，而孢子一般是单核的，用它来接种时就不会发生这种现象。因此在实践中采用无菌的棉团轻巧地蘸取"5406"放线菌的孢子进行斜面移种就可避免菌丝的接入，因而可有效防止菌种的衰退；用构巢曲霉菌的子囊孢子传代比用分生孢子更不易退化。

③ 创造良好的培养条件　由于培养条件不适合可导致或加速菌种的退化，因此，创造

一个适合原种的生长条件（合适的培养基和培养条件），就可在一定程度上防止菌种衰退。例如，在赤霉素生产菌的培养中，加入糖蜜、天冬酰胺、谷氨酰胺、5-核苷酸或甘露醇等丰富营养物时，有防止菌种衰退的效果。此外，将栖土曲霉3.942的培养温度从28～30℃提高到33～34℃，可防止其产孢子能力的衰退。微生物生长过程中所产生的有害产物也会引起菌种衰退，所以，应避免使用陈旧的斜面培养基。

④ 采用有效的保藏方法　对不同的菌种应用最适的保藏方法，其遗传性可以相应持久。由于斜面保藏的时间较短，菌种移接的次数相对较多，故只能作为转接或短期保藏的种子用。对于需要长期保藏的菌种，应该采用沙土管、冻干管和液氮管等保藏方法，以延长菌种保藏时间。

⑤ 定期复壮　对菌种定期进行分离纯化，检查相应的性状指标，也是有效防止菌种衰退的必要措施。

2. 菌种的复壮

用一定的方法和手段使衰退的菌种重新恢复原来的优良特性，称为菌种的复壮。目前所采取的主要复壮方法如下。

（1）纯种分离　通过纯种分离，可把退化菌种细胞群体中一部分仍保持原有典型性状的单细胞分离出来，经过扩大培养，就可恢复原菌株的典型性状。

分离纯化的方法大体可分为两类：一类较粗放，只能达到"菌落纯"的水平，即从种的水平来说是纯的，例如在琼脂平板上进行划线分离、表面涂布或与琼脂培养基混匀后浇铺平板的方法以获得单菌落；另一类是较精细的单细胞或单孢子分离方法，它可以达到"细胞纯"，即"菌株纯"的水平。后一类方法应用较广，种类很多，既有简单的利用培养皿或凹玻片等作分离室的方法，也有利用复杂的显微操作器的纯种分离方法。如果遇到不长孢子的丝状菌，则可用无菌小刀切取菌落边缘的菌丝尖端进行分离移植，也可用无菌毛细管截取菌丝尖端单细胞进行纯种分离。

（2）宿主体内复壮法　对于寄生性微生物的衰退菌株，可通过接种到相应昆虫或动植物宿主体内，以提高菌株的毒力，恢复其原来的性状。例如经过长期人工培养的苏云金芽孢杆菌，毒力通常会减退，导致杀虫率降低。这时可用退化的菌株去感染菜青虫的幼虫，然后再从病死的虫体中重新分离出典型的产毒菌株。如此重复多次，就可增强细菌的毒力，提高杀虫效率。

（3）淘汰法　将衰退的菌种进行一定的处理（如药物、低温、高温等），往往可起到淘汰已衰退个体而达到复壮的目的。例如有人曾将"5406"抗生菌的分生孢子在低温下（-30～-10℃）处理5～7天，使其死亡率达到80%。结果发现，在抗低温的存活个体中，留下了未退化的健壮个体。

必须指出的是，在使用这些措施之前，还应仔细分析和判断一下菌种衰退的原因，若仅是一般性的表型变异或是杂菌污染等可不必使用。只有针对性地采取措施，才能使复壮工作切实有效。

3. 菌种保藏

（1）菌种保藏的目的　菌种是微生物学工作的重要研究对象和材料，菌种的妥善保藏是一项重要工作。经诱变筛选、分离纯化以及纯培养等一系列艰苦劳动得到的优良菌株，通过菌种保藏，能使其稳定地保存、保持原有的特性，不死亡、不污染，以便能够很好地研究和利用微生物。

（2）菌种保藏的原理　微生物菌种保藏技术很多，但原理基本一致。菌种保藏主要是根据微生物的生理、生化特性，创造条件使其代谢处于不活泼的休眠状态，生长繁殖受到抑制，从而降低菌种的变异率。从微生物本身来讲，菌种的保藏首先要选用优良的纯种，最好是休眠体（分生孢子或芽孢）；从环境条件来讲，主要是通过低温、干燥、缺氧、缺乏营养、添加保护剂或酸度中和剂等手段，使微生物长期处于代谢不活泼、生长繁殖受抑制的休眠状态，并且尽可能多地采用不同的手段保藏一些比较重要的微生物菌株。

（3）菌种保藏方法　菌种的保藏方法多样，采取哪种方式，要根据保藏的时间、微生物种类、具备的条件等而定。下面着重介绍几种常用的保藏方法。

① 斜面保藏法　将菌种接种在试管斜面培养基上，待菌种生长完全后，置于4℃冰箱中保藏，每隔一定时间再转接至新的斜面培养基上，生长后继续保藏。对细菌、放线菌、霉菌和酵母菌均可采用。此方法简单、存活率高，故应用较普遍。其缺点是菌株仍有一定的代谢强度，传代多则菌种易变异，故不宜长时间保藏菌种。

② 液状石蜡覆盖保藏法　为了防止传代培养菌因干燥而死亡，也为限制氧的供应以削弱代谢水平，在斜面或穿刺的培养基中覆盖灭菌的液状石蜡。主要适用于霉菌、酵母菌、放线菌、好氧性细菌等的保存。霉菌和酵母菌可保存几年，甚至长达10年。本法的优点是方法简单不需特殊装置。其缺点是对很多厌氧细菌或能分解烃类的细菌的保藏效果较差。液状石蜡要求选择优质无毒，一般为化学纯规格。可以在121℃湿热灭菌20min。要求液状石蜡的油层高于斜面顶端1cm，垂直放在4℃冰箱内保藏。

③ 载体保藏法　使微生物吸附在适当的载体上（土壤、砂子等）进行干燥保存的方法。最常用的有砂土保藏法。主要用于能形成孢子或孢子囊的微生物（真菌、放线菌和部分细菌）的保存。此法简便，保藏时间较长，微生物转接也较方便，故应用范围较广。

④ 冷冻干燥保藏法　这是最佳的微生物菌体保存法之一，保存时间长，可达10年以上。低温冷冻可以用普通-20℃或更低的-50℃、-70℃冰箱，用液氮（-196℃）更好。无论是哪种冷冻，在原则上应尽可能速冻，使其产生的冰晶小而减少细胞的损伤。不同微生物的最适冷冻速度不同。为防止细胞被冻死，保存液中应加些保护剂，例如甘油、二甲基亚砜等，它们可透入细胞，通过降低强烈的脱水作用而保护细胞；大分子物质如脱脂牛奶、血清白蛋白等，可通过与细胞表面结合的方式防止细胞膜受冻伤。其缺点是手续麻烦、需要条件高。

另外还有悬液保藏法、寄主保藏法、液氮保藏法等。

四、实操练习——育种及菌种的保藏技术

任务1　微生物的诱发突变操作技术

（一）接受指令

1. 指令

（1）掌握紫外线和亚硝基胍等理化因素对菌种的诱变效应，并掌握诱变育种方法；

（2）了解诱变育种的基本原理。

2. 指令分析

以微生物的自然变异为基础来生产选种的变异率很低，一般为$10^{-9} \sim 10^{-6}$。为提高变异率，通常采用人工的方法（物理或化学因素）处理微生物，使它们发生突变，再从中筛选出符合要求的突变菌株，供生产和科学实验用。这些能使突变率提高到自发突变水平以上的因素称为诱变剂。

在物理因素中紫外线具有较为理想的诱变效果，简便易行，操作方便，是一种不容忽视的微生物诱变育种技术。紫外线（UV）是一种最常用的物理诱变因素，它的主要作用是使DNA双链之间或同一条链上两个相邻的胸腺嘧啶形成二聚体，而阻碍双链的分开、复制和碱基的正常配对，从而引起突变。紫外线照射引起的DNA损伤，可由光复活酶的作用进行修复，使胸腺嘧啶二聚体解开恢复原状。因此，为了避免光复活，用紫外线照射处理时以及处理后的操作应在红光下进行，并且将照射处理后的微生物放在暗处培养。

化学因素多采用一些诱变剂，如硫酸二乙酯、盐酸氮芥、亚硝酸钠、乙酸亚胺、氯化锂和NTG等。采用化学诱变剂进行诱变育种也是常用的育种技术。化学诱变剂导致微生物基因突变的分子基础是在DNA链上引起碱基排列的改变或是结构的改变。由于碱基序列或结构的变化，导致了编码氨基酸的变化，因而影响了某些蛋白质合成酶的活性，生物体随之发生的便是某一性状的改变。这种改变可以稳定地遗传给后代，建立起具有新的遗传性状的菌株，这就是突变型筛选和诱变育种的遗传学基础。实操以紫外线和硫酸二乙酯为例介绍了物理因素和化学因素对微生物的诱变作用。

以紫外线诱变剂处理产生淀粉酶的枯草芽孢杆菌BF7658，根据枯草芽孢杆菌BF7658诱变后在淀粉培养基上透明圈直径的大小，来指示诱变效应。一般透明圈越大，淀粉酶活性越强。以栖土曲霉为出发菌株，以硫酸二乙酯为诱变剂，变异指标是白色孢子和蛋白酶活性。

（二）查阅依据

微生物诱变育种技术。

（三）制订计划

知识预备→小组方案制定→任务实施→过程督导→跟踪检查→绩效评价。

（四）实施操作

1. 准备

（1）菌株　枯草芽孢杆菌BF7658，栖土曲霉。

（2）培养基　淀粉培养基，LB液体培养基，查氏培养基，酪蛋白培养基。

（3）试剂　碘液，无菌生理盐水，无菌小试管，pH 7.2的0.1mol/L磷酸盐缓冲液，福林酚（Folin-phenol），0.55mol/L Na_2CO_3，10%三氯乙酸，2%酪蛋白溶液，酪氨酸溶液（100μg/mL）。

（4）器材　1mL无菌移液管，玻璃涂棒，血细胞计数板，显微镜，紫外灯（15W），磁力搅拌器，台式离心机，振荡混合器，无菌三角瓶，培养皿，恒温水浴箱。

【训练】为了保证实操完成顺利，实操前应准备好所需的用具。请填写备料单（见表3-40）。

表3-40　备料单（任务1　微生物的诱发突变操作技术）

序号	品名	规格	数量	备注
1				
2				
3				
4				
5				

续表

序号	品名	规格	数量	备注
6				
7				
8				
9				
10				

2. 操作步骤

（1）紫外线对枯草芽孢杆菌 BF7658 的诱变效应

① 制备菌悬液

a. 取培养 48h 的枯草芽孢杆菌 BF7658 的斜面 4～5 支，用无菌生理盐水将菌苔洗下，并倒入盛有玻璃珠的小三角瓶中，振荡 30min，以打碎菌块。

b. 将上述菌液离心（3000r/min，离心 10min），弃去上清液，将菌体用无菌生理盐水洗涤 2 次，最后制成菌悬液。

c. 用显微镜直接计数法计数，调整细胞浓度为 10^8 个 /mL。

② 制作平板　将淀粉琼脂培养基熔化后，冷却至 45℃左右时倒平板，凝固后待用。

③ 紫外线诱变处理

a. 将紫外灯开关打开预热约 20min。

b. 取直径 6cm 无菌平皿 2 套，分别加入上述调整好细胞浓度的菌悬液 3mL，分别置磁力搅拌器上。

c. 开动搅拌器，打开板盖，在距离为 28cm、功率为 15W 的紫外灯下分别搅拌照射 1min 和 3min。盖上皿盖，关闭紫外灯。

④ 稀释　用 10 倍稀释法把经过照射的菌悬液在无菌水中稀释成 10^{-1}～10^{-6}。

⑤ 涂平板　取 10^{-4}、10^{-5} 和 10^{-6} 三个稀释度涂平板，每个稀释度涂 3 套平板，每套平板加稀释菌液 0.1mL，用无菌玻璃涂棒均匀地涂满整个平板表面。以同样的操作，取未经紫外线处理的菌液稀释相应度数涂平板作为对照。

⑥ 培养　将上述涂匀的平板，用黑色的布或纸包好，置 37℃培养 48h。注意每个平板背面要事先标明处理时间和稀释度。

⑦ 计数　将培养好的平板取出进行细菌计数。根据对照平板上的 cfu，计算出每毫升菌液中的 cfu。同样计算出紫外线处理 1min 和 3min 后的 cfu 及致死率。

cfu 代表"菌落形成单位"，cfu/mL 指的是每毫升样品中含有的细菌菌落总数。

⑧ 观察诱变效应　选取 cfu 在 5～6 个的处理后涂布的平板观察诱变效应：分别向平板内加碘液数滴，在菌落周围将出现透明圈。分别测量透明圈直径与菌落直径并计算其比值（HC 比值）。与对照平板相比较，说明诱变效应，并选取 HC 比值大的菌落移接到试管斜面上培养，此斜面可作复筛用。

【训练】紫外线对枯草芽孢杆菌 BF7658 诱变效应。

【操作注意事项】

① 紫外线诱变照射计时从开盖起，加盖止。先开磁力搅拌器开关，再开盖照射，使菌液中的细胞接受照射均等。操作者应戴上玻璃眼镜，以防止紫外线损伤眼睛。

②　紫外线诱变后的稀释分离应在暗室内红光下操作，涂皿后应放在盒内或用黑纸包好，置37℃避光培养。

（2）硫酸二乙酯对栖土曲霉菌株的诱变效应

①　接种、培养　从长好的栖土曲霉斜面上取1环接种于大试管查氏培养基斜面上，33～34℃培养4天。

②　制备孢子悬液　在实际工作中，要得到均匀分散的细胞悬液，通常可用无菌的玻璃珠来打散成团的细胞，然后再用脱脂棉或滤纸过滤。菌悬液的细胞浓度一般控制为：真菌孢子或酵母细胞10^6～10^7个/mL，放线菌或细菌10^8个/mL。菌悬液一般用生理盐水制备，有时也需用0.1mol/L的磷酸盐缓冲液稀释，因为当采用某些化学诱变剂进行诱变处理时，常会改变反应液的pH值。

a．用25mL pH值为7.2的磷酸盐缓冲液把斜面上的孢子分两次洗下，倾入盛有玻璃珠的无菌三角瓶。

b．振荡10min，以无菌脱脂棉过滤，孢子液用血细胞计数板计数，调整孢子液浓度至10^6个/mL。

③　硫酸二乙酯处理

a．稀释制备好孢子液10^3个/mL，取0.1mL涂培养皿作为对照，33℃培养72h，计菌落数。

b．另取10mL孢子液加入大试管中，加入硫酸二乙酯稀释液0.5mL，32℃水浴中处理3min或60s，不断振荡试管。处理后，立即稀释到10^{-2}、10^{-3}（稀释中止反应）。各取0.1mL或0.2mL涂布平板，33℃培养3天观察白色菌落并计算。

④　酶活力测定

a．初筛，以平板法测定蛋白酶活力：取10只培养皿先倾入查氏培养基，凝固后加入5mL酪蛋白培养基，待凝固后，用玻璃打孔器将对照菌和诱变处理后的各种菌落（菌落应编号）各自接种到培养基表面，每皿放3～5个菌落，其中必须有一个对照。33℃培养48～72h，根据透明圈的大小，就可推测蛋白酶活力的大小。

b．复筛，固体曲和液体曲法：由初筛选出的蛋白酶活力较高的菌株，挑选若干株，接种于斜面上，33℃培养成熟，一支保存，另一支制成孢子悬液，取0.5mL接入装有固体麸皮等成分的培养料中，充分搅匀，28～30℃培养，24h搅拌一次，以防结块，再继续培养12h，即为固体曲（液体振荡培养为液体曲），然后进行酶液浸提。定量称取固体曲，105℃烘干至恒重，计算含水量。另外再定量称固体曲，以2～4倍的40℃温水浸泡，在40℃恒温下，不断搅匀，浸泡1～2h，挤压或过滤收集浸出液，即为酶液。

c．Folin-phenol测定酶液蛋白酶活力。

【训练】硫酸二乙酯作诱变剂对栖土曲霉的诱变效应。

【操作注意事项】

①　硫酸二乙酯易分解产生硫酸，因此用硫酸二乙酯作诱变剂时，需要在一定温度下的缓冲液中进行。

②　要精确地制备孢子悬液。

③　测定蛋白酶活力要在40℃恒温下进行。

（五）结果报告

1．将紫外线诱变结果填入表3-41。

表3-41 紫外线对枯草芽孢杆菌BF7658存活率的影响

剂量	稀释度	存活数/（个/0.1mL）			平均值/（个/mL）	存活率/%
		1	2	3		
对照	10^{-4}					
	10^{-5}					
	10^{-6}					
UV 1min						
UV 3min						

观察诱变效应，并填表3-42。

表3-42 实操结果

剂量	HC比值						平均值
	1	2	3	4	5	6	
对照							
UV 1min							
UV 3min							

2．记录硫酸二乙酯对栖土曲霉诱变的初筛和复筛结果。

【思考讨论】

① 紫外线引起诱变作用的机理是什么？为保证诱变效果，在照射中及照射后的操作应注意哪些问题？

② 硫酸二乙酯作诱变剂应掌握哪些环节？

任务2 菌种保藏技术

（一）接受指令

1．指令

（1）掌握并比较菌种保藏的常规方法；

（2）了解菌种保藏的基本原理。

2．指令分析

菌种保藏是为了把从自然界分离到的野生型或者经过人工选育得到的变异型纯种，采用多种方法，使菌种存活，不污染杂菌，不发生或少发生变异，保持菌种原有的各种优良培养特征和生理活性，有利于生产、科研的正常进行，是一项重要的微生物学基础工作。

微生物菌种保藏的基本原理，是使微生物的生命活动处于半永久性的休眠状态，也就是使微生物的新陈代谢作用限制在最低的范围内。干燥、低温和隔绝空气是保证获得这种状态的主要措施。有针对性地创造干燥、低温和隔绝空气的外界条件，是微生物菌种保藏的基本技术。尽管菌种保藏方法很多，但基本都是根据这三种主要措施设计的。

（二）查阅依据

菌种保藏技术。

（三）制订计划

知识预备→小组方案制定→任务实施→过程督导→跟踪检查→绩效评价。

（四）实施操作

1. 准备

（1）待保存的菌种　细菌、酵母菌、放线菌和霉菌。

（2）培养基　牛肉膏蛋白胨斜面和半固体直立柱、麦芽汁琼脂斜面和半固体直立柱、高氏1号琼脂斜面、马铃薯蔗糖斜面。

（3）试剂　医用液状石蜡、甘油、石蜡、无菌水等。

（4）器材　接种环、接种针、无菌滴管、试管、干燥管、移液管、无菌培养皿等。

【训练】为了保证实操完成顺利，实操前应准备好所需的用具。请填写备料单（见表3-43）。

表3-43　备料单（任务2　菌种保藏技术）

序号	品名	规格	数量	备注
1				
2				
3				
4				
5				
6				
7				
8				
9				
10				

2. 操作步骤

（1）斜面低温保藏法　将菌种接种在适宜的固体斜面培养基上，并将注明菌株名称和接种日期的标签贴在试管斜面的正上方，将接种好的斜面在适宜条件下培养，使菌充分长好后，棉塞部分用油纸或牛皮纸包扎好，将试管移至4～6℃的冰箱中保藏。保存温度不宜过低，否则斜面培养基因结冰脱水会加速菌种的死亡。

保藏时间因微生物的种类不同而异，霉菌、放线菌及有芽孢的细菌可保存2～4个月，酵母菌可保存2个月，细菌最好每月移种一次。

此法为实验室和工厂菌种室常用的保藏方法，优点是操作简单，使用方便，不需要特殊设备，可及时检查保藏菌种是否污染了杂菌、变异或死亡；缺点是传代次数多，容易变异，易污染杂菌。若菌种经常使用，而条件不变，可应用此法。

（2）穿刺法　将固体培养基注入小试管（0.8cm×10cm），使培养基距离试管口2～3cm深。将注明菌株名称和接种日期的标签贴在试管上。用灭过菌的接菌针以无菌操作挑取菌体，在半固体培养基顶部的中央直线穿刺到固体培养基的1/3深处，在适宜条件下培养后，熔封试管或是塞上橡皮塞，移至4～6℃的冰箱中保藏。此法可保藏0.5～1年以上。

（3）液状石蜡保藏法

① 将医用液状石蜡装入三角瓶中，装量不超过三角瓶体积的1/3，塞上棉塞，外包牛皮纸，121℃灭菌30min，连续灭菌2次。然后放在室温或40℃温箱中（或置105～110℃烘箱中烘2h），以除去石蜡油中的水分，使石蜡油变为透明状，即可备用。

② 将需要保藏的菌种采用与斜面保藏法相同的方法进行培养，获得生长良好的菌体或孢子。

③ 用灭菌移液管吸取已灭菌的石蜡，采用无菌操作技术注入已长好的斜面上，其用量以高出斜面顶端1cm为准，使菌种与空气隔绝。如加入量太少，在保藏过程中会因培养箱稍露出油面而逐渐变干。

④ 棉塞外包牛皮纸，将试管直立，置低温或室温下保存。放线菌、霉菌及产芽孢的细菌一般可保藏2年，酵母菌及不产芽孢的细菌可保藏1年左右，一般无芽孢细菌也可保存1年左右。

液状石蜡可防止固体培养基水分蒸发而引起的菌种死亡，同时液状石蜡可阻止氧气进入，使好氧菌不能继续生长，从而延长了菌种保藏的时间，此法实验效果好。此法的优点是制作简单，不需要特殊设备，不需要经常移种；缺点是在保存过程中，菌种必须直立放置，所占空间较大，不便携带。

（4）甘油管法

① 将配制好的80%甘油按1mL/瓶的量分装到规格为3mL的甘油瓶中，0.1MPa高压蒸汽灭菌20min。

② 向待保藏菌种的新鲜培养斜面（或用液体培养基振荡培养成菌悬液）注入2～3mL无菌水，刮下斜面培养物，振荡，使菌体细胞分散成均匀的菌悬液，其细胞浓度控制在10^8～10^{10}个/mL。

③ 用灭菌移液管吸取1mL菌悬液装于上述装有甘油并已灭菌的甘油瓶中，充分混匀后，使甘油终浓度为40%，然后置−20℃保存（如果是液体培养，直接吸取1mL对数期菌液于甘油瓶中）。

（5）沙土管保藏法

① 处理沙土　取河沙经60目筛过筛，去掉大的颗粒，用10%盐酸加热煮沸30min（或浸泡24h），除去有机质，然后倒去盐酸，用清水冲洗至中性，烘干、用吸铁石吸出沙中铁屑，备用。另取非耕作土，加自来水浸泡洗涤数次，直至中性。烘干，碾碎，用100～120目筛过筛，以去除粗颗粒，备用。

② 沙土混合　将沙与土按3∶1（质量比）的比例混合均匀（或根据需要而用其他比例），装入干净（10mm×100mm）试管中，装置约1cm高。加棉塞，121℃灭菌30min。

③ 无菌检查　灭菌后取少许置于牛肉膏蛋白胨培养液中，在合适的温度下培养一段时间确证无菌生长，才能使用。若发现有微生物生长，则所有沙土管需要重新灭菌，再作无菌检查，直到确保无菌后方可使用。

④ 菌悬液的制备　取生长健壮的新鲜斜面菌种，加入3mL无菌水，用接种环轻轻将菌苔洗下，制成菌悬液。

⑤ 分装菌悬液　将沙土管注明标记后，吸取上述菌悬液0.1～0.5mL于每一沙土管中，以沙土刚刚润湿为宜。

⑥ 干燥　把含菌的沙土管放入干燥器中，干燥器内用培养皿盛五氧化二磷（或变色硅胶）作干燥剂，再用真空泵抽干水分，以除去沙土管中的水分。

⑦ 收藏　沙土管可选择以下方法之一进行保藏：a. 保藏于干燥器中；b. 将沙土管取出，管口用火焰熔封后保藏；c. 将沙土管装入有$CaCl_2$等干燥剂的大试管内，塞上橡皮塞并用蜡封管口，置4℃冰箱中保藏。

⑧ 恢复培养　使用时挑少量混有孢子的沙土接种于斜面培养基上即可。原沙土管仍可以原法继续保藏。

（6）冷冻真空干燥保藏法　先将微生物装入安瓿中，在极低温度（−70℃左右）下快速冷冻，然后在真空的条件下利用升华现象除去水分，最后将安瓿熔封。该法为菌种提供了干燥、低温和缺氧的保藏条件，使菌种的生长与代谢处于极低水平，因而不易发生变异和死亡，可以较长时间保藏，因此它是迄今为止最有效的菌种保藏方法之一。

用冷冻真空干燥保藏的菌种，其保藏期可达数年至数十年，其菌种要特别注意纯度，不能污染杂菌，这样再次使用该菌种时才不会出差错。细菌和酵母菌菌种要求培养到稳定期，若用对数生长期菌种进行保藏，其存活率反而会降低，一般细菌培养24～48h，酵母菌培养3天，放线菌与霉菌一般需培养7～10天，保存孢子比其营养体效果更好。

在冷冻过程中，为了避免恶劣条件对微生物的损害，常采取添加保护剂的方法，保护剂的作用是稳定细胞膜，以防止因冷冻和水分不断升华而对细胞造成的损伤，减少保藏过程中及复壮培养时引起的死亡。通常选择对细胞和水有很强亲和力的物质作为保护剂，常用作保护剂的有脱脂牛奶、血清、糖类、甘油和二甲基亚砜等。

冷冻干燥的操作如下。

① 安瓿的准备　选择管底为球形的中性硬质玻璃，以便抽真空时受压均匀，不易破裂。安瓿的洗涤按新购玻璃品洗净（用2%的盐酸浸泡8～10h，然后用自来水冲洗，再用蒸馏水浸泡至pH值中性）。安瓿烘干后塞上棉塞，并标明保藏编号、日期等，121℃灭菌30min。

② 菌种培养　将要保藏的菌种接入斜面培养，产芽孢的细菌培养至芽孢从菌体脱落或产孢子的放线菌、霉菌至孢子丰满。

③ 保护剂的配制　配制保护剂时应注意浓度、pH值与灭菌方法。血清、糖类物质需要用过滤器除菌，脱脂牛奶一般在100℃间歇煮沸2～3次，每次灭菌10～30min。脱脂牛奶可用新鲜牛奶制备，如将新奶放置过夜，除去表层脂肪膜后以3000r/min离心20min即得脱脂牛奶。

保护剂按使用浓度配制灭菌后，随机抽样培养进行无菌检查，确认无菌后才能使用。

④ 菌种的制备　吸取2～3mL保护剂注入菌种斜面试管中，用接种针刮下菌苔或孢子后混合均匀制成菌悬液，真菌菌悬液则需置4℃平衡20～30min。

⑤ 分装样品　用无菌长滴管将菌悬液分装入备好的安瓿，装量为0.1～0.2mL。菌悬液需在1～2h内分装并预冻，防止室温放置时间过长使细胞重新发育或发芽，也可防止细胞或孢子沉积而形成不均匀状态。最后在几支冻干管中分别装入0.2mL、0.4mL蒸馏水作对照。

⑥ 预冻　预冻温度控制在-45～-35℃，不同的微生物最佳降温速率有所差异，时间20min～2h。用程序控制温度仪进行分级降温，条件不具备者，可以使用冰箱逐步降温，经过预冻使水分在真空干燥时直接由冰晶升华为水蒸气。

⑦ 冷冻真空干燥　启动冷冻真空干燥机制冷系统。当温度下降到-50℃以下时，将已预冻好的样品迅速放入冻干机钟罩内，启动真空泵抽气直至样品干燥。

经过真空干燥的样品，可测定样品残留水分，一般残留水分在1%～3%范围内即可进行密封，高于3%需继续进行真空干燥。样品是否达到干燥，可以根据以下经验来判断：a. 目视冻干的样品至酥丸状或松散的片状；b. 真空度接近或达到无样品时的最高真空度；c. 温度计所反映的样品温度与管外的温度接近；d. 选用指示菌判断，在一安瓿中装入1%～2%氯化钴，当管内物体真空干燥变成深蓝色时可视为干燥完结。

⑧ 熔封　干燥完毕后，将安瓿放入干燥器内，熔封前将安瓿拉成细颈后再抽真空，在真空状态下用火焰熔封。

⑨ 保藏　安瓿放置在恒定温度下低温保藏，如4℃冰箱或更低温度（-70～-20℃）保藏，后者对于菌种的长期稳定更好。保藏时要避光，因光照会使冻干菌的DNA发生变化甚至有致命的影响，随时进行检测。

⑩ 恢复培养　因安瓿内为负压，开启时应小心，防止内部菌体逸散。先用75%酒精将管壁消毒，然后将安瓿顶部烧热，再用无菌棉签蘸取无菌冷水，在顶部擦拭一圈使出现裂纹，然后轻磕一下即可。取无菌水或培养液溶解菌块，用无菌移液管移至合适的培养基上

进行培养。

【操作注意事项】

① 用该法保藏的菌悬液浓度应不低于 $10^8 \sim 10^{10}$ 个 /mL。

② 此法不适于霉菌的菌丝型，如菇类等的保藏。

③ 微生物类别和菌龄不同，保存效果不同，如野生型菌种比突变株易保存，细菌与酵母菌应取静止期菌，放线菌宜用成熟孢子保藏。

④ 进行真空干燥过程中，安瓿内的样品应保持冻结状态，以保证抽真空时样品不会因产生泡沫而外溢。

⑤ 熔封安瓿时，火焰要适中，封口处灼烧要均匀，若火焰过旺，封口处易弯斜，冷却后易出现裂缝，从而造成漏气。

（7）液氮冷冻保藏法　该法除适用于一般微生物的保藏外，对如支原体、衣原体、氢细菌、难以形成孢子的霉菌、噬菌体及动物细胞等一些用冷冻干燥法难以保存的微生物，均可用此法长期保藏，而且性状不变异。缺点是需要特殊设备。具体方法如下。

① 安瓿的准备　用于液氮保藏的安瓿要求既能经 121℃ 高温灭菌又能在 −196℃ 低温长期存放。现已普遍使用聚丙烯塑料制成的带有螺旋帽和垫圈的安瓿（容量为2mL），洗净后，经蒸馏水冲洗多次，烘干，121℃ 灭菌 30min。

② 保护剂的准备　配制10%二甲基亚砜蒸馏水溶液或10% ～ 20%的甘油蒸馏水溶液，121℃ 灭菌 30min，使用前随机抽样进行无菌检查。

③ 待保藏菌悬液的制备　取新鲜的培养健壮的斜面菌种加入2 ～ 3mL 保护剂；用接种环将菌苔洗下振荡，制成菌悬液，装入无菌的安瓿，用记号笔在安瓿上注明标号，用无菌移液管吸取菌悬液，加入安瓿中，每支管加0.5mL 菌悬液，拧紧螺旋帽。

霉菌菌丝体可用无菌打孔器从平板内打取菌落圆块，放入装有保护剂的安瓿内。

如果安瓿的垫圈或螺旋帽封闭不严，液氮罐中液氮进入管内，取出安瓿时，会发生爆炸，因此密封安瓿十分重要，需特别细致。

④ 预冻与保存　将已封口的安瓿用程序控制降温仪以每分钟下降1℃的慢速冻结至−30℃，置于−30℃条件下保存20 ～ 30min后，快速转入 −70℃（在细胞内会形成冰的结晶，降低存活率）。也可根据实验室的条件采用不同的预冻方式，如用不同温度的冰箱、干冰、盐冰等，经−70℃冻结 1h，将安瓿快速转入液氮罐液相中，并记录菌种在液氮管中存放的位置与安瓿数。

⑤ 解冻　需使用保藏的菌种时，戴上棉手套，从液氮罐中取出安瓿，用镊子夹住安瓿上端迅速放入37℃水浴锅中摇动1 ～ 2min，使样品急速解冻，直到全部熔化为止。再采用无菌操作技术，打开安瓿，将内容物移入适宜的培养基上培养。

【训练】对所给菌种进行保藏。

（五）结果报告

将菌种保藏方法及结果记录于表3-44中。

表3-44　实操结果

接种日期	菌种名称		培养条件		保藏法	备注
	中文名	学名	培养基	培养温度/℃		

【思考讨论】

① 试举例说明经常使用的细菌菌种用哪种方法保藏既好又简便。

② 为防止菌种管棉塞受潮和长杂菌，可采取哪些措施？

③ 斜面接种保藏菌种有何优缺点？

 视野拓展

国内外重要的菌种保藏机构

一、世界各国主要的菌种保藏中心

1. 美国典型菌种保藏中心（American Type Culture Collection，ATCC）。

2. 香港冷泉港研究所（CSH）。

3. 美国国立卫生研究院（NIH）。

4. 美国的"北部地区研究实验室"（NRRL）。

5. 英国的国家典型菌种保藏所（NCTC）。

6. 英联邦真菌研究所（CMI）。

7. 荷兰的霉菌中心保藏所（CBS）。

8. 日本东京大学应用微生物研究所（IAM）。

9. 日本的大阪发酵研究所（IFO）。

二、我国菌种保藏中心

1. 普通微生物菌种保藏管理中心（CCGMC）：中科院微生物所（真菌、细菌）；中科院武汉病毒研究所（病毒）。

2. 农业微生物菌种保藏管理中心（ACCC）：中国农业科学院土壤肥料研究所。

3. 工业微生物菌种保藏管理中心（CICC）：轻工业部食品发酵工业科学研究所（真菌）。

4. 医学微生物菌种保藏管理中心（CMCC）：卫生部药品生物制品检定所（细菌）；中国医学科学院病毒研究所（病毒）；中国医学科学院皮肤病研究所（真菌）。

5. 抗生素菌种保藏管理中心（CACCA）：中国医学科学院抗生素研究所（新抗生素菌种）；四川抗生素工业研究所（新抗生素菌种）；华北制药厂抗生素研究所（生产用抗生素菌种）。

6. 兽医微生物菌种保藏管理中心（CVCC）：农业部兽医药品检查所。

 思政元素

一心为国 弥补差距

微生物资源因其具有产物丰富、生产性能优越、开发前景广阔等特点，被认为是人类不可或缺的自然资源。微生物作为菌种生产抗生素、酶类、核苷酸、氨基酸、有机酸、单细胞蛋白、生物农药、石油加工产品、多糖等产品的发酵工业，已成为国民经济建设中的重要内容。全世界微生物产业的产值已超2000亿美元，涉及医药、化工、能源、食品、饲料、肥料、农药、信息、海洋、环境保护、可降解生物材料、生物医药材料、航空航天等领域。对微生物资源利用、改造所形成的微生物产业，已与动植物产业并列为三大生物产业。

用近代工业微生物学技术开发和利用有益微生物，是半个多世纪前才开始的。工业微生

物学在中国是一门年轻的学科，而方心芳则是中国工业微生物学的开拓者。他是应用现代微生物学的理论和方法研究传统发酵产品的先驱者之一，他用毕生时间重视微生物菌种的收集、研究、应用和开发，为中国的菌种保藏事业做出了重大贡献。

1907年3月16日，方心芳出生于河南省临颍县。大学毕业于上海劳动大学农学院农艺化学系。毕业后，他跟随导师来到天津塘沽的黄海化学工业研究社发酵与细菌学研究室任助理研究员。1935年经考试赴欧洲进修，先在比利时鲁文大学的酿造专修科获酿造师称号，后分别在荷兰菌种保藏中心和法国巴黎大学研究根霉和酵母菌分类学，1937年在丹麦哥本哈根卡斯堡研究所研究酵母菌的生理学。

方心芳曾描述过多种酵母菌、丝状真菌和细菌，选育出多种具有高活性的工业生产用菌种，在我国开创了多种新型发酵工业，促进了我国传统发酵工业的现代化。自青年时代起，方心芳便时时处处注意收集菌种。20世纪50年代初期，他提出建立全国菌种保藏机构的建议，被政府采纳。从此以后，中国科学院微生物研究所的菌种保藏库担负起每年向全国的生产、教学和科研单位提供数万株菌种的任务。同时，方心芳对祖国的应用微生物学历史有深入的研究，为总结和发扬我国应用微生物学卓越技术做出了重要贡献。方心芳为了祖国的需要，为认识、应用、驾驭和改造微生物付出了一生的心血。

知识小结

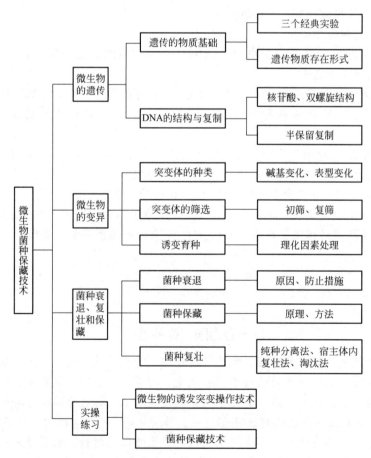

目标检测

一、选择题

（一）单项选择题

1. 斜面低温保藏菌种，菌种放入冰箱中保存的温度是（　　）。

A. -10℃ 　　　　B. -5℃ 　　　　C. 0℃ 　　　　D. 4℃

2. 为了延长菌种保藏期，保藏菌种时应尽量采取低温、干燥和以下哪项综合技术措施和条件。（　　）

A. 营养充足 　　B. 见光 　　　C. 真空密封 　　D. 供氧

3. 诱变效果最好的物理诱变剂是（　　）。

A. 紫外线 　　　B. X射线 　　　C. 激光 　　　　D. γ线

4. 真空冷冻干燥法不适宜保藏（　　）。

A. 细菌 　　　　B. 病毒 　　　　C. 放线菌 　　　D. 丝状真菌

5. 化学诱变剂中，常用的诱发缺失的有效诱变剂是（　　）。

A. 亚硝酸 　　　　　　　　　B. 甲基硫酸乙酯

C. 硫酸二乙酯 　　　　　　　D. 亚硝基甲基脲

6. 为了保证菌种保藏期间具有一定的存活细胞，一般要求细菌细胞和放线菌孢子的浓度大于（　　）。

A. 10^5 个/mL 　B. 10^6 个/mL 　C. 10^7 个/mL 　D. 10^8 个/mL

7. DNA是遗传物质，而细胞中的DNA主要集中在（　　）。

A. 核糖体 　　　B. 染色体 　　　C. 胞质颗粒 　　D. 载色体

8. 2020年版《中国药典》要求药品微生物检测方法验证所用菌种的传代次数不得超过（　　）。

A. 3代 　　　　B. 4代 　　　　C. 5代 　　　　D. 6代

（二）多项选择题

1. 证明核酸是遗传变异的物质基础的经典实验是（　　）。

A. 经典转化实验 　　　　　　B. 噬菌体感染实验

C. 植物病毒的重建实验 　　　D. 变量实验

E. 平板影印培养实验

2. 关于病毒的遗传物质，下列哪些说法正确。（　　）

A. 只能是DNA分子 　　　　　B. 只能是RNA分子

C. 可以是DNA或RNA分子 　　D. 可以是双链或单链核酸分子

E. 可以是环状或线状核酸分子

二、简答题

1. 工业生产中使用的微生物菌种为什么会发生衰退？菌种衰退表现在哪些方面？防止菌种衰退的措施有哪些？

2. 简述常用的菌种保藏方法。

3. 菌种复壮的方法有哪些？

三、实例分析

1929年由Fleming发现并分离获得的点青霉产生的青霉素，可以杀灭有致病作用的细菌，但产量很低。1943年在一个发霉的甜瓜上分离到一种产黄青霉菌，产量也只有20单位/mL，因此价格非常昂贵。后来该菌株经X射线和紫外线诱变处理后得到一变异株WisQ176，青霉素产量最高达1500单位/mL，在挽救第二次世界大战中因战伤受细菌感染而濒临死亡的伤员生命过程中发挥了重大的作用。目前工业生产上采用的生产菌种均为该变种通过采用理化因素不断诱变选育得到的，当前青霉素发酵产量已达60000单位/mL的高水平。

请你根据基因突变的特点来分析，科学家在进行青霉菌育种时可能会遇到哪些问题？你能提出解决的方法吗？

项目五　免疫学技术

 ## 知识目标

1. 掌握现代免疫概念、免疫功能、免疫系统及抗原、抗体的概念；
2. 熟悉机体正常免疫应答与常见的异常免疫反应（变态反应）的发病机理；
3. 了解临床常见的变态反应疾病的类型。

 ## 能力目标

1. 掌握常用的血清学操作方法；
2. 了解血清学操作的原理。

 ## 素质目标

1. 养成健康良好的生活习惯，增强机体免疫力；
2. 自觉接种疫苗，增强群体免疫力，为自己和他人的健康负责。

免疫学是一门既古老又年轻的学科，公元16世纪前后人们就观察到很多传染病患者病愈后，一般不再患同样的疾病。因此，人们最初利用免疫学方法防治传染病。随着医学科学的发展，人类对免疫的认识逐渐深入，免疫学已成为生命科学和医学中的前沿科学，与分子生物学、细胞生物学并列为推动医学科学飞速发展的三大动力。

通过对现代免疫概念、免疫功能、免疫系统及抗原、抗体的概念的学习，可以更深入地了解机体正常免疫应答与常见的异常免疫反应（变态反应）的发病机理及临床常见的变态反应疾病的类型。通过学习免疫学基础知识，理解血清学试验的原理，掌握常用的血清学试验方法，以便在日后的药检工作中利用免疫学实验方法进行药品检验的操作。

一、免疫学基础

（一）免疫学基本概念

1. 免疫的概念及功能

免疫一词源于拉丁文，其原意是"免税"，引申为免除疾病。古代的免疫指机体接触各种微生物刺激后，产生的一种排除这些异物的保护性反应，因此长期以来免疫仅指机体抗感染的防御能力。现代免疫的概念认为，免疫是机体的一种保护性反应，其作用是识别并清除抗原性异物以维持自身生理平衡和稳定。具体地说：正常情况下免疫是机体的一种生理反应，当抗原性异物进入机体后，机体能识别"自己"或"非己"，并发生特异性的免疫应答，排除抗原性的非己物质；或被诱导而处于对这种抗原性物质的无应答状态及免疫耐受；在异常情况下，对机体是有害的。目前认为免疫具有3种功能：免疫防御功能、免疫自稳功能、免疫监视功能（表3-45）。

表3-45 免疫的功能与异常免疫反应

功能	正常免疫	异常免疫
免疫防御	抗传染免疫	变态反应，免疫缺陷病
免疫自稳	清除自身损伤、衰老、死亡的细胞	自身免疫病
免疫监视	识别或清除突变的细胞	肿瘤发生

2. 非特异性免疫

非特异性免疫也称自然免疫或先天免疫，是机体在长期进化过程中形成，属于先天即有、相对稳定、无特殊针对性地对付病原体的天然抵抗能力。对人和高等动物来说，非特异性免疫主要包括生理屏障、非特异性免疫细胞的防护作用以及体液因素三方面。

（1）生理屏障

① 皮肤与黏膜　皮肤与黏膜是宿主对付病原菌的"第一道防线"，其作用有三方面：a. 机械性阻挡和排除作用；b. 化学物质的抗菌作用，如皮脂腺分泌的脂肪酸、汗腺分泌的乳酸、胃黏膜分泌的胃酸、唾液腺和呼吸道黏膜分泌的溶菌酶等，都具有抑菌或杀菌的作用；c. 正常菌群的拮抗作用。

② 血-脑屏障　血-脑屏障可阻挡病原体及其有毒产物或某些药物从血流透入脑组织或脑脊液，具有保护中枢神经系统的功能，血-脑屏障主要由软脑膜、脉络丛、脑血管和星状胶质细胞组成。婴幼儿因其血-脑屏障还未发育完善，故易患脑膜炎或乙型脑炎等传染病。

③ 胎盘屏障　胎盘屏障是由母体子宫内膜的底蜕膜和胎儿的绒毛膜共同组成。当它发育成熟（约妊娠3个月后）时，致母体发生感染的病原微生物和有害产物不能通过胎盘进入胎儿体内，因此，具有保证母子间物质交换和防止母体内的病原体进入胎儿的功能。

（2）非特异性免疫细胞的防护作用　病原体一旦突破生理屏障后，就会遇到宿主非特异性免疫防御系统中"第二道防线"的抵抗，吞噬细胞是防御功能的重要组成部分，它具有吞噬和处理微生物等抗原性异物的作用。吞噬作用的细胞主要有小吞噬细胞和大吞噬细胞两类，前者以血液和骨髓中的中性粒细胞为主，中性粒细胞内含有大量的溶酶体颗粒，主要功能是摄取和消化异物；后者包括血液中的单核细胞和固定于各组织的巨噬细胞，巨噬细胞的功能是非特异地吞噬和杀灭病原微生物及其他异物。

（3）体液因素　正常体液和组织中含有多种杀伤或抑制病原体的物质，包括补体、乙型溶素、干扰素和溶菌酶等，常与其他杀菌因素配合来发挥免疫功能。

① 补体　在抗原与抗体的结合反应中具有补充抗体功能的物质称为补体。它是存在于人和哺乳动物新鲜血清中的一组具有酶活性的蛋白质，可辅助特异性抗体使细菌溶解，补体是抗体发挥作用的必要补充条件。补体作为重要的非特异性免疫因素，并非单一分子，其中的成分多数以非活动的酶原形式存在，一般不能单独发挥作用，只是补充、协助和加

强机体的其他免疫因素，须经激活后才可攻击侵入的病原微生物，使细胞溶解。

②　溶菌酶　溶菌酶是一种碱式蛋白质，广泛存在于泪液、唾液、呼吸道和肠道分泌物等组织中，在中性粒细胞中也含有大量溶菌酶。它可溶解革兰阳性细菌，如葡萄球菌、链球菌等细胞壁中的黏肽成分，使细菌失去细胞壁而溶解。

3. 特异性免疫

特异性免疫也称获得性免疫或适应性免疫，是机体在生命过程中接受抗原性异物刺激，如微生物感染或接种疫苗后产生的免疫力。主要功能是识别自身和非自身的抗原物质，并对其产生免疫应答，从而保证机体内环境的稳定状态。

特异性免疫可通过自动或被动两种方式获得，见图3-22。

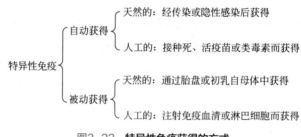

图3-22　**特异性免疫获得的方式**

4. 免疫系统

免疫系统由机体的免疫器官、免疫细胞及免疫分子3部分组成，是特异性免疫的物质基础（见图3-23）。

①　免疫器官　根据其在免疫中所起的作用不同，分为中枢免疫器官和外周免疫器官。两者通过血液循环及淋巴循环发生相互联系。

②　免疫细胞　指免疫活性细胞及与免疫应答有关的细胞。免疫活性细胞包括T细胞和B细胞两大类；其他参与免疫反应的细胞指单核巨噬细胞、K细胞、NK细胞。

③　免疫分子　包括抗原、抗体、淋巴因子等。免疫分子主要由免疫细胞产生，在正常机体中具有重要的免疫防御作用，在免疫性疾病中也可以起重要作用，造成免疫损伤。

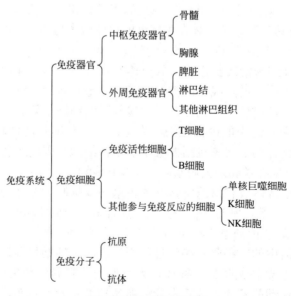

图3-23　**免疫系统的组成**

（二）抗原

1. 抗原的概念及特性

（1）概念 抗原（antigen，Ag）是指能刺激机体免疫系统发生特异性免疫应答，产生抗体或致敏淋巴细胞，并能在体内或体外与抗体或淋巴细胞发生特异性结合的物质。

（2）特性 抗原具有两种基本特性，即免疫原性（或抗原性）及反应原性（或免疫反应性）。抗原物质刺激特定的免疫细胞，使免疫细胞活化、增殖、分化，最终产生免疫效应物质（抗体和致敏淋巴细胞）的特性称为抗原的免疫原性；抗原与相应的效应物质（抗体或致敏淋巴细胞）特异性结合的能力称为反应原性。

2. 构成抗原的条件

（1）异物性 正常情况下，机体的免疫系统具有精确识别"自己"或"非己"物质的能力。"非己"物质是指与宿主自身成分相异或胚胎期未与宿主免疫细胞接触过的物质，抗原就是"非己"的物质，"非己性"即为异物性。异物性是决定抗原免疫原性的核心条件。

具有异物性的物质有如下三类。①异种物质：生物之间种类关系越远，组织结构差异越大，其免疫原性越强。例如各种病原微生物、免疫动物获得的血清等对人都是良好的抗原。②同种异体物质：由于同种不同个体间的遗传差异，组织细胞或体液中有些成分的分子结构也存在不同程度的差异，将这些同种异型物质输入另一个体，即可引起免疫反应，例如人类血型抗原等。③自身组织：体内有些物质从胚胎发育直到出生，都未与免疫系统接触，即处于隐蔽状态，若出生后由于某些因素影响，如炎症、外伤等，使隐蔽物质释放，则成为自身抗原，可刺激机体发生免疫反应。自身其他正常组织成分无免疫原性，但在感染、烧伤、冻伤、电离辐射、药物等因素影响下，其结构发生改变，可成为自身抗原，引起免疫系统对自身物质进行排斥，发生自身免疫病。

（2）大分子物质 抗原一般为有机物，分子量较大，一般在10.0 kDa以上，分子量越大，免疫原性越强，如大分子胶体物质。分子量较小的多糖类，因类脂体无环状结构，故属于半抗原，如与抗原性强的蛋白质结合，也可获得较强抗原免疫原性。

（3）结构与化学组成 抗原物质必须有较复杂的分子结构。含有大量芳香族氨基酸（尤其是酪氨酸）的抗原免疫原性较强；以直链氨基酸为主组成的蛋白质，免疫原性较弱。例如明胶蛋白，其分子量虽高达100kDa，但由于其主要成分为直链氨基酸，易在体内降解为低分子物质，故免疫原性很弱，若在明胶分子中加入少量（2%）的酪氨酸，便可增强其免疫原性。多数大分子蛋白质具有良好的免疫原性，多糖、糖蛋白、脂蛋白等也具有免疫原性。

（4）特异性 指抗原刺激机体产生免疫应答及其与应答产物发生反应所显示的专一性。例如伤寒杆菌抗原刺激机体只能产生抗伤寒杆菌的抗体，而且伤寒杆菌抗原只能与相应抗体特异性结合，而不能与痢疾杆菌抗体结合。抗原的特异性表现在两个方面：①免疫原性的特异性，即抗原只能刺激免疫系统产生针对该抗原的抗体和致敏淋巴细胞；②抗原的特异性，即抗原只能与相应的抗体或致敏淋巴细胞结合或反应。

特异性是免疫应答最根本的特点，免疫应答的特异性是由抗原分子上的抗原决定簇所决定的。抗原通过抗原决定簇与相应淋巴细胞表面的抗原受体结合，引起免疫应答。抗原决定簇的大小相当于相应抗体的抗原结合部位，一般由5～8个氨基酸残基、单糖残基或核苷酸组成。能与抗体分子结合的抗原决定簇的数目，称为抗原结合价。抗原决定簇的性质、数量和空间构象决定抗原的特异性。借此与相应淋巴细胞表面的受体结合，可激活淋巴细胞引起免疫应答；与相应抗体发生特异性结合可产生免疫反应。因此，抗原决定簇是被免疫细胞识别的标志及免疫反应具有特异性的物质基础。

 知识链接

影响免疫原性的其他因素

抗原能否在体内引起免疫应答，除了抗原本身应具备的条件外，机体内在因素也影响其免疫原性的表达。机体对抗原的应答是受免疫应答基因（主要是 MHC）控制的，因个体遗传基因不同，故人群或不同品系动物对同一抗原应答的程度不同；年龄、性别与健康状态也影响机体对抗原的应答；抗原进入机体的剂量、途径、次数以及免疫佐剂的选择都明显影响机体对抗原的应答。

因此，在免疫血清制备时要选择高应答品系动物，应用的抗原剂量要适中，太低和太高易诱导免疫耐受；免疫途径选择皮内和皮下效果最佳，腹腔注射次之，口腔和静脉注射易诱导免疫耐受，同时注意重复免疫的次数不要过多。

3. 抗原的类型

（1）根据抗原的基本性能分类　分为完全抗原和半抗原。

① 完全抗原　具有免疫原性和反应原性的抗原。一些复杂的有机分子（细菌、病毒和大多数的蛋白质等）属于完全抗原。

② 半抗原　只有反应原性而没有免疫原性的物质，即只能与抗体特异性结合，不能单独诱导机体产生抗体。这些抗原单独存在时无免疫原性，当与蛋白质载体结合后能诱导机体产生抗半抗原抗体即具有免疫原性，此称为半抗原-载体效应。半抗原一般是分子量较小的简单有机物（分子量一般小于40000），如大多数的多糖、类脂和某些药物（青霉素、磺胺等）。

（2）根据抗原激活B细胞产生抗体是否需要T细胞辅助分类　分为胸腺依赖性抗原和非胸腺依赖性抗原两类。

① 胸腺依赖性抗原（thymus dependent antigen，TD-Ag）　这类抗原刺激B细胞产生抗体必须有T细胞的参与。大多数天然抗原（如细菌、异种血清等）和大多数蛋白质抗原为TD-Ag。其特点是：分子量大，结构复杂；既有B细胞决定基，又有T细胞决定基；刺激机体主要产生IgG类抗体，既能引起体液免疫，又能引起细胞免疫，可引起两次免疫应答。

② 非胸腺依赖性抗原（thymus independent antigen，TI-Ag）　这类抗原刺激B细胞产生抗体无需T细胞的参与。少数抗原为TI-Ag，如简单细菌脂多糖、荚膜多糖等。其特点是：结构简单；有相同B细胞决定基，且重复出现，无T细胞决定基；刺激机体主要产生IgM类抗体，只能引起体液免疫，不引起两次免疫应答。

（3）根据抗原获得方式分类　分为天然抗原、人工抗原和合成抗原。

① 天然抗原　各种天然的生物物质，如动物血浆以及微生物、植物。大多数天然抗原均含多种抗原成分，并均具有特异性。

② 人工抗原　某些小分子化合物本身没有免疫原性，通过人工方法，将其连接于蛋白质载体上，就可使其获得抗原性，称为人工抗原。如碘化蛋白、偶氮蛋白等。

③ 合成抗原　化学合成的多肽分子。如多肽、多聚氨基酸等。

（4）其他分类　根据抗原的化学组成不同分为蛋白质抗原、脂蛋白抗原、糖蛋白抗原、多糖和核蛋白抗原等；根据抗原的来源及与机体的亲缘关系分为异种抗原、同种异体抗原、自身抗原、嗜异性抗原；根据抗原是否在抗原递呈细胞内合成分为外源性抗原和内源性抗原。

4. 佐剂

凡能特异性地增强抗原的抗原性和机体免疫反应的物质称为佐剂，为一种免疫增强剂。佐剂与抗原合用，可产生大量抗体，从而增强细胞免疫力。佐剂包括无机物佐剂、生物性佐剂、合成佐剂。

（三）抗体

1. 抗体和免疫球蛋白的概念

抗体（antibody，Ab）又称免疫球蛋白（简称Ig）。抗体是B细胞识别抗原后活化、增殖分化为浆细胞，由浆细胞合成和分泌的能与相应抗原在体内外发生特异性结合的球蛋白。抗体主要存在于血清中，也见于其他体液及分泌液中，含有抗体的血清称抗血清或免疫血清。研究表明，在骨髓瘤、巨球蛋白血症等患者血清中还存在与抗体结构相似而不具有抗体活性的球蛋白。经1968年和1972年国际免疫学会议讨论决定，将具有抗体活性及化学结构与抗体相似的球蛋白，统称为免疫球蛋白（Immunoglobulin，Ig）。免疫球蛋白是化学结构的概念，抗体则是生物学功能的概念。到目前为止，人体的免疫球蛋白一共发现了5种类型，分别命名为IgG、IgM、IgA、IgD和IgE。

2. 免疫球蛋白的基本结构

（1）基本结构　抗体由两条相同的重链（H链）和两条相同的轻链（L链）通过链间二硫键连接而成，构成一个呈Y字形的单体分子（见图3-24）。重链分子量约为50～75kDa，约有450～550个氨基酸残基，链间有二硫键相连；轻链分子量约为25kDa，每条约有214个氨基酸残基，通过二硫键与重链连接。

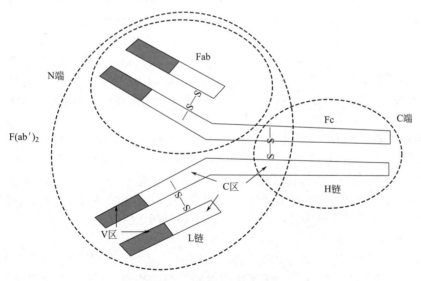

图3-24　**Ig的基本结构模式图**

每条肽链的氨基端称为N端，羧基端称为C端。靠近N端（包括大约H链的1/4，L链的1/2部分）氨基酸的种类及排列顺序因抗体特异性不同而变化较大，因此称为可变区（V区），此区是抗体与抗原特异性结合的部位。其余部分（靠近羧基端C端大约是H链的3/4，L链的1/2）肽链上的氨基酸的种类排列变化不大，称为稳定区（C区）。此区具有激活补体、通过胎盘、活化K细胞及增强吞噬细胞的吞噬功能的作用，同时抗体的抗原性也存在于C区。

（2）免疫球蛋白的水解片段　Ig分子肽链的某些部分易被蛋白酶水解为不同片段。

动画扫一扫

木瓜蛋白酶水解
片段

动画扫一扫

胃蛋白酶水解
片段

① 木瓜蛋白酶水解片段　木瓜蛋白酶水解IgG的部位是在铰链区二硫键近N端，水解后可得到三个片段：两个相同的Fab段，即抗原结合片段（Fab）和一个Fc段（可结晶片段），每个Fab段由一条完整的轻链和重链的V_H和C_H1功能区组成，能与抗原表位发生特异性结合，为单价。Fc段相当于IgG的C_H2和C_H3功能区，是抗体分子与某些效应分子或细胞相互作用的部位。

② 胃蛋白酶水解片段　胃蛋白酶在铰边区连接重链的二硫键近C端水解IgG，获得一个$F(ab')_2$片段和pFc'段。水解后的$F(ab')_2$片段具有两个抗原结合部位（双价），而另一部分进一步被胃蛋白酶裂解为若干片段，称为pFc'段，失去了生物学活性。

3. 免疫球蛋白的生物学作用

（1）IgG　IgG在人出生后3个月即开始合成，3～5岁时接近成人水平，是人类血清中Ig的主要成分，约占血清中免疫球蛋白的75%～80%。IgG能很好地发挥抗感染、中和毒素及调理作用，是主要的抗传染抗体。参与抗细菌、抗病毒和抵抗毒素反应，也是唯一能通过胎盘的抗体，对新生儿抗感染起重要作用。

（2）IgM　IgM为五聚体，是由五个单体通过一个J链连接而成，因此分子量最大，称为巨球蛋白。IgM是个体发育过程中最早合成和分泌的抗体，胚胎发育晚期的胎儿即能产生IgM。IgM主要在脾中合成。因分子量大，不能透过血管壁，故IgM全部存在于血液中，占正常血清免疫球蛋白的10%左右。IgM可激活补体经典途径，也可引起I型、II型超敏反应，是一种细胞毒性抗体。在有补体系统参与下，可破坏肿瘤细胞，在细菌和红细胞的凝集、溶解和溶菌作用上均较IgG强。同时IgM是B细胞膜上的抗原受体，能与抗原结合，从而有调节浆细胞产生抗体的作用，因此IgM是一种高效能的抗体。

（3）IgA　IgA是血液中和黏膜分泌物中的抗体，约占免疫球蛋白总量的20%，仅次于IgG。IgA具有显著的抗菌、抗毒素和抗病毒的功能，对保护呼吸道和消化道黏膜起重要作用。IgA若无IgM参加，不能激活补体。胎儿不能从胎盘得到母体的IgA，出生后可由初乳中获得。

（4）IgD　IgD在血清中含量很少，占血清中免疫球蛋白总量的11%。主要是作为B细胞表面的重要受体，在识别抗原激发B细胞和调节免疫应答中起重要作用。

（5）IgE　IgE在血清中含量甚微，约占血清中免疫球蛋白总量的0.002%。它能与人组织中的肥大细胞和血流中的嗜碱性粒细胞结合。当特异性抗原再次进入人体后，结合在细胞上的IgE又能与抗原结合，促使细胞脱颗粒，释放组胺，引起I型超敏反应。

4. 人工制备的抗体

抗体可与抗原特异性结合、激活补体、与细胞表面Fc受体结合及发挥免疫调节作用，是一种非常重要的生物活性物质。在疾病的诊断、预防和治疗过程中发挥着重要作用，临床上利用各种方法来制备、获得抗体。

（1）多克隆抗体　为人工制备抗体最早采用的传统方法。制备原理为：利用纯化的抗原免疫动物后，诱导动物多个B细胞克隆产生针对该抗原多种抗原决定簇的抗体混合物，从而获得多克隆抗体。其优点是：来源广泛、制备容易、作用全面，但特异性差，易出现交叉反应。

（2）单克隆抗体　是由单一克隆B细胞杂交瘤细胞产生的只识别一种抗原表位的具有高度特异性的抗体。

1975年，Kohler和Milstein建立了体外细胞融合技术，即通过具有免疫B细胞的小鼠与不具有抗原免疫的小鼠骨髓瘤细胞的融合而形成杂交瘤细胞。融合后的细胞经选择培养基培养，挑选成功融合的杂交瘤细胞进行单个培养，再经特异性抗原检测后找到针对某种抗原的杂交瘤细胞，通过体外培养或接种动物体内大量增殖，即克隆化。

单克隆抗体具有结构均一、纯度高、特异性强、少或无血清交叉反应、效价高、易制备的优点，故在生命科学的各领域已广泛应用。

（3）基因工程抗体　20世纪80年代后开始了基因工程抗体的研究。原理是利用DNA重组和蛋白质工程技术，在基因水平上对编码免疫球蛋白分子的基因进行切割、拼接或修饰，从而构成新型的抗体分子。

（4）噬菌体抗体　噬菌体抗体技术的构建，可用不同的抗原对库进行筛选，就可以得到携带特异性抗体的基因，从而能够大量制备完全人源化的特异性抗体。

（四）免疫应答

1. 免疫应答的概念、分类和过程

免疫应答是指机体受抗原刺激后，免疫细胞所发生的一系列反应，包括免疫细胞对抗原物质的识别，自身的活化、增殖和分化以及产生效应物质发挥特异性免疫效应的全过程。免疫应答可及时清除体内抗原性异物，保持内环境的相对稳定，但在某些情况下也可对机体造成损伤。

免疫应答可分为非特异性免疫应答和特异性免疫应答两大类。非特异性免疫应答是机体抵抗病原体入侵的第一道防线，可直接在病原体进入机体的早期阶段发挥吞噬杀伤作用。如吞噬细胞的吞噬作用、单核细胞的杀伤作用等。特异性免疫应答是机体后天在抗原的诱导下产生的针对该抗原的特异性免疫应答。根据参与的细胞类型和效应机制的不同，特异性免疫应答可分为B细胞介导的体液免疫和由T细胞介导的细胞免疫。特异性免疫应答包括感应阶段、反应阶段和效应阶段（见图3-25）。

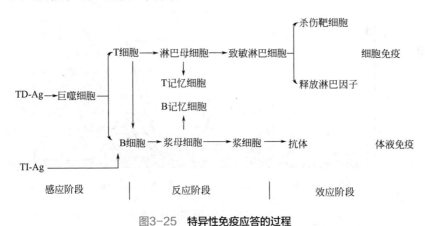

图3-25 特异性免疫应答的过程

TD-Ag—人胸腺依赖性抗原；TI-Ag—人胸腺非依赖性抗原

（1）感应阶段　感应阶段包括抗原在体内的分布、定位，抗原递呈细胞对抗原的摄取、加工和递呈以及抗原特异性淋巴细胞对抗原的识别。抗原进入宿主后一般即被输送到外周淋巴器官，除少数可溶性物质可直接作用于淋巴细胞外，大多数抗原都要经过巨噬细胞的摄取与处理。B细胞是产生抗体的细胞，胸腺依赖性抗原引起体液免疫时，必须经过巨噬细胞和T细胞协作，才能被B细胞所识别，但非胸腺依赖性抗原则可直接被B细胞识别。

（2）反应阶段（活化、增殖和分化阶段）　即T细胞或B细胞受抗原刺激后增殖、分化，

成为免疫效应细胞的阶段。T细胞受抗原刺激后，分化成为致敏淋巴细胞，B细胞经抗原刺激后，分化成为浆细胞。分化过程中的B细胞和T细胞都会有一小部分成为记忆细胞。记忆细胞可将抗原信息储存于细胞内，它们在体内长期存在，能对再次进入宿主的相应抗原起免疫反应。

（3）效应阶段　主要包括激活的效应分子和效应细胞产生体液免疫和细胞免疫应答的过程。抗体和致敏淋巴细胞都可以与抗原结合产生特异性免疫反应。在这个过程中，除了T细胞分泌特异性或非特异性的可溶性因子，发挥辅助、协同、抑制及其他效应外，尚有补体及许多辅助细胞如单核细胞、巨噬细胞、粒细胞及NK细胞等的协同作用。

2. 机体产生抗体的两次应答规律

抗原初次进入机体引发的免疫应答称为初次免疫应答，机体再次接受相同抗原刺激产生的免疫应答称为再次应答，两次应答中抗体的性质和浓度随时间发生变化。

（1）初次应答　机体初次接受抗原刺激后，需经过一个潜伏期，约1～2周，血液中即出现特异性抗体，2～3周达最高峰，潜伏期的长短与抗原性质有关。其特点为：①潜伏期长；②产生抗体浓度低；③在体内持续时间短；④与抗原的亲和力低，以IgM为主。

（2）再次应答　又称为回忆应答。当相同抗原再次进入机体后，免疫系统可迅速、高效地产生特异性应答。再次应答的细胞学基础是在初次应答的过程中形成了记忆B细胞，记忆B细胞经历了增殖、突变、选择等，增加了与抗原的亲和力，其特点为：①潜伏期短，1～3天后，血液中即出现抗体；②产生抗体浓度高；③在体内持续时间长；④与抗原亲和力高，以IgG为主（见图3-26）。

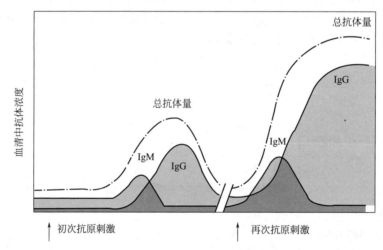

图3-26　初次应答与再次应答示意图

抗体产生的一般规律在临床医学中具有重要指导意义：疫苗接种或制备血清时，采用再次或多次加强免疫，以产生高浓度、高亲和力的抗体，从而获得良好的免疫效果。在免疫应答中，IgM产生早、消失快，故临床上检测特异性IgM，将其作为病原微生物早期感染的诊断指标。

3. 免疫应答的病理反应

（1）超敏反应　超敏反应又称变态反应，是机体受同一抗原物质再次刺激后，引起机体组织损伤或生理功能紊乱的病理性免疫应答。

引起变态反应的抗原称为变应原或过敏原。它可以是外源性抗原，如异种动物血清或病原菌等，也可以是内源性抗原，如药物半抗原与机体组织蛋白结合后也可引起变态反应。

变态反应可以根据变应原的性质、人体的免疫机能状态以及发病的机制分为4个类型。

① Ⅰ型变态反应　Ⅰ型变态反应又称速发型变态反应或过敏反应。其特点是：a. 发作快，机体再次受相同抗原刺激后，几秒钟至几分钟即可发作；b. 参与Ⅰ型变态反应的抗体是IgE；c. 反应重，患者可出现局部甚至全身症状，可引起休克或死亡；d. 消退快，不留痕迹；e. 有明显个体差异，只有少数过敏体质者才可发病。

引起Ⅰ型变态反应的Ⅰ型变态反应变应原有花粉、食物、药物、灰尘等，人体可以通过吸入、食入、用药或接触等途径使机体致敏。

② Ⅱ型变态反应　Ⅱ型变态反应又称细胞溶解型或细胞毒型变态反应。其特点是：a. 抗原存在于机体细胞表面（也可吸附或结合）；b. 参与反应的抗体是IgG或IgM；c. 由补体、巨噬细胞及K细胞参与，导致细胞溶解。

引起Ⅱ型变态反应的变应原有红细胞血型抗原和药物半抗原等。

③ Ⅲ型变态反应　Ⅲ型变态反应又称免疫复合物型或血管炎型变态反应。Ⅲ型变态反应的特点是：a. 参与反应的抗体可以是IgG或IgM；b. 变应原与相应抗体形成中等大小的可溶性免疫复合物，并沉积于血管壁的基底膜等部位；c. 有补体的参与，导致组织损伤。

引起Ⅲ型变态反应的变应原有某些细菌、病毒、异种动物血清及某些药物等。

④ Ⅳ型变态反应　Ⅳ型变态反应又称迟发型变态反应，其特点是：a. 与致敏淋巴细胞有关，与抗体和补体无关；b. 病变部位以单核巨噬细胞或巨噬浸润为主；c. 反应发生缓慢，消失也慢；d. 多少无个体差异。

引起Ⅳ型变态反应的变应原为细胞内寄生菌、病毒、真菌、油漆、农药、染料、塑料小分子物质以及异体组织器官等。

 知识链接

超敏反应的发现

1902年Richet和Portier等把海葵触手的甘油提取液注射给狗时，由于提取液的毒性导致狗的死亡。但对由于注射剂量不足或其他原因而幸存的狗，在2～4周后，再注射提取液，即便是很少量（如为原注射液的1/20）也会立即出现严重的症状：呕吐、便血、晕厥、窒息以至死亡。Von Pirquet和Schick在应用异种动物免疫血清（如马的抗白喉血清）治疗患者时，经7～14天后，便出现发热、皮疹、水肿、关节痛、淋巴结肿大等症状，病程短且能自愈。由于这是因应用治疗血清而引起的，因此称为血清病。这些研究动摇了免疫保护的传统观念，这种因免疫应答而引起的组织损伤效应称为无保护作用，后来改称为超敏反应或变态反应。Richet的研究荣获1913年诺贝尔奖。

（2）免疫耐受性　在正常情况下，机体与自身组织细胞等抗原物质不发生免疫反应，而对各种异物抗原可发生免疫反应。在某些条件下，机体对自身的或异种的抗原都不能引起免疫反应，这种状态称为免疫耐受性。机体受抗原刺激后的反应是很复杂的，能否形成耐受以及耐受维持的时间长短等取决于动物种类、品系、遗传性、机体的免疫机能状态和抗原的种类、性质、剂量、注入途径等多种因素。对自身成分的免疫耐受性，是机体自我监督的首要条件，如这种耐受性遭到破坏，便可出现自身免疫性疾病。对超敏反应及自身免疫性疾病的治疗和器官移植时，多采用免疫抑制措施，使机体获得免疫耐受性。但有时也造成机体正常防御性免疫功能的抑制或失调，造成不良后果。

（3）自身免疫病　机体免疫系统针对自身成分呈现免疫应答，引起体液性免疫和细胞性免疫，即机体对自身抗原所表现的免疫反应，称为自身免疫性，这是比较常见的一种免疫反应。若这种反应达到一定强度可转化为自身免疫病。自身免疫病的范围很广，有的专门以某一器官为损伤对象，即具有器官特异性，如甲状腺炎一类疾病。而有的则全身各器官组织均遭受损伤，如全身性红斑狼疮一类。也有的处于中间类型。自身免疫病和许多因素有关。在胚胎期，淋巴细胞发育的第一阶段，克隆与特异性抗原接触后，便不能进一步发育成熟，导致对该抗原的无反应，即免疫耐受性。但当体内诱发耐受性的机制失调，则在胚胎期被失活的细胞株便可重新分化增殖，产生对自身抗原有反应性的淋巴细胞，引起淋巴系统机能异常并导致自身免疫病。另外，T细胞的机能失常，抗原分子结构或成分改变或是加入某些佐剂，隐蔽抗原的作用以及遗传因素等都可引起自身免疫病。

（4）艾滋病的作用机制　获得性免疫缺陷综合征（AIDS），音译为艾滋病，是20世纪80年代发现的一种新型传染病，以全身免疫系统严重损害为特征，死亡率很高。AIDS的病原是一种逆转录病毒，命名为人类免疫缺陷病毒（HIV）。AIDS的发病机制被认为是：HIV的env基因编码的病毒包膜糖蛋白是直接的致病因子。HIV通过包膜糖蛋白与宿主细胞膜上的T4抗原受体结合而进入细胞，病毒复制后，细胞上出现大量的病毒包膜糖蛋白，它与未感染的T4细胞受体结合形成许多多核巨细胞。其中90%的巨细胞在两周内死亡，并释放出病毒。释放出的病毒可继续感染其他细胞，最终导致T4细胞的耗竭。另外，病毒包膜糖蛋白对T4细胞有毒性。实验证明，经UV灭活的病毒大量接种仍然引起T4细胞病变和溶解。HIV还可感染单核细胞、巨噬细胞和B细胞。因为T4细胞、单核细胞、巨噬细胞在整个免疫系统中起重要作用，所以HIV感染的结果使病人免疫系统的重要成分遭受破坏，最终导致一系列严重的机会性感染和恶性病变。

二、血清学试验

血清学试验是指体外抗原抗体反应，又称体液免疫测定法。因试验所用抗体存在于血清中，因此又叫血清学反应。在血清学试验中，可用已知的抗原检测未知抗体，也可用已知抗体检测未知抗原。血清学反应可以用于疾病的诊断及药品的检测。

（一）血清学试验的特点

1. 特异性

抗原抗体的结合具有高度的特异性，只有抗原抗体特异性结合后才出现凝集或沉淀现象。

2. 可逆性

抗原抗体的结合是分子表面的结合，在一定条件下可以解离，有可逆性。

3. 定比性

由于抗原表面的决定簇是多价的，而抗体是两价的，因此只有抗原抗体比例合适才会出现可见反应（见图3-27）。

4. 阶段性

抗原抗体结合分为两个阶段：第一阶段为结合阶段，特点是时间短但无可见反应；第二阶段为可见阶段，特点是时间长，经过一定时间后，才能出现可见反应，这就是为什么试验要等待一定时间后才出现结果的原因。

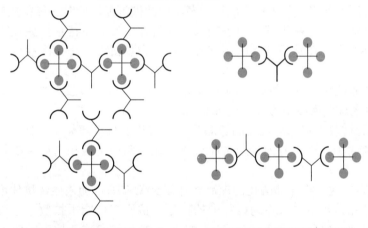

(a) 两者比例适合时形成网络

(b) 抗体过量时仅形成可溶性复合物　　(c) 抗原过量时仅形成可溶性复合物

图3-27　抗原、抗体的比例与结合的关系

（二）血清学试验的影响因素

1. 电解质

在血清学反应中，抗原抗体结合必须在有电解质存在的条件下才能出现凝集现象或沉淀现象。因此在试验中须采用生理盐水稀释抗原或抗体。

2. 温度

合适的温度可增加抗原抗体接触的机会，加速反应的进行。进行血清学反应最适合的温度是37℃。

3. 酸碱度

抗原抗体反应最适酸碱度为pH 6～8，超出此范围则会影响抗原抗体的理化性质，出现假阳性或假阴性。

4. 振荡

振荡或搅拌都有利于抗原抗体的接触，从而加速反应的进行。

（三）血清学试验的类型

1. 凝集反应

颗粒性抗原（细菌或红细胞等抗原）与相应抗体在合适的条件下结合后，出现可见的凝集现象，称为凝集反应。参加反应的抗原称为凝集原，抗体称为凝集素。在做凝集试验时因抗原体积大，表面决定簇相对较少，因此应稀释抗体。

直接凝集反应

（1）直接凝集反应　为颗粒性抗原与相应抗体直接结合所出现的凝集现象。本法可分为玻片法和试管法两种。玻片法为定性试验，方法简便快速，常用于鉴定菌种和人类ABO血型。试管法既可作定性实验也可作定量实验。常用于抗体效价的测定，以协助临床诊断或供流行病学检查，如诊断伤寒和副伤寒的肥大反应。

间接凝集反应

（2）间接凝集反应　先将可溶性抗原（组织滤液、外毒素、血清等）吸附于与免疫无关的载体颗粒（如乳胶颗粒）表面，称为致敏颗粒。抗体与致敏颗粒在电解质存在情况下亦可发生凝集现象。本法主要用于抗体的检查。

2. 沉淀反应

可溶性抗原与相应抗体结合在合适条件下出现肉眼可见的沉淀现象，称为沉淀反应。参与反应的抗原称为沉淀原，参与反应的抗体称为沉淀素。因沉淀原颗粒较小，在单位体积中沉淀原分子数比沉淀素多，因此做沉淀反应时应稀释抗原。

（1）环状沉淀反应　在小试管中先加入已知抗体，然后将待检抗原重叠于抗体上，若抗原抗体特异性结合，在抗原抗体液面交界处出现白色沉淀，称为阳性反应。本法可用于血迹鉴定。

（2）琼脂扩散试验　可溶性抗原与抗体均可在1%的琼脂凝胶中扩散。如抗原抗体比例合适，相遇后可在琼脂凝胶中形成白色沉淀线。

① 双向琼脂扩散　将加热融化的琼脂浇注于玻片上待冷却凝固后打孔，然后将抗原抗体分别加入相邻的小孔内，若为相应抗原抗体，在琼脂中扩散相遇后，在两孔之间可形成白色沉淀线。

② 单向琼脂扩散　将加热融化的琼脂冷却至50℃左右，加入血清抗体混匀后浇注于玻片上，冷却后打孔。孔中加入不同稀释度的抗原。抗原在琼脂中扩散，当与相应抗体结合后可在孔周围出现一白色沉淀环。沉淀环的直径与抗原浓度成正比，因此本法既是定性试验又是定量试验。

3. 补体参与的反应

利用补体可与任意一对抗原抗体复合物结合的特点，设计两个实验系统：一个是待检系统，即已知的抗体和待检的未知抗原（或已知的抗原和待检的未知抗体）；另一个为指示系统，包括绵羊红细胞和相应抗体。若试验中的补体可与待检系统的抗原抗体复合物结合，则指示系统不出现溶血现象，以此检测未知抗原或抗体。

4. 借助标记物的抗原抗体反应

免疫标记技术是指用荧光素、酶等标记抗原或抗体进行抗原抗体反应的免疫学检测方法。本实验具有快速、灵敏度高、可定性或定量等优点。

（1）免疫荧光法　是用荧光素标记抗体再与待检标本中抗原反应，置荧光显微镜下观察，若抗原与抗体特异性结合，则抗原抗体免疫复合物散发荧光。

（2）酶免疫测定法　酶联免疫吸附试验（ELISA）是酶免疫技术的一种，是将抗原抗体反应的特异性与酶反应的敏感性相结合而建立的一种新技术。ELISA的技术原理是：将酶分子与抗体（或抗原）结合，形成稳定的酶标抗体（或抗原）结合物，当酶标抗体（或抗原）

与固相载体上的相应抗原（或抗体）结合时，即可在底物溶液参与下产生肉眼可见的颜色反应，颜色的深浅与抗原或抗体的量成比例关系，使用ELISA检测仪即酶标测定仪，测定其吸收值可得出定量分析。此技术具有特异、敏感、结果判断客观、简便和安全等优点，日益受到重视，不仅在微生物学中应用广泛，而且也被其他学科领域广为采用。

动画扫一扫

环状沉淀反应

三、实操练习——免疫学检测技术

任务1 凝集反应

（一）接受指令

　　1. 指令

（1）练习玻片凝集反应的操作；

（2）学会根据凝集反应的现象鉴别结果。

　　2. 指令分析

颗粒性抗原（细菌、螺旋体、红细胞等）与相应的抗体血清混合后，在电解质参与下，经过一定时间，抗原抗体凝集成肉眼可见的凝集块，这种现象称为凝集反应。血清中的抗体称为凝集素，抗原称为凝集原。

（二）查阅依据

　　血清学试验。

（三）制订计划

　　知识预备→小组方案制定→任务实施→过程督导→跟踪检查→绩效评价。

（四）实施操作

　　1. 准备

（1）菌种　大肠杆菌和伤寒杆菌。

（2）试剂　生理盐水、自身手指血、抗A标准血清、抗B标准血清、伤寒杆菌免疫血清、2.5%碘酒棉球、75%乙醇棉球、灭菌干棉球等。

（3）器材　载玻片、记号、无菌采血针、无菌酒精灯、接种环、试管、尖吸管、水浴箱等。

【训练】为了保证实操完成顺利，实操前应准备好所需的用具。请填写备料单（见表3-46）。

表3-46　备料单（任务1　凝集反应）

序号	品名	规格	数量	备注
1				
2				
3				
4				
5				
6				
7				
8				
9				
10				

2. 操作方法

（1）玻片凝集试验——ABO血型的测定

① 用2.5%碘酒棉球消毒待检的手指尖端，用75%乙醇棉球脱碘，待干或用干棉球擦干，用采血针刺破手指，挤出血，用无菌毛细吸管采血1～2滴放入装有0.5mL含抗凝剂生理盐水的小试管内，混匀使其成为细胞悬液。

② 取洁净玻片1张，用记号笔划分为2格，分别在上角标注A和B，在相应格上分别滴加抗A及抗B标准血清各1滴。

③ 用毛细滴管吸取待检红细胞悬液，分别加1滴于抗A和抗B标准血清中。

④ 将玻片前后左右摇动，以充分混匀。

⑤ 结果判断。

ABO血型判定方法如表3-47所示。

表3-47　ABO血型判定方法

抗A标准血清	抗B标准血清	血型
＋	－	A
－	＋	B
＋	＋	AB
－	－	O

【训练】按上述方法进行血型鉴定实操练习。

（2）试管凝集试验

① 取试管12支分成两排，每排6支，标明管号。

② 加生理盐水，每排第1管加0.9mL，其余各管加0.5mL。

③ 稀释血清，取伤寒免疫血清0.1mL加入第2管中，同法混匀后，取出0.5mL加至第3管。如此依次稀释至第5管，由第5管吸出0.5mL弃去。第6管不加血清，作为对照，第2排用家兔正常血清同第1排稀释方法进行稀释。

④ 加菌液，每排从对照管开始往前加，所有各管均加入伤寒杆菌诊断菌液0.5mL。

⑤ 摇荡试管架，使管内液体混匀，置37℃水浴4～8h，然后置冰箱内过夜，次日即可观察结果。

⑥ 结果分析及效价确定。各管反应结果依据表3-48。

表3-48　试管凝集反应结果判定

液体	管底	判定
清晰透明	有大且厚、边缘稍不规则的凝集块	＋＋＋＋
比较清晰	凝集块完整，但较薄	＋＋＋
有轻度浑浊	有不完整但较大片的凝集块	＋＋
浑浊	凝集块较小，呈颗粒状	＋
同对照管	无凝集块，可能有少许细菌沉淀，轻摇即漂起后立即消散	－

凝集效价的确定：出现"＋＋"的血清最高稀释度为该血清的凝集效价。血清稀释度应

以加入抗原后的最后血清稀释度计算。如第1管1 ： 10稀释的血清0.5mL，加入抗原0.5mL，则最后的血清稀释度为1 ： 20。其余各管也按此原则类推。

 知识链接

细菌或其他凝集原都带有相同的电荷（阴电荷），在悬液中相互排斥而呈均匀的分散状态。抗原与抗体相遇后，由于抗原和抗体分子表面存在着相互对应的化学基团，因而发生特异性结合，成为抗原抗体复合物。由于抗原与抗体结合，降低了抗原分子间的静电排斥，抗原表面的亲水基团减少，由亲水状态变为疏水状态，此时已有凝集的趋向，在电解质（如生理盐水）参与下，由于离子的作用，中和了抗原抗体复合物外面的大部分电荷，使之失去了彼此间的静电排斥力，分子间相互吸引，凝集成絮片或颗粒，出现了肉眼可见的凝集反应。

一般细菌凝集均为菌体凝集（O凝集），抗原凝集呈颗粒状。有鞭毛的细菌如果在制备抗原时鞭毛未被破坏（鞭毛抗原在56℃时即被破坏），则反应出现鞭毛凝集（H凝集），鞭毛凝集时呈絮状凝块。

【训练】按上述方法进行实操练习。

【实操注意事项】

① 玻片凝集试验判断结果时，必须防止干燥，涂片面积不要过大。

② 商品诊断菌液，要按说明书使用。

③ 试验后的细菌仍有传染性，玻片及试管应及时放到消毒缸中。

（五）结果报告

根据实操内容填写报告（见表3-49和表3-50）。

表3-49　ABO血型检测结果

检测内容	A侧发生的现象	B侧发生的现象	血型判定
检测结果			

表3-50　试管凝集试验现象及结果

试管编号	1	2	3	4	5	6
血清稀释倍数						
凝集现象						
效价判定						
报告结果						

【思考讨论】在观察结果时，若出现＋＋凝集程度的试管不止一支，效价应如何判定？若＋＋凝集程度的现象不明显，只见到＋＋＋或＋的凝集现象，效价又如何判定？

任务2　酶联免疫吸附试验

（一）接受指令

1. 指令

（1）熟练掌握酶联免疫吸附试验的基本方法、结果判定；

（2）学会使用微量移液器。

2. 指令分析

酶联免疫吸附试验（ELISA）是免疫酶技术的一种，是将抗原抗体的特异性反应与酶对底物的高效催化作用相结合的一种敏感性很高的试验技术。免疫酶技术是将酶标记在抗体、抗原分子上，形成酶标抗体/酶标抗原，称为酶结合物。该酶结合物的酶在免疫反应后，作用于底物使之呈色，根据颜色的有无和深浅，定位或定量抗原/抗体。

（二）查阅依据

血清学试验。

（三）制订计划

知识预备→小组方案制定→任务实施→过程督导→跟踪检查→绩效评价。

（四）实施操作

1. 准备

（1）试剂　诊断试剂盒［由厂商提供的试剂盒一般包括凹孔反应条（已包被抗HBs）、HBsAg阳性与阴性对照血清、酶标抗HBs、洗涤液、底物溶液、终止液等］。

（2）待检血清　生理盐水、伤寒杆菌免疫血清等。

（3）器材　酶标仪、吸管、橡皮吸头、洗涤瓶（或洗涤机）等。

【训练】为了保证实操完成顺利，实操前应准备好所需的用具。请填写备料单（见表3-51）。

表3-51　备料单（任务2　酶联免疫吸附试验）

序号	品名	规格	数量	备注
1				
2				
3				
4				
5				
6				
7				
8				
9				
10				

2. 操作方法

（1）包被抗原　用套有橡皮吸头的0.2mL吸管小心吸取用包被液稀释好的抗原，沿孔壁准确滴加0.1mL至每个塑料板孔中，防止气泡产生，置37℃过夜。

（2）清洗　快速甩动塑料板，倒出包被液。用另一根吸管吸取洗涤液，加入板孔中，洗涤液量以加满但不溢出板孔为宜。室温放置3min，甩出洗涤液。再加洗涤液，重复上述操作3次。

（3）加血清 用3根套有橡皮吸头的0.2mL吸管小心吸取稀释好的血清（待检、阳性、阴性血清），准确加0.1mL于对应板孔中，第4孔中加0.1mL洗涤液，37℃放置10min，在水池边甩出血清，洗涤液冲洗3次（方法同上）。

（4）加酶标抗体 沿孔壁上部小心准确加入0.1mL酶标抗体（不能让血清沾污吸管），37℃放置10min，同上倒空，洗涤3次。

（5）加底物 每孔0.1mL，置37℃显色5～15min（经常观察），待阳性对照有明显颜色后，立即加一滴终止液使反应终止。

（6）判断结果

① 目测 用肉眼观察液体的颜色，显橙黄色或蓝色为阳性，无色或极浅色则为阴性。阳性对照血清应显色，阴性对照血清应无色。

② 酶标仪测定 用酶联仪于波长492nm（底物为邻苯二胺）或450nm（底物为四甲基联苯胺）处读取吸光度值。以空白孔较零，分别测定样品孔（P）、阴性对照孔（N）和阳性对照孔的吸光度值，$P/N \geq 2.1$为阳性。

若试验结果为阳性，说明标本中存在HBsAg，待检者可能为：急性乙肝潜伏期；急性、慢性乙肝患者；无症状HBsAg携带者。

若选择其他种抗原（如HCG或甲胎蛋白）的酶联免疫吸附试验试剂盒，则应按其说明书方法操作并观察判定结果。

【训练】按上述方法进行实操练习。

【实操主要事项】

① 血清应保证其新鲜、无溶血、无污染。

② 试剂盒应低温（2～8℃）保存，并在有效期内使用，使用时应恢复至室温。

③ 洗涤时务必保证各孔均洗涤干净，以免影响试验结果。

（五）结果报告

根据实操内容填写报告（见表3-52）。

表3-52 ELISA基本操作能力及结果判断能力检测

检测内容	微量取液器是否准确	对照血清结果	待检血清结果
检测结果			

【思考讨论】

① 试验过程中洗涤的目的是什么？若洗涤不好，将会引起怎样的后果？

② 金黄色葡萄球菌在食物中常产生肠毒素，该毒素有A型、B型和C型，某食物中金黄色葡萄球菌已产生一种类型的毒素，请你设计一个ELISA，一次检定出为哪种类型的毒素。

 视野拓展

我国微生物组产业即将走向应用爆发期

2016年，美国克利夫兰医学中心预言《2017十大医疗创新科技》，其中利用微生物组预防、诊断和治疗疾病领域高居榜首，这表明全球已掀起微生物研究的新热潮且取得瞩目成绩，同时在市场潜力与应用前景方面，微生物组学将焕发无限生机。

我们知道，所有机体包括人在内都与微生物是共生体，人体身上有超过100万亿的微生物、有大约25000个人类基因，但却有1000多万个细菌基因，血液中有三分之一的分子都来自肠道细菌。

共生细菌通过参与人体的免疫调节、能量代谢、神经信号传导、感染控制及维生素、氨基酸和膳食营养物合成等，影响我们的健康和身体状况，当微生物组生态失调，就可能导致疾病。

目前文献中有超过3万种科研刊物将微生物与人类健康和各种疾病，包括胃肠、新陈代谢、肝脏、自身免疫、肿瘤、神经和心血管等的病种联系起来。全球不少公司也基于大量研究，提出微生物制药、辅助治疗并推出产品，表明微生物作为"人体第二大基因组"已踏上工业化征程，成为新型治疗药物的丰富来源，为全人类健康带来福祉和希望。

正是由于微生物在疾病治疗、人体健康方面具有重要作用，全球各国纷纷开展微生物组计划。包括欧盟"人类肠道宏基因组计划"（MetaHIT）、美国"人体微生物组计划"（HMP）等。

中国于2017年底也陆续启动微生物计划。10月12日，由世界微生物数据中心和中国科学院微生物研究所牵头，联合全球12个国家的微生物资源保藏中心，宣布共同发起全球微生物模式菌株基因组和微生物组测序合作计划。该计划将覆盖超过目前已知90%的细菌模式菌株，完成超过1000个微生物组样本测序。

2017年10月26日，微生物组创新创业者协会倡议发起中国肠道宏基因组计划（Chinese Gut metagenomics project），以推动我国在人体微生物组领域的发展。

不久，2017年12月20日，中国科学院牵头启动"中国科学院微生物组计划"，该计划整合中科院下属研究所和北京协和医院14家机构，联手攻关"人体与环境健康的微生物组共性技术研究"。

从上而下的大国计划催生了微生物科学研究的繁荣和大量应用成果的转化。从全球微生物产业格局来看，产业链上游以技术服务公司为主，包括宏基因组测序、微生物检测、鉴定与分析、临床诊断等技术服务，为行业提供产品研发支持；中下游公司以具体应用化场景为主，涉及人体健康的领域有微生物科研、微生物治疗与药物研发、健康管理等。

 思政元素

爱国敬业　振兴中华

糖尿病是历史悠久的人类疾病，3500年前，古埃及就有糖尿病多尿症状的描述，2000年前古希腊医生就给出"Diabetes"的正式名称。糖尿病是一种由于胰岛素分泌缺陷或胰岛素作用障碍所致的以高血糖为特征的代谢性疾病。持续高血糖与长期代谢紊乱等可导致全身组织器官，特别是眼、肾、心血管及神经系统的损害及其功能障碍和衰竭。糖尿病患者可出现多饮、多尿、多食和消瘦、疲乏无力等症状，严重者可引起失水、电解质紊乱和酸碱平衡失调等急性并发症酮症酸中毒和高渗昏迷。

从1958年开始，中国科学院上海生物化学研究所、中国科学院上海有机化学研究所和北京大学化学系三个单位联合，以王应睐为首，由龚岳亭、邹承鲁、杜雨苍、季爱雪、邢其毅、汪猷、徐杰诚等人共同组成一个协作组，在前人对胰岛素结构和肽链合成方法研究的基础上，开始探索用化学方法合成胰岛素。经过周密研究，他们确立了合成牛胰岛素的程序。合成工作是分三步完成的：第一步，先把天然胰岛素拆成两条链，再把它们重新合

成为胰岛素，并于1959年突破了这一难题，重新合成的胰岛素是同原来活力相同、形状一样的结晶。第二步，在合成了胰岛素的两条链后，用人工合成的B链同天然的A链相连接。这种牛胰岛素的半合成在1964年获得成功。第三步，把经过考验的半合成的A链与B链相结合。在1965年9月17日完成了结晶牛胰岛素的全合成。经过严格鉴定，它的结构、生物活力、物理化学性质、结晶形状都和天然的牛胰岛素完全一样。这是世界上第一个人工合成的蛋白质。这项成果获得1982年中国自然科学一等奖。王应睐因此被著名英国学者李约瑟(Joseph Needham，1900—1995)誉为"中国生物化学的奠基人之一"。

知识小结

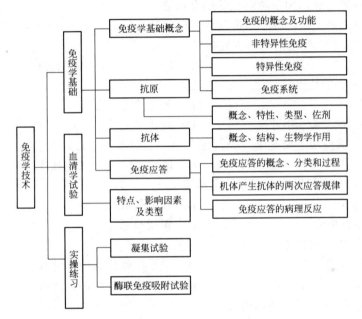

目标检测

一、选择题

（一）单项选择题

1. 免疫稳定功能异常表现为（　　）。

A. 清除病原体　　　　　　　　　B. 清除癌细胞
C. 清除衰老、变形及死亡细胞　　D. 自身免疫疾病

2. 属于中枢免疫器官的是（　　）。

A. 脾　　　　　　B. 肝脏　　　　　C. 胸腺　　　　　D. 淋巴结

3. 半抗原（　　）。

A. 本身无免疫原性　　　　　　　B. 是大分子物质
C. 仅能刺激B细胞活化　　　　　D. 只有结合载体后才能和相应抗体结合

4. 抗原表面与抗体结合的特色化学基团称为（　　）。

A. 抗原识别受体　B. 抗原结合价　　C. 半抗原　　　　D. 抗原决定簇

5．下列哪种物质免疫原性最弱。（　　　）

A．多糖　　　　　B．蛋白质　　　　C．脂类　　　　　D．核蛋白

6．胎儿能合成的免疫球蛋白是（　　　）。

A．IgG　　　　　B．IgA　　　　　C．IgE　　　　　D．IgM

7．初乳中含量最多的免疫球蛋白是（　　　）。

A．IgG　　　　　B．IgA　　　　　C．IgE　　　　　D．IgM

8．能够产生单克隆抗体的细胞系是（　　　）。

A．抗原激活的B细胞与骨髓瘤细胞形成的融合细胞

B．B细胞与巨噬细胞形成的融合细胞

C．淋巴细胞与淋巴瘤细胞形成的融合细胞

D．抗原激活的T细胞与骨髓瘤细胞形成的融合细胞

9．在再次应答中产生的抗体主要是（　　　）。

A．IgG　　　　　B．IgA　　　　　C．IgE　　　　　D．IgM

10．再次应答的特点是（　　　）。

A．潜伏期短　　　　　　　　　　B．抗体产生的量多

C．产生的抗体维持时间长　　　　D．以上都对

11．Ⅰ型超敏反应主要是哪一类抗体介导产生的（　　　）。

A．IgG　　　　　B．IgE　　　　　C．IgA　　　　　D．IgD

12．ABO血型不符输血后引起的溶血属于（　　　）。

A．Ⅰ型超敏反应　　　　　　　　B．Ⅱ型超敏反应

C．Ⅲ型超敏反应　　　　　　　　D．Ⅳ型超敏反应

13．抗原抗体检测技术的基础是（　　　）。

A．抗原抗体结构的相似性　　　　B．抗原抗体结构的互补性

C．抗原抗体结合的可逆性　　　　D．抗原抗体结构的比例性

14．ELISA试验所用的标记物是（　　　）。

A．酶　　　　　　B．荧光素　　　　C．放射性核素　　D．胶体金

15．ELISA试验是以检测什么现象来判定结果。（　　　）

A．颜色反应　　　B．放射性　　　　C．凝集现象　　　D．荧光现象

（二）多项选择题

1．免疫是（　　　）。

A．一种生理功能　　　　　　　　B．对人体始终有益

C．清除抗原性异物　　　　　　　D．监视肿瘤细胞

E．清除自身死亡细胞

2．免疫的功能是（　　　）。

A．监视功能　　　　　　　　　　B．防御功能

C．稳定功能　　　　　　　　　　D．平衡功能

E．营养功能

3．影响抗原抗体反应的因素有（　　　）。

A．温度　　　　　B．酸碱度　　　　C．气体　　　　　D．湿度

E．电解质

4. 抗原物质的免疫原性取决于（　　　）。
A. 高分子量　　　B. 化学组成　　　C. 异物性程度
D. 机体是否第一次接触　　　E. 化学结构的复杂性
5. 异物性是指（　　　）。
A. 异种物质　　　　　　　　B. 结构发生改变的自身物质
C. 同种异体物质　　　　　　D. 一切外来物质
E. 胚胎时期免疫细胞未曾接触过的自身物质
6. 与抗原的特异性有关的是（　　　）。
A. 抗原决定簇的性质　　　　B. 抗原决定簇的大小
C. 抗原决定簇的数量　　　　D. 抗原决定簇的空间构象
E. 抗原决定簇的分布

二、简答题

1. 名词解释：抗原、抗体、免疫、凝集反应、沉淀反应、免疫应答、变态反应。
2. 免疫功能异常会对机体造成什么样的影响？
3. 构成抗原的条件有哪些？抗原的特性是什么？
4. 简述免疫应答的过程。
5. 简述免疫学在医学实践中的应用？

三、实例分析

1. 有人吃完菠萝后15min左右出现剧烈腹痛、恶心、呕吐、腹泻、四肢潮红、荨麻疹、头痛、头晕、口舌发麻等症状。试问发生机制是什么？如何治疗？如何防止发生？
2. 牛痘是牛的一组天然轻型传染病，可传染给人，但不致命。18世纪的英国，天花曾猖獗一时，但奇怪的是患过牛痘的人就不会再患天花了；18世纪末，英国医生Edward Jenner从一位患牛痘的挤奶女工手上的痘疱中取出痘浆，接种于一名8岁儿童的胳膊上，两个月后再接种人的天花脓疱浆，结果这位儿童未患天花。这是为什么？

项目六　环境微生物检测技术

 知识目标

1. 掌握指示微生物的定义并了解其代表性微生物；
2. 掌握PCR技术的反应过程；
3. 了解环境微生物检测方法及原理。

 能力目标

1. 能利用PCR技术鉴定环境中微生物的种类；
2. 能熟练提取细菌DNA。

素质目标

1. 培养细致、严谨的职业素养；
2. 学会学习，适应未来岗位迁移的能力要求；
3. 树立"爱护环境，保护环境"的使命感和责任感。

自2019年12月下旬以来，由新型冠状病毒（SARS-CoV-2）导致的新型冠状肺炎（COVID-19）疫情迅速在全球蔓延，截至2021年9月，全球仅8个国家未被波及，确诊病例已超3亿，由于新冠病毒传染能力强、易变异（目前已出现Alpha、Beta、Gamma、Delta和Lambda等类型）、传播途径多样，人群普遍易感。目前，尽管我国疫情防控形势稳定向好，但境外疫情的不断暴发，使我国"外防输入，内防反弹"的防疫形势依然严峻。另外，由于新冠病毒感染基数较大，且不易被发现，因此其在生活和工作环境中的分布也较为广泛，如食品、外包装、门把手、生活用品、饮用水及生活垃等，在不同环境中其存活时间也不尽相同。2020年6月12日，北京新发地批发市场相关部门从切割进口三文鱼的案板中检测到新冠病毒。2020年7月3日，大连海关从厄瓜多尔冻南美白虾集装箱内壁一个样本和三个外包装样本中，检测出新冠病毒核酸阳性。2021年7月20日，南京禄口机场工作人员进行定期核酸检测时发现阳性结果，溯源结果是保洁人员清扫航班机舱时防护不当导致感染。

空气、土壤、水环境、食物、人体及医院等环境中，除新冠病毒外，还存在细菌、真菌、放线菌及其他类别的病毒，导致环境污染、食物变质及感染性疾病威胁人类的生存，如表3-53所示。

表3-53 环境中常见的病原微生物及所致疾病

病原微生物	所致疾病
结核分枝杆菌（*Mycobacterium tuberculosis*）	肺结核
肺炎链球菌（*Streptococcus pneumoniae*）	肺炎
大肠埃希菌（*Escherichia coli*）	腹泻
葡萄球菌（*Staphylococcus* sp.），酿脓链球菌（*Streptococcus pyogenes*）	呼吸道感染
克雷伯杆菌属（*Klebsiella*）	肺炎及其他化脓性炎症
沙雷菌属（*Serratia*）	脑膜炎、肺炎、败血症以及各类感染
白喉杆菌（*Corynebacterium diphtheriae*）	白喉
SARS冠状病毒（SARS coronavirus）	严重急性呼吸道综合征（SARS）
流感病毒（Influenza virus）	流行性感冒
腮腺炎病毒（Mumps virus）	流行性腮腺炎
天花病毒（Variola virus）	天花
甲型肝炎病毒（Hepatitis A virus）	甲型肝炎
戊型肝炎病毒（Hepatitis E virus）	戊型肝炎
肺炎支原体（*Mypoplasma pneumoniae*）	原发性非典型性肺炎
星状马杜拉放线菌（*Actinomadura asteroides*）	奴卡菌病
新型隐球菌（*Crytococcus neoformans*）	隐球菌病

续表

病原微生物	所致疾病
黄曲霉菌（*Aspergillus flavus*）	致癌
赭曲霉菌（*Aspergillus ochraceus*）	儿童哮喘、肺病、致畸、致癌等多种疾病

　　这些病原微生物可通过血液、唾液、飞沫、灰尘、饮用水及食物等方式在人际间传播，还可以气溶胶❶的形式存在。此外，微生物作为自然界中的分解者，参与多种物质的循环与转化。正常环境条件下，环境中微生物的数量及其类群的多样性保持在稳定的动态变化中，每一类群在物质循环过程中都发挥其特定的功能；但当环境条件发生变化时，会使某些微生物类群增殖异常使环境恶化，如蓝细菌及微小藻类的异常增殖会导致水体富营养化的出现。同时，微生物增殖过程中产生的代谢产物会大量积累，使环境污染进一步加重，如过量的 CO_2、CH_4、SO_2 等气体，引发温室效应和酸雨。

　　及时发现环境中的微生物，在预防感染性疾病、食品安全、环境治理及工农业生产等方面具有重要意义。多年来，针对不同环境、不同类别微生物发展出了多种多样的检测手段，如指示菌、酶学、代谢学、仪器及分子生物学等技术。

一、环境污染指示微生物

　　由于环境中病原微生物、病毒种类繁多，难以进行分离、培养和量化，通常利用指示微生物来反应环境中病原微生物和病毒的数量。指示微生物（indicator microorganism）或指示菌（indicator bacteria）是在常规环境监测中，用以指示环境样品污染性质与程度，并评价环境卫生状况的具有代表性的微生物。

（一）细菌总数

　　细菌总数（total bacteria count）是指环境中被测1mL或1g样品，在一定条件下，经培养后所含细菌菌落总数。在实际测定过程中，通常以菌落形成单位（cfu）表示。水中细菌总数与水体受有机污染的程度相关，现今国内外对细菌总数测定的方法有：检测片法、测定细胞重量法、显微记数法、稀释倒平皿法、荧光法等。

（二）霉菌和酵母菌总数

　　霉菌和酵母菌数（fungi and yeast count）是指环境中被测样品经过处理，在一定条件下培养后，1g或1mL被检样品中所含有的霉菌和酵母菌菌落数量。霉菌和酵母菌的数量表明食品被污染的程度，是评价食品卫生质量必不可少的指标。在我国，饮料、坚果类及米面类等食品均将霉菌和酵母菌作为食品污染的指示菌进行监测，在国标GB 4789中被列为食品安全微生物常规检测项目之一。常用的方法主要有平板技术法、显色培养基计数、WKJ-Ⅱ型微生物快速检测系统、流式细胞仪和测试片法。

（三）总大肠菌群及粪大肠菌群

　　由于水体病原微生物污染主要来自人畜的粪便，因此可选取存在于人体及动物肠道中易于检测的微生物作为指示菌，反映水体病原微生物的污染程度。总大肠菌群（total coliform）也称大肠菌群（coliform group或coliform），是指在37℃条件下，48h内发酵乳糖、产酸、产气，需氧及兼性厌氧的革兰阴性无芽孢杆菌，包括埃希菌属（*Escherichia*）、柠檬酸杆菌属（*Citrobacter*）、肠杆菌属（*Enterobacter*）、克雷伯菌属（*Klebsiella*）和

---

❶　气溶胶：是指由液体或固体微粒均匀分散在气体中形成的相对稳定的悬浮体系，能长期悬浮于空气中，使空气中含有一定种类和数量的微生物。

阴沟肠杆菌（*Enterobacter cloacae*）等。粪大肠菌群（fecal coliform）或耐热性大肠菌群（thermotolerant coliform）是一类在45℃条件下仍能发酵乳糖、产酸、产气的大肠菌群微生物，来源于人和温血动物的粪便，其数量表明水体受粪便污染的程度。**多管发酵法**（multiple-tube fermentati，MTF）是检测大肠菌群的传统方法之一。

（四）病毒的指示性微生物

自然水体环境中病毒种类繁多，分离和培养困难，不可能进行全部的监测和评价，因此可选择具有代表性的指示病毒，并配合相应的评价指标和检测方法来检测病毒的安全性。目前，研究较多的为脊髓灰质炎病毒（polio virus，PV）疫苗株和大肠杆菌噬菌体（bacteria phage或phage）两种。

1. 脊髓灰质炎病毒（polio virus，PV）疫苗株

肠道病毒是世界上最常见的感染人类的病毒之一，感染患者可通过粪便排出大量的肠道病毒，并通过污水、地表径流和固体生活垃圾等进入地表水和地下水体。脊髓灰质炎病毒是其中的典型代表，我国《消毒技术规范》等相关实验方法均要求使用脊髓灰质炎病毒疫苗株来评价化学消毒剂杀灭病毒性病原体的能力。由于减毒活疫苗的广泛应用，脊髓灰质炎病毒疫苗株在天然水体中普遍存在，且该病毒不具有致病性，对常用化学消毒剂的抵抗力比细菌繁殖体强，可作为水体受病毒污染的指示病毒，或作为饮用水病毒消毒效果评价指示微生物。

2. 大肠杆菌噬菌体（bacteria phage或phage）

噬菌体是一类通过细胞壁受体（如脂多糖）感染大肠杆菌宿主菌的病毒。噬菌体以细菌细胞为宿主进行复制，其中大肠杆菌噬菌体以肠杆菌等作为宿主菌，并被人和其他哺乳动物随粪便排出体外，与各种病原菌存在高度相关性。噬菌体种类较多，其中研究较多的是MS2和f2噬菌体，被认为适宜作为水体粪便污染及肠道病毒污染的指示物。与临床样品相比，水环境中病毒含量较低，因此，对其检测需要依赖高效的浓缩方法，从而提高病毒的检测能力。常用的浓缩方法有过滤法、吸附法、离心法和混凝法等。

（五）其他指示微生物

除以上几类较为典型和常见的微生物在环境微生物污染评价中起到指示作用外，粪链球菌（*Streptococcus faecalis*）、蛭弧菌（*Bdellovibrio*）、沙门菌（*Salmonella*）、铜绿假单胞菌（*Pseudomons aeruginosa*）、金黄色葡萄球菌（*Staphylococcus aureus*）、产气荚膜梭菌（*Clostridium perfringenes*）、志贺菌（*Shigella*）、链球菌属（*Streptococcus*）及破伤风梭菌属（*Clostridium tetani*）等菌株因在环境中广泛分布，具有较强的生存能力，且在一定条件下具有致病性，也常被用来作为指示微生物。在食品、药品、化妆品、公共场所卫生安全性检验中发挥重要的指示作用。

二、环境微生物检测技术

传统微生物检测方法大多运用显微镜、培养及染色等手段，较为直观地观察微生物的存在。但传统技术存在较大的局限性，很难满足现在微生物检测的需求，主要有以下几点局限性：①造成环境污染的微生物种类繁多，对每个物种进行形态学描述，工作量巨大；②各微生物生理代谢与结构特点不尽相同，很难培养出环境样品中的所有微生物，降低检测的准确性；③微生物本身生长繁殖需要一定的时间，不能在短时间内得出检测结果，造成效率低下；④传统检测方法需要在实验室内进行，消耗巨大，且不便携带和操作。采用先进的现代微生物检测技术可以克服传统检测方法的局限性，提升微生物检测工作的效率，极大地缩短工作时间，降低成本，提高准确性。

知识链接

培养手段，主要利用微生物菌落特征、代谢产物的颜色反应及生化现象、培养基的选择作用等对环境样品中的微生物种类进行鉴定。但环境中微生物的多样性较高且在不同条件下其生长状态不尽相同，很难保证所有种类都能被培养出来。另外，其生长产生菌落或现象也需要一定的时间，因此会导致检测工作的准确度较低和检测时间较长。

通常情况下，微生物细胞或结构相对较小，呈现透明或半透明状态，如未经过染色往往不易被观察识别。因此借助于染色法可使菌体着色，与视野背景形成鲜明对比，从而易于在显微镜下观察，以达到快速鉴定微生物种类的目的，是微生物检验工作中常用的技能之一。微生物染色可在物理和化学因素的共同作用下进行。物理因素如细胞及细胞物质对染料的毛细现象、渗透、吸附作用等。化学因素则是根据细胞物质和染料的不同性质而发生的各种化学反应。酸性物质对碱性染料较易吸附，碱性物质对酸性染料较易吸附。生物染料主要有碱性染料（带正电荷）、酸性染料（带负电荷）和中性染料三大类。中性染料是一种复合染料，是酸性、碱性染料的结合物，如伊红-亚甲基蓝、伊红天青等。细菌蛋白质等电点（当蛋白质处于某一pH环境中，所带正、负电荷恰好相等，即净电荷为零，呈兼性离子，此时溶液的pH值被称为蛋白质的等电点）较低，当其生长于中性、碱性或弱酸性溶液中常带有负电荷，可与碱性染料（如亚甲基蓝、结晶紫、碱性复红或孔雀绿等）结合而着色。当细菌分解糖类产酸使培养基pH下降时细菌带正电荷，可与伊红、酸性复红或刚果红等酸性染料着色。

（一）生理生化鉴定系统

1. API微生物鉴定系统

该系统为法国生物梅里埃公司生产的用于细菌分类和鉴定的系统。以微生物生理生化理论为基础，借助微生物信息编码技术，为微生物检验提供了简易、方便、快捷、科学的鉴定程序。目前API系列提供的产品有16种，约有1000种生化反应，鉴定范围几乎涵盖所有的细菌类群。如API 20E是肠杆菌科和其他非肠道革兰阴性菌的标准鉴定系统，包括23个标准化微型生化测试和鉴定信息库（图3-28）；API 50CH是含有49种不同碳水化合物的实验管，检测微生物对这些碳源的利用情况。由于微生物生长使管内培养物pH变化导致颜色的改变而确定酶活状况，可用于鉴定乳酸菌、芽孢杆菌、肠杆菌科和弧菌科等细菌。

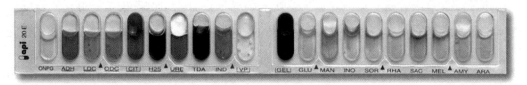

图3-28　API 20E生化反应现象

2. BIOLOG系统

该系统根据微生物对糖、醇、酸、酯、胺和一些大分子聚合物等95种碳源的利用情况进行生理生化特性的鉴定。微生物利用碳源进行呼吸会将其内的指示剂从无色变为紫色，根据微孔平板上表现出的"指纹图谱"，通过比较后分析结果进行鉴定（图3-29）。目前已推出革兰阴性好氧菌（GN）、革兰阳性好氧菌（GP）、酵母菌（YT）、厌氧细菌（AN）和丝状真菌（FF）数据库。

3. VITE系统

该系统将进行生化反应的培养基（指示剂）固定在卡片上，再将待鉴定菌液接入其中。

经过培养后会产生颜色变化，仪器对显色反应进行识别和判断并得出结果，可在 2 ～ 6h 内完成鉴定。通过对不同微生物设计鉴定卡片，如革兰阴性菌卡、革兰阳性菌卡和酵母菌卡等，来完成鉴定。该系统除菌液制备由人工完成外，加样、培养、显色识别、读卡和结果判定等均可自动完成。医院、检验检疫部门应用较多。

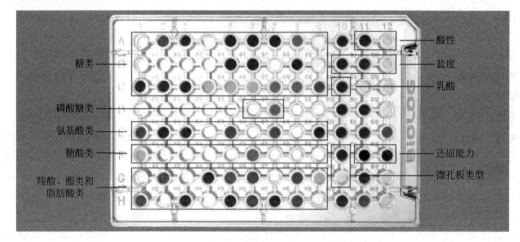

图3-29   71种碳源和23种敏感性实验

（二）快速、自动化微生物检测仪器与设备

基质辅助激光解吸飞行时间质谱（matrix-assisted laser desorption ionization time-of- flight mass spectrometry，MALDI-TOF MS）是近年来发展起来的一种新技术，能够鉴定多种微生物包括细菌、真菌和病毒，具有操作简单、快速、高通量、准确等优点。该技术属于化学分类学技术，对微生物蛋白质进行分析，利用微生物不同种、属及菌株间蛋白质特征的不同，得到特征性质谱图，再通过与已知微生物标准蛋白质指纹图谱数据库结果进行比较，可以确定微生物的种属，达到快速检测、鉴定和分型。

基本原理为：将待测微生物菌体与适量的基质溶液点加到样品板上，溶剂挥发后可形成蛋白质与基质的共结晶薄膜，在激光照射下，基质分子和蛋白质会在分析仪内发生解吸附和电离，蛋白质电离后产生的电离分子在真空分析仪柱中加速，根据其质荷比的不同会先后到达飞行时间检测器，根据各离子被检测到的飞行时间生成特征性质谱图。质荷比指带电离子的质量与所带电荷之比值，以 m/z 表示（图3-30）。质荷比越小的离子其飞行速度越快，反之越慢。

快速、自动化的微生物检测仪器与设备很多，种类较为齐全，较为广泛使用的有阻抗测定仪、放射测量仪、微量量热仪、生物发光测量仪、药品自动测定仪和自动微生物检测仪等。该种设备普遍配备计算机数据处理和分析系统，实现快速、准确、敏感的自动化检测与分析。

（三）分子生物学技术

分子生物学技术的迅猛发展，使人们能够对基因和DNA进行大量的分离、鉴定和克隆，大大拓宽和深化了微生物检验技术的发展，使工作人员能从DNA、RNA水平上对微生物进行检测，有效扩大了微生物的检验范围，提高了检验结果的可靠性和准确性。该技术被广泛推广应用到药品、食品、环境及农业等领域的检测中。目前采用较多的为聚合酶链反应技术，同时生物传感器技术、核酸探针技术以及基因芯片等技术在微生物检验中也逐渐成熟。

基因（遗传因子）是产生一条多肽链或功能RNA所需的全部核苷酸序列。基因是控制生物性状的基本遗传单位。引物是指在核苷酸聚合作用起始时，刺激合成的，一种具有特定核

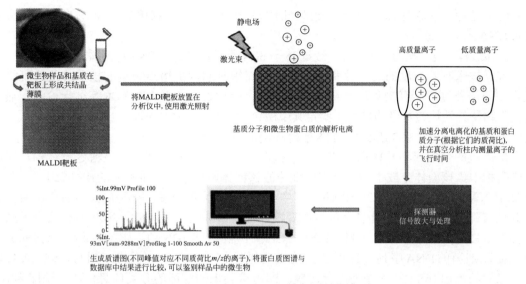

图3-30　MALDI-TOF MS技术分析样品的原理

图片引用自张秋艳等人的论文 DOI:10.19812/j.cnki.jfsq11-5956/ts.2021.19.007.

苷酸序列的大分子，与反应物以氢键形式连接。

1. 聚合酶链反应技术

聚合酶链反应技术（polymerase chain reaction，PCR），是模仿细胞内发生的DNA复制过程，以DNA互补链聚合反应为基础，通过控制温度在体外实现双链的解开与聚合，通过变性、退火、延伸3个过程的循环，迅速扩增目的基因（图3-31）。

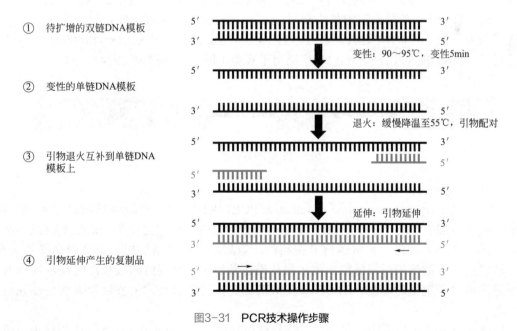

图3-31　PCR技术操作步骤

（1）变性　反应系统被加热到90～95℃，模板DNA变性成为两条单链DNA，作为互补链聚合反应的模板。

（2）退火　降温到约55℃，使两种引物分别与模板DNA的3′端互补序列杂交（复性）。

（3）延伸　升温到70～75℃，耐热性DNA聚合酶催化引物按5′→3′方向延伸，合成模板DNA的互补链。

上述过程重复一次为一个循环，经过25～30个循环后，目的DNA片段增加了10^6倍。

PCR技术有着高度的灵敏性和特异性，可在短时间内扩增出大量的核酸片段。可绕过微生物的培养过程，直接对环境样品，如食物、土壤、污水及人体标本等进行检测。通过对微生物特异性核酸片段的扩增，鉴定其中所包含的微生物的类别。

2. 16S rDNA、18S rDNA、ITS序列及同源性的分析

蛋白质的合成离不开核糖体的参与，因此细胞型微生物中都含有核糖这一结构。在原核微生物中，核糖体分散于细胞质中，细菌的核糖体由三种分子量不同的rRNA组成，分别为5S rRNA、16S rRNA和23S rRNA。其中16S rRNA拷贝数多、分子量大小适中、有突变序列也有保守序列、信息量较大且能体现不同菌株种属间的差异性，因此，被认为是细菌分类鉴定最常用的标准标识序列。16S rRNA序列是由16S rDNA序列转录而来，约1540bp，通过提取细菌的DNA序列，使用适宜的引物进行扩增并测序，再将序列与Genbank数据库中已知的细菌16S rDNA序列进行比较，即可得到未知细菌的分类信息，此方法即为16S rDNA序列分析法。

在真核微生物中，核糖体由四种不同分子量的rRNA组成，分别为5S rRNA、5.8S rRNA、16S rRNA和28S rRNA，而这几种RNA成分分别是由相应的DNA序列转录而来。其中18S rDNA序列既有保守区、也有可变区，保守区反映了生物物种间的亲缘关系，而可变区则能体现物种间的差异，适用于种级以上的分类标准。ITS序列是内源转录间隔区（internally transcribed spacer），位于真菌18S、5.8S和28S rRNA基因之间，分别为ITS 1和ITS 2（如图3-32）。相较于5.8S、18S和28S rRNA基因，ITS由于承受较小的自然选择压力，在进化过程中能够容忍更多的变异，在绝大多数的真核生物中表现出极为广泛的序列多态性。同时，ITS的保守型表现为种内相对一致，种间差异较明显，能反映出种属间，甚至菌株间的差异性，且ITS序列片段较小（ITS 1和ITS 2长度分别为350bp和400bp），易于分析。目前，18S rDNA及ITS序列已被广泛用于真菌不同种属的物种鉴定。

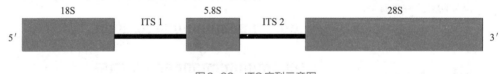

图3-32　ITS序列示意图

3. RT-qPCR技术

实时荧光定量PCR（real-time quantitative PCR，RT-qPCR）可以对核酸进行定量检测，该方法利用核酸扩增时产生的扩增曲线来对其初始浓度进行定量计算。该技术已成为新冠病毒检测的主要方法之一。常规PCR在高循环数后，产物产量和模板量会脱离线性关系，其灵敏度无法检测到相对较低的丰度；另外循环数较多，需要时间较长。因此常规PCR技术不适于即时、定量的检测。RT-qPCR技术就是在常规PCR技术上发展起来的更加先进的技术之一。

该技术PCR反应体系中，包含一对特异性引物以及一个Taqman探针，该探针为一段特异性寡核苷酸序列，两端分别标记了报告荧光基团和淬灭荧光基团。探针完整时，报告基团发射的荧光信号被淬灭基团吸收；如反应体系存在靶序列，PCR反应时探针与模板结合，DNA聚合酶沿模板利用酶的外切酶活性将探针酶切降解，报告基团与淬灭基团分离，发出

荧光。每扩增一条DNA链，就有一个荧光分子产生。荧光定量PCR仪能够监测出荧光到达预先设定阈值的循环数（Ct值）与病毒核酸浓度有关，病毒核酸浓度越高，Ct值越小。Ct值<37，可报告为阳性；无Ct值或$Ct \geqslant 40$，为阴性；Ct值在$37 \sim 40$，则重复实验。

三、实操练习——分子微生物学技术

任务1　　细菌总DNA的制备

（一）接受指令

　　1．指令

　　（1）了解细菌总DNA制备方法原理和使用范围；

　　（2）掌握细菌总DNA提取技术。

　　2．指令分析

　　细菌细胞成分较为复杂，除含有遗传物质DNA外，还含有蛋白质、多糖、脂类及RNA等多种成分。制备纯度较高的细菌总DNA，是后续对其进行目的基因扩增和分析的必要条件，因此在提取过程中，需要将除DNA外的其他成分尽可能地除尽。细菌DNA的提取方法有很多，总的来说都包括两个步骤：先裂解细胞，再用化学或酶学方法除去样品中的蛋白质、糖类、RNA等大分子物质。

　　（1）细胞裂解　　由于革兰阴性和阳性细菌其细胞壁成分不同，因此提取这两类细菌DNA使其裂解细胞的方法有些不同。采用十二烷基磺酸钠（SDS）处理即可使革兰阴性细菌细胞裂解，而裂解革兰阳性细菌细胞时，需先用溶菌酶处理降解细胞壁后，再用SDS等表面活性剂处理裂解细胞。

　　（2）DNA的纯化　　一般用饱和苯酚或苯酚/氯仿/异戊醇混合液和蛋白酶处理除去DNA样品中多余的蛋白质，用RNA酶除去参与的RNA，用十六烷基三甲基溴化铵（CTAB）/NaCl溶液除去样品中的多糖和其他污染的大分子物质。

（二）查阅依据

　　原核微生物基础知识。

（三）制订计划

　　知识预备→小组方案制定→任务实施→过程督导→跟踪检查→绩效评价

（四）实时操作

　　1．准备

　　（1）菌种　　大肠杆菌和枯草芽孢杆菌。

　　（2）试剂　　TE缓冲液（10mmol/L Tris-HCl，1mmol/L EDTA，pH8.0，含20μg/mL RNase），100g/L十二烷基磺酸钠（SDS），20mg/mL蛋白酶K，十六烷基三甲基溴化铵（CTAB）/NaCl溶液（100g/L CTAB/0.7mol/L NaCl），溶液Ⅳ（苯酚/氯仿/异戊醇=25：24：1，体积比），氯仿/异戊醇（24：1，体积比），无水乙醇，70%乙醇，3mol/L乙酸钠（pH5.2），SC溶液（0.15mol/L NaCl，0.01mol/L柠檬酸钠，pH7.0），4mol/L和5mol/L NaCl，10mg/mL溶菌酶（新鲜配制），1mg/mL溴化乙锭（EB）。

　　（3）器材

　　试管，1.5mL微量离心管，旋涡振荡器，水浴锅，高速台式离心机，电热干燥箱，紫外分光光度计，恒温摇床和琼脂糖凝胶电泳系统等。

　　【训练】为保证实操完成顺利，实操前应准备好所需用具及试剂。请填写备料单（见表3-54）。

表3-54　备料单（任务1　细菌总DNA的制备）

序号	品名	规格	数量	备注
1				
2				
3				
4				
5				
6				

2．操作方法

（1）CTAB法制备大肠杆菌总DNA

① 挑取大肠杆菌的一个单菌落于装有5mL牛肉膏蛋白胨培养基的试管中，37℃培养过夜（12～16h）。

② 吸取1.5mL的过夜培养物于1个微量离心管中。12000r/min离心20～30s收集菌体，去上清，保留细胞沉淀。

③ 加入500μL TE缓冲液，在旋涡振荡器上强烈振荡重新悬浮细胞沉淀，再加入30μL 100g/L的SDS溶液和3μL 20mg/mL的蛋白酶K，混匀，37℃温育1h。

④ 加入100μL 5mol/L NaCl，充分混匀。再加入80μL的CTAB/NaCl溶液，充分混匀；65℃温育10 min。

⑤ 加入等体积的溶液Ⅳ，盖紧管盖。轻柔地反复颠倒离心管，充分混匀，使两相完全混合，冰浴10min。

⑥ 12000r/min离心10min，小心吸取上层水和转移至另一干净的1.5mL微量离心管中，重复⑤⑥至界面无白色沉淀。

⑦ 加入等体积的氯仿／异戊醇，混匀，12000r/min离心5min，小心吸取上层水相转移至另一干净的1.5mL微量离心管中。

⑧ 加入1/10体积的乙酸钠溶液，混匀；再加入0.6～1倍体积的异内醇或2倍体积的无水乙醇，混匀，这时可以看见溶液中有絮状的DNA沉淀出现。用牙签挑出DNA。转移到1mL 70％乙醇中洗涤。

⑨ 12000r/min离心5min，弃去上清，可见DNA沉淀附于离心管壁上，用记号笔在管壁上标出DNA沉淀的位置，将离心管倒置在滤纸上，让残余的乙醇流出；室温下蒸发DNA样品中残余乙醇，10～15min，或者在65℃干燥箱中干燥2min。

⑩ 用50～100μL TE缓冲液（含20μg/mL RNase）溶解DNA沉淀，混匀，取5μL进行琼脂糖凝胶电泳检测，剩余的样品存于4℃冰箱中，以备下一个实验用。

（2）高渗法制备枯草芽孢杆菌总DNA

① 挑取枯草芽孢杆菌的1个单菌落于装有5mL牛肉膏蛋白胨培养基的试管中37℃振荡培养过夜（12～16h）。

② 吸取2.5mL的过夜培养物于5mL离心管中，10000r/min离心1min收集菌体，吸弃上清，保留细胞沉淀。

③ 用1mL SC溶液重新悬浮菌体，10000r/min离心1min，吸弃上清，保留细胞沉淀；

菌体重悬于0.5mL SC溶液中。

④ 加入0.1mL 10mg/mL用SC溶液新鲜配制的溶菌酶，边滴边用旋涡振荡器小心混匀，37℃温浴15 ～ 20min。

⑤ 加入0.6mL 4mol/L的NaCl，混匀，裂解细胞。

以下步骤同方法（1）中③～⑩。

（3）琼脂糖凝胶的制备

① 在微型电泳槽的胶板两端插上挡板，在合适位置放好梳子，梳子底部与电泳槽底板之间保持约0.5mm的距离。

② 用电泳缓冲液配制7g/L的琼脂糖胶，加热使其完全融化，加入一小滴溴化乙锭溶液（1mg/mL），使胶呈微红色，摇匀（但不要产生气泡），冷却至65℃，倒胶（凝胶厚度一般为0.3 ～ 0.5cm）。倒胶之前先用琼脂糖封好电泳槽两端挡板与其底部的连接处，以免漏胶。

③ 待胶完全凝固后，小心去除两端挡板和梳子，将载有凝胶的电泳胶板（或直接将凝胶）放入电泳槽的平台上，加电泳缓冲液，使其刚好浸没胶面（液面高出胶面1mm）。

【实操注意事项】

（1）细胞沉淀重悬浮要充分，细胞裂解要彻底，使基因组DNA充分释放出来。

（2）细胞裂解后的操作步骤要轻柔，避免旋涡振荡，以免使总DNA断裂成碎片。

（3）注意离心沉淀DNA时，离心管盖柄都要朝外，这样离心后，DNA即沉淀在这一侧的离心管底部。

（4）残余的苯酚要去除干净，否则会影响后续的酶处理过程。

（5）残余的乙醇要挥发完全，否则会影响DNA溶解和后续的DNA分析。

（6）吸取DNA要缓慢、轻柔，防止剪切DNA。

（7）苯酚对皮肤、黏膜有强烈的腐蚀作用，注意戴手套操作，如果苯酚沾到皮肤上请用大量的清水冲洗。

（8）乙醇、正丁醇等具有挥发性和刺激性，长期暴露其中可引起头痛等症状。另外，要避免接触明火。

（9）按要求将手套、离心管等废弃物丢弃在指定容器内。

（五）结果报告

记录提取细菌总DNA的电泳结果。

【思考与讨论】

根据你所学的原核微生物知识，试解释总DNA提取过程中，各步骤的工作原理。

任务2 应用PCR技术鉴定细菌

（一）接受指令

1. 指令

学习与掌握微生物DNA分子鉴定的方法与技术。

2. 指令分析

PCR技术是将生物体内DNA复制过程应用于体外反应。通过设计一对特异性引物，有效地识别靶DNA片段两端相应位点，与模板单链DNA上相应位置互补，然后通过PCR反应，使目标DNA片段不断复制，使其大量扩增。利用琼脂糖凝胶电泳可见明显的DNA条带，由此达到快速检测和鉴定微生物的目的。

Spiker等根据假单胞菌最新的系统发育（16S rDNA序列）数据设计出能准确从属与种水平上鉴定假单胞菌与铜绿假单胞菌的特异性引物，建立了简便、快速且准确地鉴定假单胞菌与铜绿假单胞菌的PCR技术。

（二）查阅依据

PCR技术原理。

（三）制订计划

知识预备→小组方案制定→任务实施→过程督导→跟踪检查→绩效评价。

（四）实时操作

1. 准备

（1）菌种　铜绿假单胞菌、假单胞菌（待测）、大肠杆菌。

（2）试剂　任务1中提取细菌DNA及电泳所需药品、PCR体系、LB培养基、引物等。

（3）器材　冷冻离心机、台式离心机、PCR仪、水浴锅、干燥箱、进样枪、离心管、凝胶电泳仪等。

【训练】为保证实操完成顺利，实操前应准备好所需用具及试剂。请填写备料单（见表3-55）。

表3-55　备料单（任务2　应用PCR技术鉴定细菌）

序号	品名	规格	数量	备注
1				
2				
3				
4				
5				
6				

2. 操作方法

（1）各菌株DNA的制备

① 可按照任务1中CATB法制备细菌的DNA，或用煮沸法提取细菌DNA。

② 水煮提取法：取过夜培养的菌液3mL加入到离心管中离心1min，弃上清；沉淀加入1mL无菌去离子水，振荡混匀，100℃水浴10min后离心5min，上清即为DNA溶液，-20℃保存备用。

（2）PCR扩增

① 引物　根据已鉴定的假单胞菌和铜绿假单胞菌合成相应的引物。

假单胞菌属

引物：PA-GS-F　　　5′-GACGGGTGAGTAATGCCA-3′

　　　PA-GS-R　　　5′-CACTGGTGTTCCTTCCTATA-3′

铜绿假单胞菌

引物：PA-CS-F　　　5′-GGGGGATCTTCGGACCTCA-3′

　　　PA-GS-F　　　5′-TCCTTAGAGTGCCCACCCC-3′

② PCR扩增

a. PCR反应体系

10×PCR缓冲液　　　　　　　2.0μL

10×4种dNTP（0.6 mol/L）　　8.5μL

引物1（-F）（20pmol/L）　　　　2.0μL

引物2（-R）（20pm/L）　　　　　0.5μL

模板DNA（200ng）　　　　　　0.5μL

Tag聚合酶贮存液（1U/μL）　　　1.0μL

无菌去离子水加至　　　　　　　25.0μL

注：如果使用Premix Tag溶液，则加入12.5μL无菌去离子水即可（Premix Tag溶液含有4种dNTP的混合物、Tag酶与PCR缓冲液），不需再加PCR缓冲液、4种dNTP与Tag聚合酶。

b．PCR反应条件

95℃　　　5min

94℃　　　30s

58℃　　　30s（鉴定假单胞菌的退火温度为54℃）

72℃　　　60s

共30个循环，最后一个循环的延伸时间为5min。

c．PCR扩增：将待扩增的反应管放在PCR仪的样品孔内。使离心管的外壁与PCR样孔充分接触，盖好盖子；按Sart键，启动PCR仪，DNA扩增正式开始。扩增完成后取出PCR反应管，检测PCR产物。

（3）琼脂糖凝胶电泳

① 琼脂糖凝胶的制备：请参考任务1中的制备方法。

② 上样：取大小适宜的进样枪，调好量程，在枪的前端套上无菌枪头，吸取DNA样2～5μL在0.5mL离心管或以其他方式与上样缓冲液（loading buffer）按6：1的比例混合均匀，再将混合物全部吸取，小心地加入琼脂糖凝胶样孔内。

③ 电泳：打开电泳仪电源，并调节电压。电泳开始时可将电压稍调高（约8V/cm）；待样品完全离开样孔后，将电压调到1～5V/cm，继续电泳。

④ 结果观察：待溴酚蓝颜色迁移到凝胶约2/3处时便可关闭电源；带上一次性手套，取出凝胶，放在凝胶观察仪上，打开紫外灯观察凝胶上DNA带，并照相或做记录。

【实操注意事项】

（1）引物的特异性要强。

（2）PCR反应的温度与时间要根据不同引物、GC比、碱基的数目和扩增目的片段的长度而确定，特别是复性温度与时间更需注意。

（3）EB是一种强致癌物质，并具有中度毒性。因此使用EB溶液或含有EB的物品时须戴手套，称取EB时还须戴上面罩。

（五）结果报告

在紫外灯下观察琼脂糖凝胶的结果并通过成像系统照相；比较铜绿假单胞菌和非假单胞菌种PCR产物的异同。

【思考与讨论】

在PCR反应条件正常的情况下，为什么有的引物进行PCR扩增在琼脂糖凝胶上观察不到任何DNA条带？

视野拓展

所有微生物（某些亚病毒除外）都含有核酸，而核酸包括脱氧核糖核酸（DNA）和核糖核酸（RNA）。新型冠状病毒（SARS-CoV-2）所含有的核酸为RNA，RNA序列中含有特异性位点作为其遗传标记用来区分其他类别的病毒。另外，新冠病毒表面有独特的刺突蛋白，含有多种特异性抗原识别位点，因此我国科学家针对其核酸及特异性抗原，在疫情暴发初期就研制出了多种检验技术，大体可分为核酸检测和免疫学检测，其中应用较多的为实时荧光定量PCR、病毒基因组测序、酶联免疫吸附、化学发光免疫分析及胶体金免疫色谱法等。据报道，截至2021年9月，全国运用核酸、抗体、抗原等检测方法进行新冠病毒检测已超5000万人次。强大的病毒检测能力，确保了我国人民的生命安全，这离不开中国共产党的坚强领导。相信，在中国共产党的正确领导下，一定能将国内疫情控制在最低水平，保障全国人民的生命安全。

思政元素

借风起势，未来可期

2020年1月10日，复旦大学生物医学研究院张永振领导的协作团队完成了武汉新型冠状病毒基因组测序工作，并将序列结果发布在了网站上向全球公开，为全球新冠疫情防控做出了重要贡献。基因组序列公布后，荧光PCR作为最成熟的分子诊断技术，其相关产品便一马当先陆续获批上市，在第一时间为市场提供了可靠有效的检测手段，如圣湘快检试剂搭配的iPonatic、卡尤迪快检试剂搭配的Flash20、达安快检试剂搭配的AGS8830等。为了提高新冠病毒检测效率，后又发展出了恒温扩增技术，如博奥晶芯的恒温扩增和蝶式芯片、优思达的交叉引物恒温扩增技术及其仪器、转录介导的恒温扩增技术检测产品、重组酶介导的恒温扩增技术检测产品等。CRISPR相关的诊断产品也首次在国内获批上市。

微生物检测技术和设备，尤其是上游基因测序仪和相关设备的研发，行业门槛较高，加之我国相关工作开展较晚，因此高质量仪器或关键零部件的制造主要掌握在一些国外企业中，在一定程度上制约了中国检测行业的发展。新冠疫情既是对我国国力的考验也是我们发展的契机。检测试剂和设备的研发离不开我国众多企业的共同努力，从自身特点出发，扬长避短，抓住机遇，不断创新。在很多领域实现了"零"的突破，新冠病毒检测新技术、新设备的发展在一定程度上向国际社会展示了中国强大的创新能力和不断进取的开拓精神。

知识小结

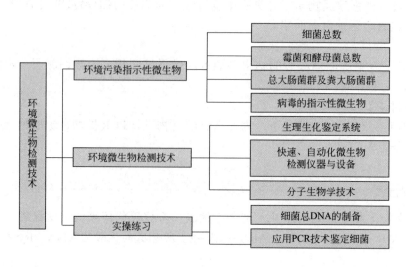

目标检测

一、选择题

（一）单项选择题

1. 食品及化妆品中，沙门菌及铜绿假单胞菌cfu的最低检出限度是（　　　）。

A. 10个/g　　B. 50个/g　　　　C. 100个/g　　　　D. 不得检出

2. 当细菌生活在碱性环境中时，其可与下列哪一类染料相结合。（　　　）

A. 碱性染料　　B. 酸性染料　　　　C. 中性染料　　　　D. 不着色

3. 基质辅助激光解吸飞行时间质谱是针对微生物细胞的哪种成分进行鉴定的。（　　　）

A. 核酸　　　　B. 蛋白质　　　　C. 脂类　　　　　D. 糖类

4. 一段双链DNA片段，经过PCR扩增两个循环后，会产生几条子链。（　　　）

A. 2　　　　　B. 4　　　　　C. 6　　　　　D. 8

（二）多项选择题

1. PCR技术的基本过程包括（　　　）。

A. 加热　　　　B. 变性　　　　C. 酶解　　　　D. 退火　　　　E. 延伸

2. 免疫学检测技术普遍运用的是哪两种物质的互相作用。（　　　）

A. 抗原　　　　B. 蛋白酶　　　　C. 蛋白质　　　　D. 抗体　　　　E. 氨基酸

二、判断题

1. 细菌之所以会被染料着色，只因其表面蛋白质带有正负电荷可与染料中的阴阳离子相结合。（　　　）

2. 由于生理生化试验耗时长，人力物力投入较大，因此，这种技术已被淘汰。（　　　）

3. 基质辅助激光解吸飞行时间质谱工作时产生的离子，质荷比较大的离子飞行时间短。（　　　）

4. 微生物基因组DNA内所有的基因片段都可以用来鉴定微生物的类别。（　　　）

三、简答题

1. 简述PCR技术流程及各阶段发生的生化反应。

2. 除本项目介绍的几种检测技术外，能否再举例说明其他先进的环境微生物检测技术呢？

模块四
拓展项目

拓展项目是运用本课程所学知识和技能，培养学生综合训练能力。本项目以小组为单位，分工合作，共同完成自选项目（要求选择下列四个项目之一），并报告项目完成情况和结果。

 知识目标

1. 自选药品、食品等产品之一，按照所选产品微生物限度检查工作程序和检验操作程序，得到该产品微生物限度常规细菌计数、霉菌计数（或霉菌和酵母菌计数）及控制菌（2～3种）检查结果，以及执行标准，判断结果是否符合规定并提交报告；
2. 正确制订发酵型乳酸饮料制作的工作计划和工艺流程。

拓展项目的内容应涵盖本课程所学内容，鼓励内容拓展（拓展内容相关资料见本项目各任务项下拓展内容）。

 能力目标

1. 能选择适当的产品微生物限度检查任务作为拓展综合训练的内容，查阅执行标准、操作程序和相关文件，并作好工作计划；
2. 能按规定确定所选产品微生物限度检查采样量和途径，并正确采样；
3. 能按规定的产品微生物限度检查检验量，准备必检指标检验用器皿、工具和培养基等；
4. 能按规定方法对所选取的样品进行稀释、接种、培养、观察和记录；
5. 能正确填写所选产品微生物限度检查操作记录，并按该产品微生物限度检查标准规定报告结果；
6. 能借助多媒体等对所完成项目的准备情况、操作过程和结果进行总结和归纳。

 素质目标

1. 培养创新意识、自主学习能力，通过不断学习，实现个人可持续发展；
2. 提高资源整合及实践操作能力，提升综合素养水平；
3. 体会"实践是检验真理的唯一标准"的含义，自觉践行社会主义核心价值观。

项目一　药品微生物限度检查

从本地市场所售药品中任选一种，自行查阅质量标准和相关资料，制订计划，实施操作（含备料、接种、培养、结果观察和记录）。要求至少包含四个拓展内容中的至少一个以上，并书面报告项目完成情况和结果。

　　药品微生物限度检查法是检测非规定灭菌制剂（即允许有菌的制剂，如口服制剂和外用制剂）及其原、辅料受微生物污染程度的方法，是对单位质量、单位体积或单位面积药物所含的微生物数量和控制菌种类进行检测，规定其必须在法规允许的范围，检查项目包括细菌数、霉菌数、酵母菌数及控制菌（大肠埃希菌、大肠菌群、沙门菌、铜绿假单胞菌、金黄色葡萄球菌、梭菌和白色念珠菌）以及活螨的检验，对某一制剂这七种菌不必全部检测，需检测的种类与药品的剂型、给药途径、原料来源和医疗目的等有关。

一、药品微生物限度检查方法

（一）细菌数检查

　　细菌数检查方法有平皿法和薄膜过滤法。

1. 平皿法

　　平皿法是以平板上生长的菌落为基础，即一个菌落代表一个活菌，测定时先将供试品稀释，使药品中的微生物细胞充分分散，然后在平板中定位，经培养后繁殖形成肉眼可见的菌落再计数，以点计的平均菌落数乘以稀释倍数即为单位药品中的活菌数。但因许多微生物分布具有的簇团性，制备供试液时不能保证所有细菌分散为单细胞，因此实际上平板上生长的一个菌落可能由一个或多个细菌细胞生长繁殖而成，代表的是一个菌落形成单位（colony-forming-unit，cfu）。

　　取一定量的供试品，用pH7.0无菌氯化钠-蛋白胨缓冲液稀释成1∶10、1∶100、1∶1000等若干稀释级，取符合菌落报告规则的相应稀释级的稀释液1mL，分别置于无菌平皿中，注入融化的营养琼脂培养基，混匀，每个稀释级至少制备2个平板，倒置于30～35℃恒温培养箱中培养3天，取出点计菌落数，计算各稀释级的平均菌落数，按菌落报告规则报告1g、1mL或10cm^{2}药品中的细菌总数。

2. 薄膜过滤法

　　供试液通过过滤，将细菌截留在滤膜上，经培养形成菌落进行计数。使用滤膜孔径不大于0.45μm、直径不小于50mm可拆卸的滤器。根据供试品及其溶剂的特性选择滤膜材质。滤器以及滤膜使用前应采用适宜的方法进行灭菌，使用时必须保证滤膜在过滤前后的完整性。

　　水溶性供试液过滤前，先将少量的冲洗液过滤以湿润滤膜。油类供试品，其滤膜和过滤器在使用前应充分干燥。为了发挥滤膜的最大过滤效率，应注意保持供试品溶液以及冲洗液覆盖整个滤膜表面。供试液经薄膜过滤后，若需要用冲洗液冲洗滤膜，则每张滤膜每次冲洗量为100mL，冲洗液、冲洗量以及冲洗方法同验证试验。每片滤膜的总过滤量不宜过大，以避免滤膜上的微生物受损。

　　将供试品制备成1∶10供试液，相当于每张滤膜含1g、1mL或10cm^{2}供试品的供试液直接过滤，或加至适量稀释剂中，混匀，过滤。若供试液1g、1mL或10cm^{2}含菌较多，可选适宜稀释级的供试液1mL过滤。用pH7.0无菌氯化钠-蛋白胨缓冲液或其他适宜的冲洗液冲洗滤膜，冲洗后取出滤膜，菌面朝上贴于营养琼脂培养基上培养，倒置于30～35℃恒温培养箱中培养3天。每种培养基至少制备一张滤膜。滤膜贴于平板上时不得有空隙或气泡，否则影响微生物生长。

　　（1）阴性对照试验　取试验用的稀释剂1mL同法操作，作为阴性对照。阴性对照不得有菌生长。

　　（2）培养和计数　培养和菌落计数方法同平皿法，每张滤膜上的菌落数应不多于100cfu，如菌落超过100cfu不便计数时，可取高稀释级的供试液同法操作，点计滤膜上的菌落数。

（3）菌数报告规则　以相当于1g或1mL供试品的菌落数报告；若滤膜上无菌落生长，以＜1报告菌数（每张滤膜1g或1mL供试品），或＜.1乘以稀释倍数的值报告菌数。

 知识链接

《中国药典》收摘的细菌、真菌数检测方法是平皿法和薄膜计数法。针对不同药品应选择哪种方法、哪几个稀释级进行计数更适宜？对此2019年版《中国药品检验标准操作规范》提供了参考，表4-1是摘自该操作规范的相关内容。

表4-1　不同限度标准宜采用的供试液稀释级及对应宜采用的计数测定方法

项目	一般2～3个供试液稀释级对应宜选用的计数测定方法				
cfu/g（或mL，或10cm²）	原液	1∶10	1∶100	1∶1000	1∶10 000
＜10	■	■			
10	●■	■			
100	●■	●■	■		
1000		●■	●■	■	
10000		●	●■	●■	■
100000			●	●■	●■

注：●代表平皿法；■代表薄膜过滤法。

（二）真菌数检查

霉菌、酵母菌数检查的原理和方法与细菌数检查法基本相同，均为平皿法和薄膜过滤法。但两类微生物的生理特性不同，培养条件也不同，霉菌、酵母菌总数检查采用的是适合真菌生长的玫瑰红钠琼脂培养基，将混合平板置于23～28℃培养5天，必要时可延长至7天。取出点计菌落数，计算各稀释级的平均菌落数，按菌落报告规则报告1g、1mL或10cm²药品中的霉菌、酵母菌总数。

对含蜂蜜、蜂王浆的液体制剂，需独立测定霉菌、酵母菌总数。测定时用玫瑰红钠琼脂培养基测定霉菌数，用酵母浸出粉胨葡萄糖琼脂培养基测定酵母菌数，测定方法同上，最后合并计数。

与细菌总数测定相同，真菌总数检查也应设阴性对照，阴性对照应无菌生长。

由于有些霉菌的菌丝在固体培养基上会蔓延生长，为了防止蔓延菌丝掩盖其他菌落而影响计数，在霉菌的培养过程中必须连续观察。

结果判定：细菌、真菌总数均在药典规定的限度标准内，判定供试品的细菌、真菌总数符合规定。两者中任有一项一次检查不合格，应从同一批产品中重新抽样，单项复试两次，以三次检查结果的平均值报告菌数。

（三）控制菌检查

控制菌检查法细菌的培养温度均为30～35℃，白色念珠菌检查的培养温度为23～28℃。控制菌检查应同时设阳性对照试验和阴性对照试验。

（1）阴性对照试验　取稀释液10mL按相应供试品控制菌检查法检查，阴性对照应无菌生长。

（2）阳性对照试验　在增菌培养液中同时加供试品和10～100cfu阳性对照菌，阳性对照菌为相应控制菌的规定菌株，按供试品的控制菌检查法检查。阳性对照试验应检出相应的阳性菌，其目的是为了考察试验方法的可靠性。

二、不同药品供试液的制备

根据供试品的理化特性与生物学特性，采取适宜的方法制备供试品。供试液的制备，若需加温，则应均匀加热，且温度不应超过45℃。供试液从制备至加入检验用培养基，不得超过1h。

除另有规定外，常用的供试液制备方法如下。

1. 液体供试品

取供试品10mL，加pH7.0无菌氯化钠-蛋白胨缓冲液至100mL混匀，作为1∶10的供试液。油剂可加入适量无菌聚山梨酯80，供试品分散均匀，水溶性液体制剂也可用混合的供试品原液作为供试液。

2. 固体、半固体或黏稠性供试品

取供试品10g，加pH7.0无菌氯化钠-蛋白胨缓冲液至100mL混匀，用匀浆仪或其他适宜的方法，混匀，作为1∶10的供试液。必要时加适量无菌聚山梨酯80，并置水浴中适当加温使供试品分散均匀。

3. 需要特殊供试液制备方法的供试品

（1）非水溶性供试品

① 方法1　取供试品50g（或5mL），加至含有熔化的（温度不超过45℃）5g司盘80、3g 单硬脂酸甘油酯、10g 聚山梨酯80等无菌混合物的烧杯中，用无菌玻璃棒搅拌成团后，慢慢加入45℃的pH7.0无菌氯化钠-蛋白胨缓冲液至100mL，边加边搅拌，使供试品充分乳化，作为1∶20的供试液。

② 方法2　取供试品10g，加至含20mL无菌十四烷酸异丙酯和无菌玻璃珠的适宜容器中，必要时可增加十四烷酸异丙酯的用量，充分振摇，使供试品溶解。然后加入45℃的pH7.0无菌氯化钠-蛋白胨缓冲液100mL，振摇5～10min，萃取，静置使油水明显分层，取其水层作为1∶10的供试液。

（2）膜剂供试品　取供试品100cm²，剪碎，加100mL的pH7.0无菌氯化钠-蛋白胨缓冲液（必要时可增加稀释液），浸泡，振摇，作为1∶10的供试液。

（3）肠溶及结肠溶制剂供试品　取供试品10g，加pH6.8无菌磷酸盐缓冲液（用于肠溶制剂）或pH7.6无菌磷酸盐缓冲液（用于结肠溶制剂）至100mL，置45℃水浴中，振摇，使溶解，作为1∶10的供试液。

（4）气雾剂、喷雾剂供试品　取规定量供试品，置冷冻室冷冻约1h，取出，迅速消毒供试品开启部位，用无菌钢锥在该部位钻一小孔，放至室温，并轻轻转动容器，使抛射剂缓缓全部释出。用无菌注射器吸出全部药液，加至适量pH7.0无菌氯化钠-蛋白胨缓冲液（若含非水溶性成分，加适量的无菌聚山梨酯80）中，混匀，取相当于10g（或100mL）的供试品，再稀释成1∶10的供试液。

（5）贴膏剂供试品　取规定量供试品，去掉贴膏剂的保护层，放置在无菌玻璃或塑料片上，粘贴面朝上。用适宜的无菌多孔材料（如无菌纱布）覆盖贴剂的粘贴面以避免贴剂粘贴在一起。然后将其置于适宜体积并含有表面活性剂（如聚山梨酯80或卵磷脂）的稀释剂中，用力振荡至少30min，制成供试液。贴膏剂也可用其他适宜的方法制备成供试液。

（6）具抑菌活性的供试品　当供试品有抑菌活性时，采用下列方法进行处理，待消除供试液的抑菌活性后，再依法检查。

① 培养基稀释法　取规定量的供试液至较大量的培养基中，使单位体积内的供试品含量减少，至不含抑菌作用。测定细菌、霉菌以及酵母菌的菌数时，取同稀释级的供试液2mL，每1mL供试液可等量分注多个平皿，倾注琼脂培养基，混匀，凝固，培养，计数。每1mL供试液所注的平皿中生长的菌数之和即为1mL的菌落数。计数每1mL供试液的平均菌落数，按平皿法计数规则报告菌数；检查控制菌时，可加大增菌培养基的用量。

② 离心沉淀法　取一定量的供试液，500 r/min 离心3min，取全部上清液混合，用于细菌检查。

③ 薄膜过滤法。

④ 中和法　凡含汞、砷或防腐剂等具有抑菌作用的供试品，可用适宜的中和剂或灭活剂消除其抑菌成分。中和剂或灭活剂可加在所用的稀释液或培养基中。

三、控制菌检查

（一）大肠埃希菌检查

大肠埃希菌又称大肠杆菌，属肠杆菌科埃希菌属，是埃希菌属的代表种。主要存在于人和温血动物肠道中，是人和许多动物体内的正常菌群；当宿主免疫力下降或者侵入肠外组织、器官时，可引起肠外感染；侵入血流，可引起败血症。而有些菌株致病性强可直接引起肠道感染。大肠埃希菌可随人和动物的粪便排出体外，污染环境，常作为判断食品、药品、水等是否受粪便污染的指示菌。这些物品一旦检出大肠埃希菌，表明已受粪便污染，人们饮用或吃了这样的物品则可能引起消化道传染病。2020年版《中国药典》规定鼻及呼吸道给药和某些口服给药的制剂，每1g、1mL或10cm^{2}不得检出大肠埃希菌。

1. 准备

（1）仪器、设备及用具　试管、恒温培养箱、超净台、培养皿、接种环、载玻片等。

（2）试液、指示液　0.9%无菌氯化钠溶液、pH7.0无菌氯化钠-蛋白胨缓冲液、革兰染液、甲基红指示菌、柯凡克试剂、V-P试剂等。

（3）培养基　胆盐乳糖发酵培养基、乳糖培养基、伊红-亚甲基蓝琼脂（EMB）、麦康凯琼脂（MacC）。

2. 操作方法

（1）增菌培养　将供试液10mL，加入备妥的100mL胆盐乳糖发酵培养基增菌液内，置（36±1）℃培养18～24h，胆盐乳糖发酵培养基中的胆盐具有抑制革兰阳性菌生长的作用，利于待检菌的生长繁殖。

（2）MUG检测　MUG（4-甲基伞形酮葡萄糖苷酸）能被含有β-葡萄糖苷酸酶的大肠埃希菌分解，在紫外灯下分解产物呈现荧光，此反应专属性较好，敏感性强，易于观察，可以不必从混合菌中分离单个菌落，是检查大肠埃希菌的快速方法。因大部分大肠埃希菌的靛基质试验为阳性，因此将MUG试验和靛基质试验相结合能提高大肠埃希菌的检出率。MUG检查时取增菌培养物接种至MUG培养基试管内，培养18～24h。将MUG培养管置于366 nm紫外线下观察，有荧光，MUG为阳性；无荧光，MUG为阴性。然后在MUG管内滴加靛基质试液，液面呈玫瑰红色，为靛基质阳性，否则为靛基质阴性。同时做阳性对照试验和阴性对照试验。

当阴性对照无菌生长，阳性对照检出阳性菌，供试品的MUG和靛基质均为阳性，判检出大肠埃希菌；MUG和靛基质均为阴性，判未检出大肠埃希菌；当MUG阳性、靛基质阴性或MUG阴性、靛基质阳性时，需进一步做以下确证试验。

（3）分离培养　将增菌培养物划线接种至麦康凯琼脂（MacC）或伊红-亚甲基蓝（EMB）琼脂平板，置（36±1）℃培养18～24h，观察菌落生长情况。大肠埃希菌在EMB琼脂平板上的典型菌落呈深紫黑色或中心深紫色，圆形，稍凸起，边缘整齐，表面光滑，常有金属光泽，在MacC琼脂平板上的典型菌落呈桃红色或中心桃红、圆形、扁平、光滑湿润。由于药物影响或非典型菌的存在，大肠埃希菌可出现非典型形态：在EMB琼脂平板上呈现浅紫、粉紫、粉色、无明显暗色中心；在MacC琼脂平板上呈现微红色或粉色，菌落形态、质地也有改变。以上形态均匀者作为疑似菌落进行鉴定，切勿遗漏。

检查平板，若平板上无菌落生长或无疑似大肠埃希菌菌落特征（见表4-2），判供试品未检出大肠埃希菌；否则，进一步做纯化培养。

表4-2　大肠埃希菌菌落形态特征

培养基	菌落形态
伊红-亚甲基蓝琼脂（EMB）	呈紫黑色、浅紫色、蓝紫色或粉红色，菌落中心呈深紫色或无明显暗色中心，圆形，稍凸起，边缘整齐，表面光滑，常有金属光泽
麦康凯琼脂（MacC）	鲜桃红色或微红色，菌落中心呈深桃红色，圆形，扁平，边缘整齐，表面光滑，湿热

（4）纯培养、革兰染色、镜检　挑取疑似大肠埃希菌菌落接种于营养琼脂斜面培养基，培养得到纯培养物。取纯培养物进行革兰染色、镜检，观察染色性及形态。若为革兰阴性短杆菌，需继续做生化反应试验。

（5）生化反应试验　鉴别大肠埃希菌的常用生化试验有乳糖发酵试验、靛基质试验、甲基红试验、乙酰甲基甲醇生成试验和枸橼酸盐利用试验，后四个生化反应试验简称为IMViC试验。

① 乳糖发酵试验　将斜面培养物接种于乳糖发酵管，置（36±1）℃培养24～48h，观察结果。大肠埃希菌应发酵乳糖并产酸产气，或产酸不产气。产酸者，以酸性复红为指示剂的培养基显红色；以溴麝香草酚蓝为指示剂的培养基显黄色。产气者，倒管内有气泡。

为避免迟缓发酵乳糖造成假阴性，可选用5%乳糖发酵管。绝大多数迟缓发酵乳糖的细菌可于24h出现阳性反应。

② IMViC试验（见表4-3）

a. 靛基质试验（I）　将斜面培养物接种于蛋白胨培养基中，置（36±1）℃培养（48±2）h。沿管壁加入柯凡克试剂0.3～0.5mL轻微摇动，观察液面颜色。阳性反应为玫瑰红色，阴性反应为试剂本色。

b. 甲基红试验（M）　将斜面培养物接种于磷酸盐葡萄糖蛋白胨培养基中，置（36±1）℃培养（48±2）h。于每毫升培养液中加入甲基红指示剂1滴，立即观察结果，阳性反应培养液为鲜红色或橘红色，阴性反应呈黄色。

c. V-P（Vi）　将斜面培养物接种于磷酸盐葡萄糖蛋白胨培养基中，置（36±1）℃培养（48±2）h。于每2mL培养液中加入V-P试剂甲液（6% α-萘酚酒精溶液）1mL，混匀，再加V-P试剂乙液（40% KOH）4mL，充分振摇，观察结果。阳性反应立刻或数分钟后出现红色。加试剂后4h无红色反应时为阴性，如出现红色亦应判为阳性。

d. 枸橼酸盐利用试验（C）　将斜面培养物接种于枸橼酸盐培养基表面，置（36±1）℃培养（48±2）h，观察结果。斜面有菌苔生长，培养基由绿色变为蓝色时为阳性反应；斜面无菌苔生长，培养基颜色无改变为阴性反应。若斜面有微量菌苔生长或颜色改变等可疑现象时，应将待检菌株重新分离、纯化后，再进行试验。

表4-3　大肠埃希菌生化反应特征

项目	乳糖发酵试验	I	M	Vi	G
特征	产酸产气	+或–	+	–	–

3. 结果报告

（1）结果判定　完全符合以下结果时，判断为1g、1mL或10cm² 供试品检出大肠埃希菌。

① 染色镜检是革兰阴性无芽孢杆菌。

② 乳糖发酵产酸产气，或产酸不产气。

③ IMViC试验反应为++-- 或 -+--。

（2）填写原始记录，格式参照附录。

（3）填写检验报告（格式见表4-4）。

表4-4　微生物限度检查报告书

项目：

品　　名		批　　号	
规　　格		数　　量	
检验日期	年　　月　　日	报告日期	年　　月　　日
检验依据			

项　目	检验结果	标准规定	项目结论

结论：

备注：

负责人：　　　　复核人：　　　　检验人：

【注意事项】

① 加供试液的胆盐乳糖发酵管，由于有的药渣颜色较深或沉淀物较多，会干扰结果的观察。故应仔细观察倒管底部或试管壁、培养液表面有无气泡。有针尖大的气泡也算是产气。

② 胆盐乳糖发酵培养基内的倒管（内径）不小于30mm×3mm。否则，倒管被药渣遮挡，不便观察结果。

③ 加供试液的胆盐乳糖发酵管，经培养后，其倒管内无论产气多少，均应做分离培养、革兰染色、镜检。如果产气太少，可延长培养时间。

④ 药品中污染的大肠埃希菌，易受生产工艺及药物的影响。在EMB后MacC琼脂平板上的菌体形态特征，时有变化，挑取可疑菌落往往凭经验，主观性较大，务必挑选2～3个菌落分别做IMViC试验鉴别，挑选菌落越多，检出阳性菌的概率越高。如仅挑选一个菌落做IMViC试验鉴别，则易漏检。

⑤ 在IMViC试验中，以灭菌接种针蘸取菌苔，首先接种于枸橼酸盐琼脂斜面上，然后接种于蛋白胨培养基中、磷酸盐葡萄糖胨培养基中。切勿将培养基带入枸橼酸盐琼脂斜面上，以免产生假阳性结果。

⑥ 阳性对照试验的阳性对照菌液的制备及计数，阳性对照菌液加入含供试品的培养基中作阳性对照时，不能在检查供试品的无菌室或超净台上操作，必须在单独的隔离间或超净台上操作，以免污染供试品及操作环境。

（二）大肠菌群检查法

大肠菌群是指在37℃条件下，48h内发酵乳糖、产酸、产气，需氧或兼性厌氧的革兰阴性无芽孢杆菌。大肠菌群不是分类学上的命名，而是卫生学领域的名称，包括埃希菌属、肠杆菌属、枸橼酸菌属、克雷伯菌属等，基本包括了正常人、畜肠道内的全部需氧及兼性厌氧的革兰阴性菌。大肠菌群分别很大，人畜粪便对外界环境的污染是大肠菌群在自然界存在的主要原因。以大肠菌群作为粪便污染指示菌比大肠埃希菌具有更广泛的卫生学意义。因此，国际上以大肠菌群作为药品、食物、饮水等粪便污染指标菌，对卫生质量的要求更严格。大肠菌群数的高低，表明了被粪便污染的程度，也反映了对人体健康危害性的大小。2020年版《中国药典》规定以中药原粉、豆豉、神曲为原料的口服药物需检查大肠菌群，其数目不得高于限度标准。

大肠菌群检查程序如下。

1. 增菌培养

取乳糖胆盐发酵管（装量不少于10mL）3支，分别接种1：10供试液1mL（含供试品0.1g或0.1mL），1：100供试液1mL（含供试品0.01g或0.01mL）和1：1000供试液1mL（含供试品0.001g或0.001mL），培养18～24h。若无菌生长或不产酸产气为阴性，判未检出大肠菌群。若产酸产气，为疑似，需进一步分离培养。

2. 分离培养

取产酸产气发酵管中的培养物，分别划线接种于麦康凯琼脂（MacC）或伊红-亚甲基蓝（EMB）琼脂平板，置（36±1）℃培养18～24h。若平板上无菌落生长，或生长的菌落特征与表4-5不符合，或疑似菌落经革兰染色、镜检证实为非革兰阴性无芽孢杆菌，判该管未检出大肠菌群，否则继续做确证试验。

表4-5 大肠菌群菌落形态特征

培养基	菌落形态
伊红-亚甲基蓝琼脂（EMB）	呈紫黑色、紫红色、红色或粉红色，圆形，扁平或稍凸起，边缘整齐，表面光滑，湿润
麦康凯琼脂（MacC）	鲜桃红色或粉红色，圆形，扁平或稍凸起，边缘整齐，表面光滑，湿润

3. 确证试验

从上述平板中挑取疑似菌落4～5个，分别接种于乳糖发酵管中，（36±1）℃培养24～48h。若不产酸产气，判未检出大肠菌群；若产酸产气，判检出大肠菌群。

（三）梭菌检查法

梭菌属为革兰阳性菌，能形成芽孢，且芽孢多大于菌体的宽度，细菌膨胀成梭形，故名梭状芽孢杆菌，大多数为专性厌氧菌。梭菌属在自然界分布广泛，主要存在于土壤、水及人和家畜的肠道内，可随粪便污染土壤和水源。该属中主要病原菌有产气荚膜梭菌、破伤风梭菌、肉毒梭菌和艰难梭菌，这些菌均能产生强烈的外毒素使人和动物致病，因此，2020年版《中国药典》规定阴道、尿道给药的中药制剂每1g、1mL或10cm^{2}不得检出梭菌。

1. 准备

（1）仪器、设备及用具　试管、天平、离心机、显微镜、高压蒸汽灭菌器、恒温干燥箱、厌氧培养箱、超净台、手术镊、手术剪以及取样匙。

（2）试液　革兰染液、厌氧指示剂（见附录）、3% 过氧化氢溶液、75% 乙醇溶液、碘酊溶液或碘伏、pH7.0无菌氯化钠-蛋白胨缓冲液、苯扎溴铵（1∶1000）溶液。

（3）培养基　保存菌种用疱肉培养基、0.1% 葡萄糖疱肉培养基、含庆大霉素20 mg/L的哥伦比亚琼脂培养基。

2. 操作方法

（1）不同剂型样品的前处理

① 散剂　除去包装，直接称取规定量的样品。

② 胶囊　除去包装，连胶囊壳一起称取规定量样品。

③ 软膏剂及栓剂　称取样品10g（软膏5g），按细菌、霉菌和酵母菌计数规定的适宜方法乳化，乳化后加入预热至45℃的0.9%无菌氯化钠-蛋白胨缓冲液制成的1∶20供试液。

（2）增加培养　取供试液10mL（相当于供试品1g、1mL或10cm^2）2份，1份置80℃保温10min后迅速冷却，接种至梭菌增菌培养基中，在厌氧条件下培养48h 。梭菌的芽孢具有耐热的特点，80℃保温可杀灭供试品中可能存在的细菌繁殖体，减少培养过程中杂菌的干扰，而使梭菌呈优势生长。

（3）分离培养　取上述培养物0.2mL涂布接种于含庆大霉素的哥伦比亚琼脂培养基平板上，在厌氧条件下培养48～72h 。若平板上无菌落生长，判供试品未检出梭菌；若有菌落生长，取2～3个菌落分别进行革兰染色和过氧化氢试验。

（4）革兰染色、镜检　梭菌为革兰阳性菌，有或无卵圆形至球形的芽孢，大于菌体或不大于菌体，着生于菌体中央、次端或顶端。

（5）过氧化氢酶实验　取平板上的菌落置洁净玻片上，滴加3% 过氧化氢溶液，菌落表面有气泡产生，为过氧化氢酶试验阳性反应，否则为阴性反应。梭菌应为阴性反应。同时可用枯草芽孢杆菌作为过氧化氢酶试验的阳性反应对照菌。

3. 结果报告

（1）结果判定　若试验组的疱肉培养基出现浑浊、产气、消化碎肉、臭气等现象；含庆大霉素哥伦比亚琼脂培养基平板上的菌落为革兰阳性梭菌；过氧化氢酶试验阴性，判供试品检出梭菌，否则判供试品未检出梭菌。

（2）原始记录填写。

（3）检验报告书写（格式参照表4-4）。

【注意事项】

① 凡进行梭菌检验的人员，应在半个月前注射破伤风类抗毒素进行免疫，以后每隔6～12个月重复注射一次加强免疫针。操作时勿损伤皮肤，若有损伤，应立即注射破伤风类抗毒素，以防感染。

② 凡带有活菌以及毒素的器具，需在彻底灭菌后方可洗涤。

（四）活螨的检查

螨，属于节肢动物门、蛛形纲、蜱螨门。螨种类繁多，分布甚广，其生活习性各异，分为自由生活和寄生生活两种类型。在土壤、池沼、江、河、湖、海里，动、植物体上，储藏的食品和药品中，都可能有它们的存在。

药品可因其原料、生产过程或包装、运输、储存、销售等条件不良，受到螨的污染。

螨可蛀蚀损坏药品，使药品变质失效，并可直接危害人体健康或传播疾病，能引起皮炎及消化系统、泌尿系统、呼吸系统等的疾病。因此，药品（特别是中成药）必须进行活螨检查。

1. 准备

（1）仪器、设备及用具　显微镜、放大镜（5～10倍）、实体显微镜、解剖针、发丝针、小毛笔、载玻片、盖玻片、酒精灯、培养皿、扁形称量瓶、30%甘油溶液、饱和食盐水（氯化钠配成约36%的水溶液，煮沸，过滤，备用）。

① 解剖针（或用一段长约10cm、直径约为0.1cm的金属棒，将其一端磨尖）的尖端宜尖细且粗糙，否则不易挑取体表光滑的螨体。

② 发丝针，取一根长约10cm的小金属棒，将其一端磨成细尖，另取长约1.5cm的头发一根，以其长度的一半紧贴在金属棒的尖端上，用细线将其缠紧，然后粘上加拿大树胶或油漆，即得。发丝针适用于挑取行走缓慢且体表刚毛较多的螨体。

③ 小毛笔即绘图毛笔，适用于挑取活动快的螨类。小毛笔的笔锋宜尖细，以免螨体夹在笔毛之间。

（2）封固液（螨类封固液）的常用配方

① 配方（一）　水合氯醛70g，阿拉伯胶粉8g，冰醋酸3mL，甘油5mL，麝香草酚1g，蒸馏水10mL。

制法：先将阿拉伯胶粉、水合氯醛以及蒸馏水置乳钵中，充分研磨，使之完全溶解。然后加入冰醋酸、甘油和麝香草酚，再充分混合。然后用双层纱布过滤，静置一周后，取其上层澄清液于棕色滴瓶内，备用。

② 配方（二）　水合氯醛200g，阿拉伯胶粉30g，甘油20g，蒸馏水50mL。

制法：将阿拉伯胶粉放在烧杯内，加入蒸馏水，随加随搅拌，直至阿拉伯胶粉溶解，置水浴中加温至40～50℃，再加水合氯醛，搅拌溶解后，加入甘油混匀，减压过滤，装入棕色滴瓶内，备用。

2. 活螨的检查方法

（1）活螨的一般检查方法

① 直接法　取供试品先用肉眼观察，有无疑似活螨的白点或其他颜色的点状物，再用5～10倍放大镜或实体显微镜检视。有螨者，用解剖针或发丝针或小毛笔取活螨放在滴有一滴甘油溶液的载玻片上，置显微镜下观察。

② 漂浮法　取供试品放在盛有饱和食盐水的扁形称量瓶或适宜的容器内，加饱和食盐水至容器的2/3处，搅拌均匀，置10倍放大镜或实体显微镜下检查，或继续加饱和食盐水至瓶口处（为了防止盐水和样品溢出污染桌面，宜将上述容器放在装有适量甘油溶液的培养皿中），用洁净的载玻片盖在瓶口，使玻片与液面接触，蘸取液面上的漂浮物，迅即翻转玻片，置显微镜下检查。

③ 分离法（也称烤螨法）　取供试品放在附有孔径大小适宜的筛网的普通玻璃漏斗里，利用活螨避光、怕热的习性，在漏斗口的广口上面放一个60～100W的灯泡，距离药品约6cm处，照射1～2h。活螨可沿着漏斗内的底部细颈内壁向下爬，用小烧杯装半杯甘油溶液，放在漏斗的下口处，收集爬出的活螨。

（2）各剂型药品的活螨检查法　供试品的取样量，对一般供试品每批抽检两瓶。对单剂量、一日剂量的样品，每批抽取两盒（每盒检查3～4个最小包装单位）；对贵重或微量包装的供试品，取样量可酌减。必要时，可再次抽样，或选取有疑问的样品进行检查。

① 大蜜丸 将药丸外壳打开（蜡壳或纸蜡壳等）置酒精灯小火焰上转动，适当烧灼（杀灭外壳可能污染的活螨）后，小心打开。

a. 表面完好的丸 可用消毒的或在火焰上烧灼后放冷的解剖针刺入药丸，手持解剖针，在放大镜或实体显微镜下检查。同时，注意检查丸壳的内壁或包丸的油纸上有无活螨。

b. 有虫粉现象的药丸 可用放大镜或实体显微镜直接检查，或用漂浮法检查。

② 小蜜丸、水丸

a. 表面完好的丸 可将供试品直接放在预先衬有洁净黑纸的培养皿或小搪瓷盘中，用直接法检查，如未检出螨时，可再用漂浮法或烤螨法检查。

b. 有虫粉现象的丸、片 也可用直接法或漂浮法检查。同时注意检查药品内部与内盖有无活螨。

③ 散剂、冲服剂和胶囊等 先直接检查药品内盖及塑料薄膜袋的内侧有无活螨。后将药品放在衬有洁净黑纸的搪瓷盘里，使成薄层，直接检查。检不出螨时，再用漂浮法。并注意检查药瓶内壁是否有螨。

④ 块状冲剂 直接检查供试品的包装蜡纸、玻璃纸或塑料薄膜及药块表面有无活螨。有虫粉现象者，也可用漂浮法检查。

⑤ 液体制剂及半流体浸膏 先用75%乙醇将药瓶的外盖螺口周围消毒，然后小心旋开外盖，用直检法检查药瓶外盖的内侧及瓶口内外的周围与内盖有无活螨。

⑥ 其他剂型 可视具体情况参照上述有关方法检查。

3. 结果报告

（1）结果判断 凡供试品已按上述有关剂型的规定检查并发现活螨者，均以检出活螨报告。

（2）原始记录填写。

（3）检验报告书写（格式参照表4-4）。

【注意事项】

① 螨在春夏和秋冬相交季节，繁殖旺盛，爬行活跃，易于检出，在寒冬时则活动微弱甚至不动。鉴别时，可在灯光下检查，光和热的刺激促使其活动，有利于检查。

② 活螨多为略带白色，晶亮的囊状小体，以暗色背景相衬，十分明显，故检查时一定要注意与背景的反差，白色的背景常常掩盖螨的发现。

③ 每次检查后的供试品、器皿和用具，特别是阳性供试品，应及时采用焚烧、加热等方法进行处理，杀灭活螨，以免污染操作环境及人体。

💡 知识链接

近年来，陆续发现粉螨污染中西成药，并且发现长期从事中药材工作的保管员和工作人员患"肺螨病"。有关部门对中成药的调查结果显示，在1123批次中成药和中药蜜丸中有110批次，计51个品种有粉螨污染，平均染螨率达10%。另对1456个中成药品种的调查发现，有59个品种有粉螨污染，平均染螨率达4.1%。

项目二　药物的体外抗菌性检测

药物的抗菌性一般是指药物的抗菌能力，即抑制微生物生长与繁殖或杀灭微生物的作用，通常是指抑制微生物群体生长的能力。药物体外抗菌性检测是在体外测定微生物对药物敏感程度的实验，用以评价药物对微生物的抗菌能力大小。目前主要应用于：抗菌药物的筛选、提取过程中的追踪、药物敏感度实验、药物抗菌谱系测定、抗生素微生物效价测定等，可用来指导临床用药、新药研制及筛选。

一、药物体外抗菌性检测

药物体外抗菌试验通常在玻璃仪器中进行，方法简单、操作方便、用时短、用药量少，不需要动物。目前，常用的检测方法主要有：液体稀释法和琼脂扩散法。

（一）液体稀释法

液体稀释法是一种用以测定药物抗菌作用的定量方法，测得结果较为精确，目前应用比较普遍。基本原理是：将药物经一系列稀释后加入菌液，通过观察细菌生长与否来判断结果。用于测定药物的最低抑菌浓度（minimal inhibitory concentration，MIC）和最低杀菌浓度（minimal bactericidal concentration，MBC）。

试验过程：通常用二倍稀释法。在一系列试管中，用液体培养基将实验药物作连续对倍稀释，使药物的浓度沿试管顺序成倍递减，如：$20 \rightarrow 10 \rightarrow 5 \rightarrow 2.5 \rightarrow 1.25 \rightarrow 0.625$（µg/mL），向每支试管中加入等量的试验菌，经 $24 \sim 48h$ 培养后，肉眼观察试管内的浑浊程度，与阴性及阳性对照管进行对照观察。将未长菌的培养液取出，移种到新鲜琼脂培养基上，如培养后重新长出细菌，则表明该浓度的药物只具有抑菌作用，记录下最低抑菌浓度（MIC）；如无菌长出（菌落数＜5个），则可认为该浓度的药物具有杀菌作用，记录下最低杀菌浓度（见图4-1）。

此法优点是：菌液能与药物充分接触，结果比较精确，可重复。缺点是：药液与培养基的混合若不澄清，肉眼无法直接观察结果，需进一步试验才能确定MIC/MBC值。

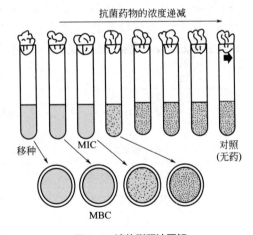

图4-1　**液体稀释法图解**

（二）琼脂扩散法

琼脂扩散法主要是利用药物可以在琼脂培养基中自由扩散，形成一定浓度的含药区域，由于各种微生物对不同药物或同一药物不同浓度的敏感性不同，因而会形成一定大小的抑菌圈或抑菌距离，根据其大小，可以了解药物抗菌作用的大小，或微生物对试验药物的敏感性。基本方法为：在含试验菌的琼脂平板上，通过倾注或涂布法接种试验菌，加入药物，培养 $18 \sim 24h$ 后，根据抑菌圈的直径或抑菌范围的大小，来判断抗菌作用的强弱。

此法优点是：简单、快速，可同时进行多样品或多菌株的研究。缺点是：粗糙、重复性差，干扰因素较多，只适用于抗菌药物的初筛。主要分为：纸片扩散法，挖沟法，平板打孔法，管碟汰等。

1. 纸片扩散法

纸片扩散法是药物体外抗菌性检测中最常用的方法，常用于新药的初筛试验以及临床的药敏试验。

主要操作过程为：选取吸水力强且质地均匀的滤纸，用打孔机制成直径为6mm的滤纸片，120℃下灭菌2h。纸片蘸取一定浓度的抗菌药物，放置于含菌平板表面，培养后观察结果。若试验菌的生长被抑制，则纸片周围会出现透明的抑菌圈。用卡尺精确量取抑菌圈的直径，根据直径的大小，判断该菌对该药物是抗药、轻度敏感、中等敏感或高度敏感。见图4-2。

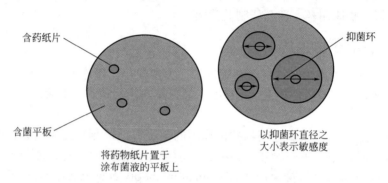

图4-2　纸片扩散法

此法可用于同一平板上多种药物对同一试验菌的抗菌试验。国际标准常采用K-B法（Ktrby-Bauer法），该法基本原理与纸片扩散法类似：采用统一的培养基、菌液浓度、纸片质量、纸片含药量以及其他试验条件。世界卫生组织于1981年规定了抗菌药物的K-B法敏感性评定标准，在标准实验条件下，可参见抑菌圈大小的解释，见表4-6。

表4-6　不同药物抑菌圈直径

抗生素或化疗药物	纸片效价/μg	抑菌圈直径/mm		
		耐药[1]	中敏	敏感[2]
丁胺卡那霉素	10	≤11	12～13	≥14
氨苄青霉素检查革兰阴性菌	10	≤11	12～13	≥14
敏感的细菌	10	≤20	21～28	≥29
嗜血杆菌	10	≤19		≥20
杆菌肽	10（U）	≤8	9～12	≥13
羧苄青霉素检查变形杆菌	100	≤17	18～22	≥23
羧苄青霉素检查大肠杆菌、铜绿假单胞菌	100	≤13	14～16	≥17
头孢羟唑	30	≤16	15～17	≥18
头孢甲氧霉素	30	≤16	15～17	≥18
头孢菌素	30	≤14	15～17	≥18
氯霉素	30	≤12	13～17	≥18

续表

抗生素或化疗药物	纸片效价/μg	抑菌圈直径/mm		
		耐药[1]	中敏	敏感[2]
氯林可霉素	2	≤14	15～16	≥17
黏霉素	10	≤8	9～10	≥11
红霉素	15	≤13	14～17	≥18
庆大霉素	10	≤12	13～14	≥15
卡那霉素	30	≤13	14～17	≥18
甲氧苄青霉素	5	≤9	10～13	≥14
萘啶酸	30	≤13	14～18	≥19
新霉素	30	≤14	15～16	≥17
呋喃妥因	300	≤12	13～16	≥17
青霉素G检查葡萄球菌	10（U）	≤20	21～28	≥29
青霉素G检查其他细菌	10（U）	≤11	12～21	≥22
多黏菌素B	300（U）	≤8	9～11	≥12
链霉素	10	≤11	12～14	≥15
磺胺	300	≤12	13～16	≥17
四环素	30	≤14	15～18	≥19
甲基异噁唑	23.75	≤10	11～15	≥16
妥布霉素	10	≤11	12～13	≥14
万古霉素	30	≤9	10～11	≥12

①耐药的抑菌圈直径或更小些；②敏感的抑菌圈直径或更大些。
注：引自钱海伦，《微生物学》。

2. 挖沟法

主要操作过程为：在琼脂平板上挖沟（沟宽约5～10mm），加入一定浓度的药液，沟两边垂直划线接种各种试验菌，经培养后，观察细菌的生长情况。根据沟两边所生长的试验菌离沟的距离，来判断该药物对试验菌的抗菌作用强弱。见图4-3。

此法适用于在同一平板上试验一种药物对几种不同试验菌的抗菌作用。

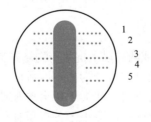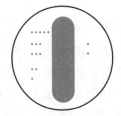

图4-3 挖沟法

1，2，3，4，5为沟中滴入药液接种的各种病原菌

3. 平板打孔法

打孔并注入药液代替纸片。

主要操作过程为：将菌液与琼脂培养基分别注入平皿中，混合待凝，然后用无菌打孔机在琼脂平板上打6个直径为6mm的小孔，其中在4个小孔中注入事先配制好的不同浓度待测药液，另外2个小孔中加血清样品，放在37℃下培养12～18h，量取抑菌圈大小，参照抑菌圈大小解释表，判断药物的抑菌效果。

此法用药量较少，常用于药物血液浓度的检测，血清用药量少，敏感性高，操作简便。

4. 管碟法

与平板打孔法原理基本相同，不同之处在于，此法把药液加入小管（玻璃管、铝管、钢管）中，放于含菌琼脂平板上，根据抑菌圈的直径大小判断药物的抗菌效力。此法加药量相对较多，常用于中药制剂的体外抗菌试验。

（三）药物体内抗菌试验影响因素

进行药物体外抗菌性检测时，主要受到以下一些因素的影响。

1. 试验菌

为了保证试验结果的准确度，选取试验菌时，须注意试验菌菌株的纯度，不得有杂菌污染，不宜用传代多次的菌种，最好用专门供应机构提供的标准菌株；试验菌应合理保藏，用前加以纯化及进行生物学特征鉴定；试验菌必须生长旺盛，最好处于对数生长期，因此期的微生物对外界因素变化最敏感；试验结果的灵敏度在一定程度上与试验菌接种量成反比，故应选用适当的接种量。

2. 培养基

抗菌试验的培养基应按各试验菌的营养需要进行合理配制，如链球菌常用含血清的肉汤培养基，抗真菌药物需用沙氏培养基。培养基的酸碱度、电解质、还原性物质等均可影响试验结果，实验时，应尽可能排除由培养基带来的各种影响实验结果的因素掺入，严格控制各种原料、成分的质量。使用前，抗菌试验的培养基须经无菌检查合格。

3. 待测药物

待测药物的浓度、总量、pH值及可能含有的其他成分，均可直接影响抗菌试验的结果，须精确配制待测药物溶液。将待测药物用适宜的溶剂溶解，并稀释到所需浓度，难溶药物须选择合适的助溶剂助溶，再稀释至所需浓度；含菌样品需先除菌再试验，可采取薄膜过滤法除菌。中草药或其他生药原粉应先提取其有效成分，再浓缩到所需浓度。

4. 对照试验

为了精确判断实验结果，试验时须设计相关对照试验与抗菌试验同时进行。①试验菌对照：无药情况下，试验菌应能在培养基内正常生长。②已知药物对照：已知抗菌药对标准的敏感菌株应出现预期的抗菌效应，对已知的抗药菌应不出现抗菌效应。③溶剂及稀释剂对照：抗菌药物配制时所用的溶剂及稀释剂，应无抗菌作用。

二、药物联合抗菌作用检测

在制药工业中，常进行两种或两种以上抗菌药物复方制剂的筛选，以得到抗菌增效的配方。根据抗菌药物联合应用的效果，可分为如下四种。

协同作用：加强药物的抗菌作用，即大于各自单独使用时的抗菌活性总和。

拮抗作用：减弱药物的抗菌作用，即小于各自单独使用时的抗菌活性总和。

相加作用：等于各自单独使用时的抗菌作用总和。

无关作用：药物抗菌作用相互无影响。

药物联合抗菌作用检测常用方法主要有：棋盘稀释法和琼脂扩散纸片法。

1. 棋盘稀释法

棋盘稀释法（见图4-4）是目前实验室比较常用的一种定量测定方法，因在试验时将两种不同浓度药物的试管或平板排列成棋盘状而得名，用以评价两种药物以不同浓度进行联合应用时的抗菌活性。可分为液体稀释法和固态稀释法，比较常用的是液体稀释法。

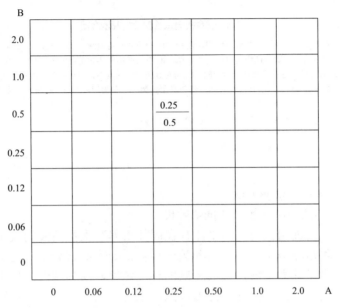

图4-4 **液体棋盘稀释法的药物浓度编排**

A、B两药浓度以MIC的倍数表示

基本方法为：首先，分别测定联合药物（如A药和B药）各自对受试菌株的MIC，以此确定药物联合测定时的药物稀释度。一般选择6～8个稀释度，每种药物最高浓度为其MIC的2倍，然后分别依次将其对倍稀释到其MIC的1/32～1/8。

试验时，排列7排试管，每排7管，共49管，排成方形。A药、B药分别用液体培养基进行稀释，A药沿横轴稀释，B药沿纵轴稀释；A药各浓度稀释液沿纵行定量加入各管，B药各浓度稀释液沿横行定量加入各管，两药同时做单独抗菌试验对照。然后加入定量菌液，经培养后观察结果，确定A药和B药联用时的MIC，即MIC_A及MIC_B，继而根据FIC指数（fractional inhibitory concerntration idex）来判断两药联合作用时所产生的效果。

FIC指数即部分抑菌浓度比值，是指某药在联合用药前后所测得的MIC比值。如：

$$FIC（A）=A药与B药联合试验时A药的MIC/A药单独试验时的MIC \qquad (4-1)$$

$$FIC（B）=B药与A药联合试验时B药的MIC/B药单独试验时的MIC \qquad (4-2)$$

$$FIC指数=FIC（A）+FIC（B） \qquad (4-3)$$

当FIC指数＜0.5，为协同作用；0.5～1，为相加作用；1～2，为无关作用；＞2，为拮抗作用。

可见，FIC指数＜1，则两药联合较各自单独使用的抑菌作用强，FIC指数越小，联合抗菌作用越强；反之，FIC指数越大，拮抗作用越强。

2. 琼脂扩散纸片法

在含菌平板上，水平放置两张浸有不同药液的圆形滤纸片，间距约3～5mm，培养后观察两药形成的抑菌区形状，来判断两种抗菌药物联合应用时对受试菌株的作用情况。见图4-5。

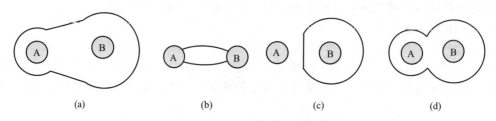

图4-5　联合抗菌试验部分情况示意图

（a）A、B药对受试菌株均有抗菌作用，两药联用抑菌环交角钝圆，A药与B药为协同关系；

（b）A、B药对受试菌株均无抗菌作用，两药联用出现抑菌环，A药与B药为协同关系；

（c）受试菌株对A药耐药，对B药敏感，两药联用A药对B药抑菌圈发生切割状拮抗，A药与B药为拮抗关系；

（d）受试菌株对A药、B药均敏感，两药联用抑菌环交角尖锐，A药与B药为无关关系

三、实操练习——药物体外抗菌检测技术

1. 接受指令

（1）指令

① 掌握药物体外抗菌检测方法；

② 学会用牛津杯法检测药物体外抗菌效果。

（2）指令分析　通过测试药物的牛津杯在固体培养基上抑菌圈的大小，判断细菌对该种药物是否敏感。将培养基平板置于培养箱中培养，一方面试验菌（指示菌）开始生长繁殖；另一方面抗生素呈球面扩散，形成递减的梯度浓度，离杯越近，抗生素浓度越大，离杯越远抗生素浓度越小。在牛津杯周围抑菌浓度范围内的细菌生长被抑制，形成透明的抑菌圈。抑菌圈的大小反映测试菌对测定药物的敏感程度（药敏实验）或药物对指示细菌的抑菌程度（抑菌试验）。抗生素浓度越高，抑菌圈越大。在抑菌圈的边缘处，琼脂培养基中所含抑菌物质的浓度即为该菌悬液中对该种指示菌的最低抑菌浓度（MIC）。抑菌圈直径与药物对测试菌的最低抑菌浓度呈负相关，即抑菌圈越大，MIC越小。

2. 查阅依据

药物体外抗菌检测技术。

3. 制订计划

知识预备→小组方案制定→任务实施→过程督导→跟踪检查→绩效评价。

4. 实施操作

（1）准备

① 培养基　牛肉膏蛋白胨固体培养基。

② 菌种　大肠杆菌（*E. coli*）、金黄色葡萄球菌（*Staphylococcus aureus*）、枯草芽孢杆菌（*Bacillus subtilis*）。

③ 药品　阿莫西林、黄芪多糖。

④ 其他　牛津杯、培养皿、酒精棉、酒精灯、涂布器、移液枪、1mL移液管、200μL枪头、恒温培养箱、超净工作台、接种环。

其中，牛津杯是内径为6mm、外径为8mm、高10mm的圆筒形管子，管子的重量尽可能相等。

（2）操作过程

① 倒平板　将已灭菌的琼脂培养基加热到完全融化，倒在培养皿内，每皿约20mL，凝固。注意：在超净工作台中或酒精灯旁操作；平板倒好，一定要平。

②　标记　菌种、牛津杯摆放位置、药物及其浓度。注意：牛津杯在培养基上的位置安排要均匀适中，防止出现抑制圈重叠，可在平皿中央摆一个，外周等距离摆5～6个。

③　制备菌悬液　用生理盐水洗下试管内的菌苔并稀释。

④　菌液涂布　吸取1mL菌液置平板表面，用涂布器将菌液涂布均匀。

⑤　摆放牛津杯　在培养基表面垂直摆放牛津杯，轻轻加压，使其与培养基接触无空隙。注意：牛津杯立直，才能保证杯内抑菌物质均匀地向四周扩散。

⑥　加入待检药液　在杯中加入不同稀释度的药液或待检样品。

⑦　孵育　加满后在37℃培养16～18h。

⑧　结果　用毫米尺量取抑菌圈直径，参考相关标准判读结果，按敏感（S）、中介（I）、耐药（R）报告。

以牛津杯周围没有肉眼可见生长物区域为抑菌圈，根据抑菌圈直径大小判断细菌对抗菌药的敏感性。

抑菌试验结果判定标准：抑菌圈直径（mm）＞20极敏感

　　　　　　　　　　　　　　　　　15～20高敏感

　　　　　　　　　　　　　　　　　10～14中敏感

　　　　　　　　　　　　　　　　　＜10低敏感

　　　　　　　　　　　　　　　　　0不敏感

5. 结果报告

①　根据实操内容填写报告。

②　记录阿莫西林的杀菌结果。

6. 思考题

青霉素、头孢菌素类药物的抗菌机制如何？

项目三　食品卫生微生物检查

从本地市场所售食品中任选一种，自行查阅质量标准和相关资料，制订计划，实施操作（含备料、接种、培养、观察结果和记录）。要求至少包含下列两类微生物计数和一个控制菌检查，并书面报告项目完成情况和结果。

一、总则

（一）样品采集

1. 采样原则

（1）根据检验目的、食品特点、批量、检验方法和微生物的危害程度等确定采样方案。

（2）应采用随机原则进行采样，确保所采集的样品具有代表性。

（3）采样过程遵循无菌操作程序，防止一切可能的外来污染。

（4）在保存和运输样品的过程中，应采取必要的措施防止样品中原有微生物数量的变化，保持样品的原有状态。

2. 采样方案

（1）类型　采样方案分为二级和三级采样方案。二级采样方案设有n、c和m值，三级

采样方案设有 n、c、m 和 M 值。其中，n 代表同一批次产品应采集的样品件数；c 代表最大可允许超出 m 值的样品数；m 代表微生物指标可接受水平的限量值；M 代表微生物指标的最高安全限量值。

【注意事项】

① 按照二级采样方案设定的指标，在 n 个样品中，允许有 $\leq c$ 个样品其相应微生物指标检验值大于 m 值。

② 按照三级采样方案设定的指标，在 n 个样品中，允许全部样品中相应微生物指标检验值小于或等于 m 值；允许有 $\leq c$ 个样品其相应微生物指标检验值在 m 值和 M 值之间；不允许有样品相应微生物指标检验值大于 M 值。

例如，$n=5$，$c=2$，$m=100cfu/g$，$M=1000cfu/g$。含义是从一批产品中采集5个样品，若5个样品的检验结果均小于或等于 m 值（≤ 100 cuf/g），则这种情况是允许的，若 ≤ 2 个样品的检验结果（X）位于 m 值和 M 值之间（100 cuf/g $< X \leq 1000$ cuf/g），则这种情况也是允许的；若有3个及以上样品的检验结果位于 m 值和 M 值之间，则这种情况是不允许的；若有任一样品的检验结果值大于 M 值（> 1000 cuf/g），则这种情况也是不允许的。

（2）各类食品的采样方案　按相应产品标准中的规定执行。

（3）食源性疾病及食品安全事件中食品样品的采集

① 由工业化批量生产加工的食品污染导致的食源性疾病或食品安全事件，食品样品的采集和判定原则按本项目总则中（一）、2、（1）和（一）、2、（2）执行。同时，确保采集现场有剩余食品样品。

② 由餐饮单位或家庭烹调加工的食品导致的食源性疾病或食品安全事件，食品样品的采集要符合卫生学检验的要求，以满足食源性疾病或食品安全事件病因判定和病原确证的要求。

3. 各类食品的采样方法

采样应遵循无菌操作程序，采样工具和容器应无菌、干燥、防漏、性状及大小适宜。

（1）即食类预包装食品　取相同批次的最小零售原包装，检验前要保持包装的完整，避免污染。

（2）非即食类预包装食品　原包装小于500g的固态食品或小于500mL的液态食品，取相同批次的最小零售原包装；大于500mL的液态食品，应在采样前摇动或用无菌棒搅拌液体，使其达到均质后分别从相同批次的 n 个容器中采集5倍或以上检验单位的样品；大于500g的固态食品，应用无菌采样器从同一包装的几个不同部位分别采取适量样品，放入同一个无菌采样容器内，采样总量应满足微生物指标检验的要求。

（3）散装食品或现场制作食品　根据不同食品的种类和状态及相应检验方法中规定的检验单位，用无菌采样器现场采集5倍或以上检验单位的样品，放入无菌采样器内，采样总量应满足微生物指标检验的要求。

（4）食源性疾病及食品安全事件的食品样品　采样量应满足食源性疾病诊断和食品安全事件病因判定的检验要求。

4. 采集样品的标记

应对采集的样品进行及时、准确地记录和标记，采样人员应清晰地填写采样单（包括采样人、采样地点、采样时间、样品名称、来源、批号、数量和保存条件等信息）。

5. 采集样品的储存和运输

采样后，应将样品在接近原有储存温度条件下尽快送往实验室检验。运输时，应保持样品完整。如果不能及时运送，应在接近原有储存温度条件下储存。

（二）样品检验

1. 样品处理

（1）实验室接到送检样品后应认真核对登记，确保样品的相关信息完整并符合检验要求。

（2）实验室应按要求尽快检验。若不能及时检验，应采取必要的措施保持样品的原有状态，防止样品中目标微生物因客观条件的干扰而发生变化。

（3）冷冻食品应在45℃以下不超过15min，或2～5℃不超过18h解冻后进行检验。

2. 检验方法的选择

（1）应选择现行有效的国家标准的检验方法。

（2）食品微生物检验方法标准中对同一检验项目有两个及两个以上定性检验方法时，应以常规培养方法为基准方法。

（3）食品微生物检验方法标准中对同一检验项目有两个及两个以上定量检验方法时，应以平板计数法为基准方法。

（三）生物安全与质量控制

1. 实验室生物安全要求

应符合GB 19489的规定。

2. 质量控制

（1）实验室应定期对实验用菌株、培养基、试剂等设置阳性对照、阴性对照和空白对照。

（2）实验室应对重要的检验设备（特别是自动化检验仪器）设置仪器对比。

（3）实验室应定期对实验人员进行计数考核和人员比对。

（四）记录与报告

1. 记录

检验过程中应及时、准确地记录观察到的现象、结果和数据等信息。

2. 报告

实验室应按照检验方法中规定的要求，准确、客观地报告每一项检验结果。

（五）检验后样品的处理

（1）检验结果出报告以后，被检样品方能接受处理。检出致病菌的样品要经过无害化处理。

（2）检验结果出报告以后，剩余样品或同批样品不进行微生物项目的复检。

二、菌落总数测定

（一）检验程序

菌落总数的检验程序如图4-6所示。

（二）操作步骤

1. 样品的稀释

（1）固体和半固体样品　称取25g样品置于盛有225mL磷酸盐缓冲液或生理盐水的无菌均质杯内，8000～10000r/min均质1～2min，或放入盛有225mL稀释液的无菌均质袋中，用拍击式均质器拍打1～2min，制成1∶10的样品匀液。

（2）液体样品　以无菌移液管吸取25mL样品置于盛有225mL磷酸盐缓冲液或生理盐水的无菌锥形瓶中（瓶内预置适当数量的无菌玻璃珠），充分混匀，制成1∶10的样品匀液。

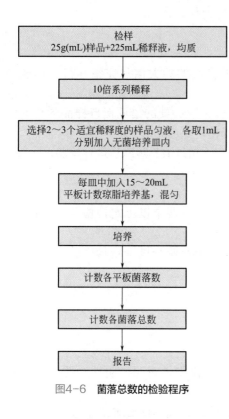

检样
25g(mL)样品+225mL稀释液，均质

↓

10倍系列稀释

↓

选择2～3个适宜稀释度的样品匀液，各取1mL
分别加入无菌培养皿内

↓

每皿中加入15～20mL
平板计数琼脂培养基，混匀

↓

培养

↓

计数各平板菌落数

↓

计数各菌落总数

↓

报告

图4-6　菌落总数的检验程序

（3）用1mL无菌移液管或微量移液器吸取1∶10的样品匀液1mL，沿管壁缓慢注于盛有9mL稀释液的无菌试管中（注意移液管或吸头尖端不要触及稀释液面），振摇试管或换用1支无菌移液管反复吹打使其混匀，制成1∶100的样品匀液。

（4）按上一步操作程序，制备10倍系列稀释样品匀液。每递增稀释一次，换用1支1mL无菌移液管或吸头。

（5）根据对样品污染状况的估计，选择2～3个适宜稀释度的样品匀液（液体样品可包括原液），在进行10倍递增稀释时，吸取1mL样品匀液于无菌平皿内，每个稀释度做两个平皿。同时，分别吸取1mL空白稀释液加入两个无菌平皿内作空白对照。

（6）及时将15～20mL冷却至46℃的平板计数琼脂培养基［可放置于（46±1）℃恒温水浴箱中保温］倾注平皿，并转动平皿使其混匀。

2.　培养

（1）待琼脂凝固后，将平板翻转，（36±1）℃培养（48±2）h；水产品（30±1）℃培养（72±3）h。

（2）如果样品中可能含有在琼脂培养基表面弥漫生长的菌落时，可在凝固后的琼脂表面覆盖一薄层琼脂培养基（约4mL），凝固后翻转平板，按上述条件进行培养。

3.　菌落计数

可用肉眼观察，必要时用放大镜或菌落计数器，记录稀释倍数和相应的菌落数量。菌落计数以菌落形成单位（cfu）表示。

（1）选取菌落数在30～300cfu之间、无蔓延菌落生长的平板计数菌落总数，低于30cfu的平板记录具体菌落数，大于300cfu的可记录为"多不可计"。每个稀释度的菌落数应采用两个平板的平均数。

（2）其中一个平板有较大片状菌落生长时，则不宜采用，而应以无片状菌落生长的平板作为该稀释度的菌落数；若片状菌落不到平板的一半，而其余一半中菌落分布又很均匀，即可计算半个平板后乘以2，代表一个平板菌落数。

（3）当平板上出现菌落间无明显界线的链状生长时，则将每条单链作为一个菌落计数。

（三）结果与报告

1.　菌落总数的计算方法

（1）若只有一个稀释度平板上的菌落数在适宜计数范围内，则计算两个平板菌落数的平均值，再将平均值乘以相应稀释倍数，作为每1g（或1mL）样品中菌落总数的结果。

（2）若有两个连续稀释度的平板菌落数在适宜计数范围内时，则按下列公式计算：

$$N = \Sigma C / \left[(n_1 + 0.1 n_2) d \right]$$　　　　　　　　（4-4）

式中　N——样品中菌落总数；

ΣC——平板（含适宜范围菌落数的平板）菌落数之和；

n_1——第一稀释度（低稀释倍数）平板个数；

n_2——第二稀释度（高稀释倍数）平板个数；

d——稀释因子（第一稀释度）。

［例4-1］ 上述各项数值如表4-7所示，计数N值。

表4-7 用来计算菌落总数的各项数值

稀释度	1∶100（第一稀释度）	1∶1000（第二稀释度）
菌落数/cfu	232，244	33，35

计算：

$N=\Sigma C/\left[(n_1+0.1n_2)d\right]=(232+244+33+35)/\left[(2+0.1\times2)\times10^{-2}\right]=544/0.022=24727$

上述数据按规定数字修约后，表示为25000或2.5×10^4。

（3）若所有稀释度的平均菌落数均小于30cfu，则应按稀释度最低的平均菌落数乘以稀释倍数计算。

（4）若所有稀释度的平均菌落数均大于300cfu，则对稀释度最高的平板进行计数，其他平板可记录为"多不可计"，结果按平均菌落数乘以最高稀释倍数计算。

（5）若所有稀释度（包括液体样品原液）平板无菌落生长，则以小于1乘以最低稀释倍数计算。

（6）若所有稀释度的平均菌落数均不在30～300cfu之间，其中一部分小于30cfu或大于300cfu时，则以最接近30cfu或300cfu的平均菌落数乘以稀释倍数计算。

2. 菌落总数的报告

（1）菌落数小于100cfu时，按"四舍五入"原则修约，以整数报告。

（2）菌落数大于或等于100cfu时，前三位数字采用"四舍五入"原则修约，取前2位数字，后面用0代替位数，也可用10的指数形式来表示，按"四舍五入"原则修约后，采用两位有效数字。

（3）若所有平板上为蔓延菌落而无法计数，则报告"菌落蔓延"。

（4）若空白对照上有菌落生长，则此次检测结果无效。

（5）称重取样以cfu/g为单位报告，体积取样以cfu/mL为单位报告。

三、霉菌和酵母菌计数

（一）检验程序

霉菌和酵母菌计数的检验程序如图4-7所示。

（二）操作步骤

1. 样品的稀释

（1）固体和半固体样品 称取25g样品置于盛有225mL灭菌蒸馏水的锥形瓶中，充分振摇，即为1∶10稀释液；或放入盛有225mL无菌蒸馏水的均质袋中，用拍击式均质器拍打2min，制成1∶10的样品匀液。

（2）液体样品 以无菌移液管吸取25mL样品置于盛有225mL无菌蒸馏水的无菌锥形瓶中（瓶内预置适当数量的无菌玻璃珠），充分混匀，制成1∶10的样品匀液。

（3）取1mL 1∶10稀释液注入含有9mL无菌水的试管中，另换一支1mL无菌移液管反复吹洗，此液为1∶100稀释液。

（4）按上一步操作程序，制备10倍系列稀释样品匀液。每递增稀释一次，换用1支

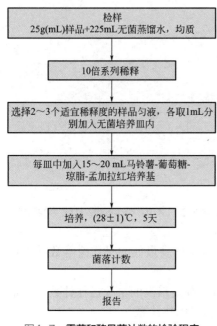

图4-7　霉菌和酵母菌计数的检验程序

流程图（从上到下）：
检样 25g(mL)样品+225mL无菌蒸馏水，均质 → 10倍系列稀释 → 选择2～3个适宜稀释度的样品匀液，各取1mL分别加入无菌培养皿内 → 每皿中加入15～20 mL马铃薯-葡萄糖-琼脂-孟加拉红培养基 → 培养，(28±1)℃，5天 → 菌落计数 → 报告

1mL无菌移液管或吸头。

（5）根据对样品污染状况的估计，选择2～3个适宜稀释度的样品匀液（液体样品可包括原液），在进行10倍递增稀释时，每个稀释度分别吸取1mL样品匀液于2个无菌平皿内。同时，分别吸取1mL样品稀释液加入两个无菌平皿内作空白对照。

（6）及时将15～20mL冷却至46℃的马铃薯-葡萄糖-琼脂-孟加拉红培养基［可放置于（46±1）℃恒温水浴箱中保温］倾注平皿，并转动平皿使其混匀。

2. 培养

（1）待琼脂凝固后，将平板翻转，（28±1）℃培养5天，观察并记录。

（2）菌落计数　肉眼观察，必要时可用放大镜，记录各稀释倍数和相应的霉菌和酵母菌数，以菌落形成单位（cfu）表示，选取菌落数在10～150cfu的平板，根据菌落形态分别计数霉菌和酵母菌数；霉菌蔓延生长覆盖整个平板的可记录为"多不可计"；菌落数应采用两个平板的平均数。

（三）结果与报告

1. 结果

（1）计算两个平板菌落数的平均值，再将平均值乘以相应稀释倍数计算。

（2）若所有平板菌落数均大于150cfu，则对稀释度最高的平板进行计数，其他平板可记录为"多不可计"，结果按平均菌落数乘以最高稀释倍数计算。

（3）若所有平板上菌落数均小于10cfu，则应按稀释度最低的平均菌落数乘以稀释倍数计算。

（4）若所有稀释度平板均无菌落生长，则以小于1乘以最低稀释倍数计算；如为原液，则以小于1计数。

2. 报告

（1）菌落数在100cfu以内时，按"四舍五入"原则修约，采用两位有效数字报告。

（2）菌落数大于或等于100cfu时，前3位数字采用"四舍五入"原则修约，后面用0代替位数来表示结果，也可用10的指数形式来表示，按"四舍五入"原则修约后，采用两位有效数字。

（3）称重取样以cfu/g为单位报告，体积取样以cfu/mL为单位报告，报告或分别报告霉菌和酵母数。

四、大肠菌群计数

（一）大肠菌群平板计数法

1. 检验程序

大肠菌群平板计数的检验程序如图4-8所示。

2. 操作步骤

（1）样品的稀释

① 固体和半固体样品　称取25g样品置于盛有225mL磷酸盐缓冲液或生理盐水的无菌

均质杯内，8000～10000r/min均质1～2min，或放入盛有225mL稀释液的无菌均质袋中，用拍击式均质器拍打1～2min，制成1∶10的样品匀液。

② 液体样品 以无菌移液管吸取25mL样品置于盛有225mL磷酸盐缓冲液或生理盐水的无菌锥形瓶中（瓶内预置适当数量的无菌玻璃珠），充分混匀，制成1∶10的样品匀液。

③ 样品匀液的pH值应在6.5～7.5之间，必要时分别用1mol/L NaOH或1 mol/L HCl调节。

④ 用1mL无菌移液管或微量移液器吸取1∶10的样品匀液1mL，沿管壁缓慢注于盛有9mL稀释液的无菌试管中（注意移液管或吸头尖端不要触及稀释液面），振摇试管或换用1支1mL无菌移液管反复吹打使其混匀，制成1∶100的样品匀液。

⑤ 根据对样品污染状况的估计，按上一步操作，制备10倍递增系列稀释样品匀液。每递增稀释一次，换用1支1mL无菌移液管或吸头。从制备样品匀液至样品接种完毕，全过程不得超过15min。

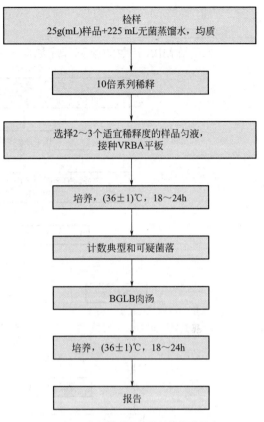

图4-8 **大肠菌群平板计数的检验程序**

（2）平板计数

① 选取2～3个适宜的连续稀释度，每个稀释度接种2个无菌平皿，每皿1mL。同时取1mL生理盐水加入无菌平皿作空白对照。

② 及时将15～20mL冷却至46℃的结晶紫中性红胆盐琼脂（VRBA）倾注于每个平皿中。小心旋转平皿，将培养基与样液充分混匀，待琼脂凝固后，再加3～4mL VRBA覆盖平板表层。翻转平板，置于（36±1）℃培养18～24h。

（3）平板菌落数的选择 选取菌落数在15～150cfu之间的平板，分别计数平板上出现的典型和可疑大肠菌群菌落。典型菌落为紫红色，菌落周围有红色的胆盐沉淀环，菌落直径为0.5mm或更大。

（4）证实试验 从VRBA平板上挑取10个不同类型的典型和可疑菌落，分别转种于煌绿乳糖胆盐肉汤（BGLB）管内，（36±1）℃培养24～48h，观察产气情况。凡BGLB肉汤管产气者，即可报告为大肠菌群阳性。

（5）大肠菌群平板计数的报告 经最后证实为大肠菌群阳性的试管比例乘以上述"平板菌落数的选择"计数的平板菌落数，再乘以稀释倍数，即为每1g（mL）样品中的大肠菌群数。例如，10^{-4}样品稀释液1mL，在VRBA平板上有100个典型和可疑菌落，挑取其中10个接种于BGLB肉汤管内。若证实有6个阳性管，则该样品的大肠菌群数为：100×（6/10）×10^4cfu/g（mL）=6.0×10^5cfu/g（mL）。

（二）大肠菌群MPN计数法

1. 检验程序

大肠菌群MPN计数的检验程序如图4-9所示。

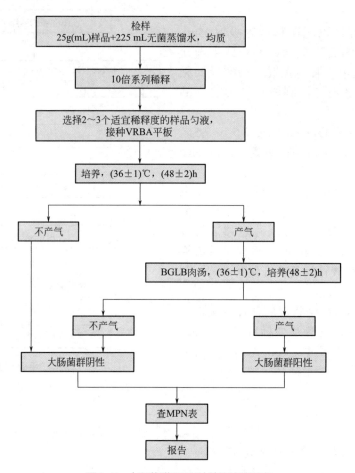

图4-9　**大肠菌群MPN计数的检验程序**

2. 操作步骤

（1）样品的稀释　按第一法中所述步骤进行。

（2）初发酵试验　每个样品，选择3个适宜的连续稀释度的样品匀液（液体样品可以选择原液），每个稀释度接种3管月桂基硫酸盐蛋白胨（LST）肉汤，每管接种1mL（接种量超过1mL，则用双料LST肉汤），（36±1）℃培养（24±2）h，观察倒管内是否有气泡产生，（24±2）h产气者进行复发酵试验，如未产气则继续培养至（48±2）h。产气者进行复发酵试验，未产气者为大肠菌群阴性。

（3）复发酵试验　用接种环从产气的LST肉汤管中分别取培养物1环，接种于煌绿乳糖盐肉汤（BGLB）管中，（36±1）℃培养（48±2）h观察产气情况。产气者，计为大肠菌群阳性管。

（4）最可能数报告　大肠菌群最可能数（MPN）的报告按上一步确证的大肠菌群LST阳性管数，检索MPN表（表4-8），报告每1g（mL）样品中大肠菌群的MPN值。

表4-8　大肠菌群最可能数（MPN）检索表

阳性管数			MPN	95% 可信限		阳性管数			MPN	95% 可信限	
0.10	0.01	0.001		下限	上限	0.10	0.01	0.001		下限	上限
0	0	0	<3.0	—	9.5	2	2	0	21	4.5	42
0	0	1	3.0	0.15	9.6	2	2	1	28	8.7	94
0	1	0	3.0	0.15	11	2	2	2	35	8.7	94
0	1	1	6.1	1.2	18	2	3	0	29	8.7	94
0	2	0	6.2	1.2	18	2	3	1	36	8.7	94
0	3	0	9.4	3.6	38	3	0	0	23	4.6	94
1	0	0	3.6	0.17	18	3	0	1	38	8.7	110
1	0	1	7.2	1.3	18	3	0	2	64	17	180
1	0	2	11	3.6	38	3	1	0	43	9	180
1	1	0	7.4	1.3	20	3	1	1	75	17	200
1	1	1	11	3.6	38	3	1	2	120	37	420
1	2	0	11	3.6	42	3	1	3	160	40	420
1	2	1	15	4.5	42	3	2	0	93	18	420
1	3	0	16	4.5	42	3	2	1	150	37	420
2	0	0	9.2	1.4	38	3	2	2	210	40	430
2	0	1	14	3.6	42	3	2	3	290	90	1000
2	0	2	20	4.5	42	3	3	0	240	42	1000
2	1	0	15	3.7	42	3	3	1	460	90	2000
2	1	1	20	4.5	42	3	3	2	1100	180	4100
2	1	2	27	8.7	94	3	3	3	>1100	420	—

注：1. 本表采用3个稀释度[0.1g（或0.1mL）、0.01g（或0.01mL）、0.001g（或0.001mL）]，每个稀释度接种3管。

2. 表内所列样品量如改为1g（或1mL）、0.1g（或0.1mL）、0.01g（或0.01mL）时，表内数字相应降低10倍；如改用0.01g（或0.01mL）、0.001g（或0.001mL）、0.0001g（或0.0001mL）时，表内数字相应增高10倍；其余类推。

项目四　发酵型乳酸饮料的制作

一、接受指令

1. 指令

（1）了解乳酸菌的生理特性、发酵条件和产物；

（2）学会制作发酵型乳酸饮料。

2. 指令分析

微生物在厌氧条件下，分解己糖产生乳酸的作用，称为乳酸发酵。能够引起乳酸发酵的微生物种类很多，其中主要是细菌。能利用可发酵糖产生乳酸的细菌通常称为乳酸细菌。常见的乳酸细菌属于链球菌属、乳酸杆菌属、双歧杆菌属和明串株菌属等。乳酸细菌生成的乳酸和厌氧生活的环境，能够抑制一些腐败细菌的活动，日常生活中常利用乳酸发酵腌制泡菜、制作酸奶和制造青储饲料等。

乳酸细菌多是兼性厌氧菌，但只在厌氧条件下才进行乳酸发酵，故在筛选乳酸菌或需要进行乳酸发酵的情况下，应保证提供厌氧条件。

活性乳酸细菌是人体肠道中重要的生理菌群，担负着人机体的多种重要生理功能。一般认为，活性乳酸细菌具有下列多种生理功能：维持肠道菌群的微生态平衡；增强机体免疫功能，预防和抑制肿瘤发生；提高营养利用率，促进营养吸收；控制内毒素，降低胆固醇；延缓机体衰老等。因此，乳酸饮料是一种具有较高营养价值和特殊风味及一定保健作用的食品。

二、查阅依据

微生物的代谢。

三、制订计划

知识预备→小组方案制定→任务实施→过程督导→跟踪检查→绩效评价。

四、实施操作

1. 准备

（1）菌种　嗜热乳酸链球菌、保加利亚乳酸杆菌。

（2）培养基

① 菌种活化及扩大培养基：10%脱脂乳液，pH值自然。

② 发酵培养基：12%～13%全脂乳液加适当比例（如6%～8%）的白砂糖，pH值自然。

（3）器材　试管，烧杯，三角瓶，无菌移液管，酸乳瓶，温度计，玻璃棒，酒精灯，电炉，打浆机或均质机。

【训练】为了保证实操完成顺利，实操前应准备好所需的用具。请填写备料单（见表4-9）。

表4-9　备料单（任务　发酵型乳酸饮料的制作）

序号	品名	规格	数量	备注
1				
2				
3				
4				
5				
6				
7				
8				
9				
10				

2. 操作步骤

（1）菌种的活化和培养

① 将脱脂乳液分装试管和三角瓶（每支试管装10mL，每支三角瓶装150mL），置于高

压灭菌锅内 115℃、15min 灭菌。

② 将冻干或液体保藏菌种接入脱脂乳试管中活化 2 ~ 3 次，至凝固良好时，转接于三角瓶中（母发酵剂），接种量 1% ~ 2% 左右。大规模生产时还需进行下一级扩大培养（生产发酵剂），接种量 2% ~ 3%。

③ 生产发酵剂培养需要采用较大的容器（如不锈钢桶），灭菌则采用 80℃、15min，连续两次。灭菌后牛乳应立即冷却待用。如 1h 内不使用，需储放在 3 ~ 5℃环境下。

④ 培养：保加利亚乳杆菌一般在 42 ~ 45℃下培养 12h，至牛乳凝固结实即可。嗜热乳酸链球菌一般在 37 ~ 42℃下培养 12 ~ 14h，至牛奶凝固结实即可。

（2）发酵培养基的消毒　将乳粉和水以 1 ：（7 ~ 10）（质量/体积）的比例，同时加入 6% ~ 8% 的蔗糖，充分混合，于 80 ~ 85℃灭菌 10 ~ 15min，然后冷却至 35 ~ 40℃，作为制作饮料的培养基质。

（3）接种　将纯种嗜热链球菌、保加利亚乳杆菌及两种菌的等量混合菌液作为发酵剂，均以 2% ~ 5% 的接种量分别接入以上培养基质中即为饮料发酵液。接种后摇匀，分装到已灭菌的酸乳瓶中，每一种菌的饮料发酵液重复分装在 42 ~ 45℃瓶中，随后将瓶盖拧紧密封。

（4）发酵　把接种后的酸乳瓶置于 40 ~ 42℃恒温箱中培养 3 ~ 6h。培养时注意观察，在出现凝乳后停止培养。然后转入 4 ~ 5℃的低温下冷藏 24h 以上。经此后熟阶段，达到酸乳酸度适中（pH4 ~ 4.5），凝块均匀致密，无乳清析出，无气泡，获得较好的口感和特有风味。

（5）品尝　以品尝来评定酸乳质量，比较采用单菌发酵与混合菌发酵的酸乳的香味和口感。品尝时若出现异味，表明酸乳污染了杂菌。

制作流程如图 4-10 所示。

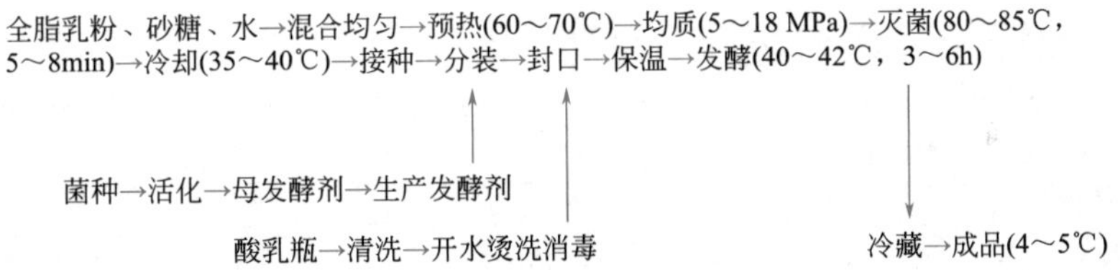

全脂乳粉、砂糖、水→混合均匀→预热(60~70℃)→均质(5~18 MPa)→灭菌(80~85℃，5~8min)→冷却(35~40℃)→接种→分装→封口→保温→发酵(40~42℃，3~6h)

菌种→活化→母发酵剂→生产发酵剂　　　　酸乳瓶→清洗→开水烫洗消毒　　　　冷藏→成品(4~5℃)

图4-10　制作流程图

【训练】按上述操作方法进行实操练习。

【实训注意事项】

① 牛乳的消毒应掌握适宜的温度和时间，防止因长时间采用过高温度消毒而破坏酸乳风味。

② 制作发酵型乳酸饮料，必须做到所有器具洁净无菌，制作环境要保持清洁，制作过程严防污染。

③ 培养时注意观察，在出现凝乳后停止培养，然后转入 4 ~ 5℃的低温下冷藏 24h 以上。合格的乳酸菌饮料应在 4℃条件下冷藏，可保存 6 ~ 7 天。

④ 后熟阶段可使酸乳达到酸度适中（pH4 ~ 4.5），凝块均匀致密，无乳清析出，无气泡，以获得较好的口感和特有风味。

⑤ 应按相关规定进行理化和卫生指标检测。酸乳产品要求酸度（以乳酸计）为 0.75% ~ 0.85%，含乳酸菌 $\geq 1.0 \times 10^6$ 个/mL，不得检出致病菌，含大肠杆菌 ≤ 40 个/100mL。产品为凝块状态，表层光洁度好，具有发酵乳酸饮料正常的风味和口感。

五、结果报告

① 将发酵的乳酸饮料品评结果记录于表4-10中。

表4-10　发酵的乳酸饮料品评结果

乳酸菌类	品评项目					结论
	凝乳情况	口感	香味	异味	pH值	
球菌						
杆菌						
混合菌（1∶1）						

② 品尝自己制作的乳酸饮料，判断其感官品质是否达到要求，若达不到要求，分析其原因。

【思考讨论】

① 牛奶经过乳酸发酵为什么能产生凝乳？

② 为什么采用两种乳酸菌混合发酵的乳酸饮料比单菌发酵的乳酸饮料口感和风味更佳？

③ 试以大豆为原料，设计制作一种或多种豆乳发酵食品或饮料。

④ 设计一个从市售乳酸菌饮料中分离纯化乳酸菌和制作稀释型乳酸菌饮料的程序。

项目五　微生物技术助力碳中和

 知识目标

1. 了解碳达峰、碳中和背景下，微生物技术的应用；
2. 掌握废水微藻处理技术要点；
3. 学习合成生物学技术的工艺和流程。

 能力目标

1. 能按正确的方法编制微藻处理PPCP的计划；
2. 能按规定的流程，编写合成生物燃料步骤；
3. 拓宽学生视野，培养学生自主学习和创新能力。

2020年9月，习近平总书记在第七十五届联合国大会上首次向世界庄重承诺："中国将提高国家自主贡献力度，采取更加有力的政策和措施，二氧化碳排放力争于2030年前达到峰值，努力争取2060年前实现碳中和。"

中共中央、国务院印发《关于完整准确全面贯彻新发展理念做好碳达峰碳中和工作的意见》，立足"十四五"时期以及2030年前、2060年前两个重要时间节点，明确提出了推进经济社会发展全面绿色转型、深度调整产业结构、加快构建清洁低碳安全高效能源体系等重点任务。

在2020年12月18日闭幕的中央经济工作会议上，"做好碳达峰，碳中和工作"被列为2021年的重点任务之一。

在绿色发展的指导下，生物制造（生物基材料）、合成生物学技术领域、绿色氢能关键技术（生物质制氢技术）被视为产业提升的重要技术，并将广泛应用在发酵、化工、制药、纺织、饲料、食品等行业，利用微生物促进绿色、低碳的生态经济不断发展。

一、固碳微生物和碳捕集利用与封存（CCUS）技术

药物及个人护理品（pharmaceutical and personal care products，PPCP）作为一种新兴污染物，日益受到人们的广泛关注，主要包括各类抗生素、药物和清洁产品等，在城市污水、医药废水、畜禽及水产养殖废水中广泛存在。据检测PPCP在地表水中的浓度已上升到风险水平，同时，还可能影响饮用水质量，甚至诱导产生抗性基因，且可随食物链或食物网等多种途径进入人体，对生态环境和人类健康产生巨大威胁。已经研究了一系列化学（光降解、高级氧化）、物理-化学（膜过滤、活性炭吸附）和生物（活性污泥法）技术等来处理含PPCP的废水，然而，这些技术在处理效率、开发成本、工业规模应用等方面都面临着特定的限制和缺点，因此，迫切需要探索高效、节能的处理方法。

（一）废水微藻处理技术简介

传统废水生物处理技术主要通过消耗外部能量供氧，从而去除COD、N、P等污染物，加剧了能源行业CO_2的排放，且废水中潜在的含能物质未得到合理有效的资源化利用。伴随着碳中和目标的提出，在废水处理行业实行CO_2减排已迫在眉睫。研究表明，微藻具有较高的去除有机污染物，N、P营养元素和金属离子的潜力，因此，可将微藻技术应用于废水处理。

微藻是一类广泛存在于各类水体中的类植物微生物，包括可利用CO_2和光能进行光合作用的自养藻类、直接利用有机化合物作为碳源和能源代谢生长的异养藻类、既可进行自养又可异养生长的兼养藻类。微藻是生物固碳的典型代表。每年地球上40%以上的CO_2被微藻利用并释放O_2。此外，每生产100t微藻生物质可以固定183t CO_2，CO_2的固定速率和太阳能储存效率可达陆生植物的10～50倍。在生产第三代生物质能源——生物柴油方面，微藻生长周期较短、适应能力更强、生物产量更高，一年四季均可收获，生长速度是地球上普遍陆生植物的100倍，生物量可以达到30～100倍。微藻比其他植物具有更高的单位面积油脂产量，一般可达微藻细胞干重的20%～55%。此外，微藻生物柴油是一种碳中性燃料，在燃烧过程中释放出的CO_2含量几乎接近生产时同化的CO_2含量，相对于传统化石燃料燃烧，CO_2排放量减少了50%，能有效促进碳减排。废水中的碳分为无机碳（溶解的CO_2及碳酸盐等）和有机碳。微藻可通过主动运输或自由扩散作用吸收无机碳，一些异养微藻能将废水中的有机污染物作为碳源和能源进行异养代谢，从而降低废水COD含量。

当微藻混合培养时可分为两个阶段模式。第一阶段由于废水中初始有机碳含量高而进行异养代谢生长。当有机碳含量降低到一定水平时，第二阶段光合作用开始被诱导，藻类吸收CO_2进行光合自养。如果结合光暗循环，允许微藻自养和异养在其最佳条件下进行，混养的生物量和脂质含量将不仅仅是自养和异养的总和。如图4-11所示，利用微藻技术处理废水，一方面可以有效实现脱氮除磷、降低有机物含量，从而净化废水；另一方面，微藻可利用废水中的N、P等营养物质进行生长，降低培养成本，同时，微藻能吸收废水处理过程中产生的CO_2，实现CO_2减排，并产生具有高价值的生物质能源（乙醇、色素及生物柴油等）。用小球藻、栅藻、衣藻对污水进行深度处理，发现3种微藻在污水中生长情况良好，

其中小球藻长势最优，对磷酸盐、氨氮、亚硝酸盐氮的去除率分别为93%、65%、32%。学者用螺旋藻处理淀粉养殖废水，结果表明养殖废水中氨氮、磷酸盐、COD去除率分别达到99.9%、99.4%、98%；螺旋藻平均生长率为0.54g/（L·天），蛋白质、油脂、碳水化合物含量分别达到68%、11%、23%。因此，在当前碳减排的迫切形势下，微藻技术是极具潜力的新型废水处理技术，相对于传统废水处理技术更具可持续性，对实现废水资源化、微藻能源化、碳减排具有重要意义。

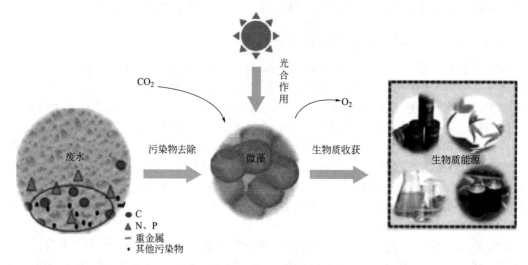

图4-11　微藻技术处理废水示意图

（二）微藻去除PPCP的机制

当暴露于PPCP时，微藻细胞会产生一系列反应来适应并对PPCP表现出一定的去除作用。基于微藻技术去除PPCP的可能机制包括生物吸附、胞内外的生物降解、光降解、生物累积、水解和挥发，见图4-12。微藻去除PPCP是一个复杂的过程，通常是多种机制共同发挥作用，而去除机制也随微藻和PPCP种类而异。

1. 生物吸附

PPCP的吸附一般可通过微藻细胞壁上的官能团和胞外聚合物（EPS）完成，是一个被动且快速的胞外过程。微藻对PPCP的吸附主要通过氢键、静电吸引和疏水作用实现，取决于PPCP的结构、疏水性、官能团、微藻种类。一般来说，疏水性强的PPCP更容易被吸附，由于羧基、羟基和磷酰基官能团的存在，微藻的细胞壁和EPS主要带负电荷，这有利于与带正电的PPCP分子发生静电相互作用。

2. 生物累积

与生物吸附不同，生物累积是需要消耗能量的胞内过程。据报道，生物累积是微藻去除亲脂性药物的一个重要机制，在去除甲氧苄啶、强力霉素等抗生素中起着重要作用。在微藻中，一些低浓度的生物累积药物可以诱导ROS的产生，ROS在正常浓度下对控制细胞代谢至关重要，但过量会对细胞造成严重损害或使细胞最终死亡。

3. 生物降解

研究表明，生物降解是微藻从水相以及生物质（细胞内或细胞间）去除PPCP的最有效机制之一，包括胞内酶催化的污染物的代谢降解和胞外EPS、胞外酶参与的胞外降解。该过程可能会发生PPCP的水解、侧链断裂、羟基化、环裂解、脱甲基化、脱羧和脱羟基化。基于酶的功能，PPCP的生物降解可被视为3个阶段的酶催化过程。第一阶段，细胞色素P450

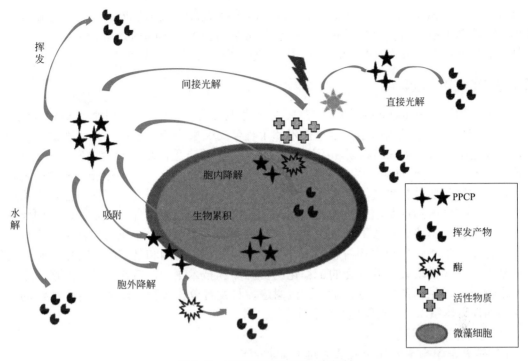

图4-12 微藻去除PPCP的可能机制

酶对PPCP的解毒涉及氧化、还原、水解过程，在此阶段，亲脂性化合物通过羟基的引入转变为亲水性化合物。第二阶段，具有亲电子基团（—CONH$_2$、环氧化物环、—COOH）的化合物在谷胱甘肽 -S-转移酶或葡糖基转移酶的存在下与谷胱甘肽形成共轭键，保护细胞免受氧化损伤。第三阶段，在多种酶 [如羧化酶、谷氨酰 -tRNA 还原酶、脱氢酶、转移酶、水解酶、脱羧酶、单（双）加氧酶和脱水酶] 的作用下，将PPCP转化为结构更简单、毒性更低的化合物。

4. 光解

废水中PPCP的光解一般包括由光引起的直接光解和由藻类在光存在下产生的活性物种诱导的间接光解。通常，微藻对PPCP的光解作用是通过比较光照和黑暗条件下含微藻的反应器中存在的PPCP浓度来估计的。在直接光解过程中，具有共轭 π 键、芳环等官能团的目标污染物分子在没有微藻参与条件下可以直接吸收紫外线范围的阳光照射并最终分解。通过对比白天和夜晚的去除率，发现阳光直射可以去除水中40%的四环素。当存在微藻时，可以通过间接光解来增强对某些PPCP的去除效果。在间接光解过程中，阳光照射过程中产生的自由基如羟基自由基（·OH）、过氧自由基（ROO·）和单线态氧（$^1O_2$）参与了光解作用。在紫外线存在下参与自由基产生的化合物称为光敏剂，如发色溶解有机物（CDOM）、NO_3^-、碳酸盐和某些金属离子。由于光敏剂的普遍存在，间接光解机制通常对天然水和废水中PPCP的降解更为重要。另外，光照条件下一部分藻类细胞的细胞壁和细胞膜逐渐被破坏并释放出羧酸，形成ROO·。微藻细胞中一小部分单线态叶绿素（^{1}Chl）经过系统间交叉形成三线态叶绿素（^{3}Chl），^{3}Chl与光合作用产生的基态氧（$^3O_2$）反应产生$^1O_2$、·OH等ROS，这些ROS共同参与了PPCP的光解作用。

5. 水解和挥发

水解和挥发与PPCP的特性和处理工艺的操作条件（温度、pH）有关。藻类的生长可能会改变培养液的pH，因此，对pH较敏感的PPCP的水解则会受到影响。一些氟喹诺酮类和磺胺类药物具有抗水解性，如磺胺嘧啶和磺胺胍在pH值低至4.0时水解稳定。挥发是化合物特有的特性，在开放式池塘系统中比封闭式光生物反应器更为突出。

二、合成生物学技术

合成生物学（synthetic biology）是综合了科学与工程的一个崭新的生物学研究领域。它既是由分子生物学、基因组学、信息技术和工程学交叉融合而产生的一系列新的工具和方法，又通过按照人为需求（科研和应用目标），人工合成有生命功能的生物分子（元件、模块或器件）、系统乃至细胞，并自系统生物学采用的"自上而下"全面整合分析的研究策略之后，为生物学研究提供了一种采用"自下而上"合成策略的正向工程学方法。它不同于对天然基因克隆改造的基因工程和对代谢途径模拟加工的代谢工程，而是在以基因组解析和生物分子化学合成为核心的现代生物技术基础上，以系统生物学思想和知识为指导，综合生物化学、生物物理和生物信息技术与知识，建立基于基因和基因组、蛋白质和蛋白质组的基本要素（模块）及其组合的工程化的资源库和技术平台，旨在设计、改造、重建或制造生物分子、生物部件、生物系统、代谢途径与发育分化过程，以及具有生命活动能力的生物部件、体系以及人造细胞和生物个体。

（一）绿色清洁的生物制造工艺

1. 利用合成生物学理念发展先进智能技术

（1）人工构建细胞工厂与系统优化代谢流。CO_2生物固定转化是地球有机碳源的根本来源，但转化效率有待提升。利用合成生物学技术，构建细胞工厂优化系统代谢流，创造或经过改造的新生物系统可以突破原有生物系统的限制，实现CO_2的高效生物转化。例如利用蓝细菌与梭菌的固碳模块及其胞内的碳流与能量流分配规律设计的人工细胞，可利用光能、化学能将CO_2高效转化为醇、酮、酸、烯等有机化合物；光能自养型的蓝细菌细胞工厂的设计和构建得到了快速的发展，经过改造的蓝细菌可以高效地合成乙醇、2，3-丁二醇、蔗糖等生物燃料及化学品。在分析—认识—设计—构建的研究策略指导下，不断提高自养细胞工厂的效率，为形成以CO_2/CO为原料、转化合成大宗化学品的新路线，建立清洁、绿色、可持续的生物制造新模式奠定基础。

（2）合成生物学推动下的工业生物技术。工业生物技术是利用微生物或酶将淀粉、葡萄糖、脂肪酸、纤维素等农业资源转化为化学品、燃料或材料的技术。工业生物技术的生产规模可达千万吨级。但其生产过程中微生物的高密度生长和呼吸产生的大量代谢热会导致出现系统升温、酸碱扰动、细胞活力下降等问题，需使用大量的冷却水和补加酸碱来控制微生物生长代谢，增加了过程控制的难度和成本。以生产生物材料聚羟基脂肪酸酯（PHA）为例，为了克服工业生物技术的这些弱点，利用合成生物学技术对底盘生物嗜盐菌进行系统改造，使其能在无灭菌和连续工艺过程中，利用混合碳源以海水为介质高效生产各种生物塑料前体，获得了超高PHA积累（92%），使生产工艺的复杂性大幅降低。

2. 生物功能元件人工设计与智能组装

（1）智能元器件的理性设计。合成生物学是以工程学理念为指导，通过整合生物学功能元件、模块、系统，对生命体进行有目的的设计、改造，使细胞或生物体具有特定新功能。例如通过人工信号控制目标蛋白的基因表达而构建的定制化哺乳动物细胞，已在实验室中用于对模式动物血糖水平的控制，如齐墩果酸调控定制细胞治疗小鼠糖尿病；胰岛素传感器定制细胞治疗小鼠胰岛素抵抗；光遗传学治疗小鼠糖尿病等。这其中人工生物功能元件与底盘的精确组装是关键一环，而功能元件的模块化和标准化是设计的基础。实现调控元件、表观遗传元件、功能酶元件、修饰元件、抗逆元件等分类设计规整及标准化是合成生物学的重要内容。

（2）生物合成体系的理性设计和定向进化。天然产物是新药发现和发展的主要源泉。天然产物的生物合成研究为合成生物学提供了重要化学结构单元生物合成元件及修饰元件、有效的调控元件以及众多可操作的微生物细胞底盘。生物合成元件如莽草酸途径提供的多种取代的苯甲酸结构单元、甲基氨基酸单元和吡啶羧酸单元的合成模块等；各种修饰酶类如糖基化酶、酰基化酶、甲基化酶、氧化还原酶等；丰富的调控元件，可根据不同酶的催化效率进行差异化时空表达，从而实现原始底物在一系列酶的协同催化下高效转化为目的产物。

（二）传统化工材料替代——以生物燃料为例

生物燃料主要包括纤维素生物燃料（乙醇、丁醇等）、微藻生物燃料（生物柴油、航空生物燃料等），以及最近两年研究较热的新型优质生物液体燃料（高级醇、脂肪醇、脂肪烃等）和利用新技术路线合成的生物乙醇与生物柴油（蓝藻乙醇、微生物直接利用纤维素水解糖体内合成生物柴油等）等。"可持续性"是生物燃料的核心特征，其具体表现为：作为原料的生物质资源不与食物资源竞争；能量高，生产过程减少对水、土地和肥料的消耗；不对环境或当地人口造成负面影响；产量大，成本低廉。

目前，为了提高生物燃料的可持续性、推进生物燃料的研发与应用，研究人员开展了各种新兴领域的研究与探索工作，并不断取得阶段性突破。从生物燃料的产业化现状来看，目前全木质纤维素类能源作物和藻类等原料类的应用颇具前景。目前美国已有数十家纤维素乙醇中试工厂在运行，预计第一家大规模纤维素乙醇示范工厂也将很快投入运营；高级生物柴油在芬兰和新加坡已经有大规模的工厂开始生产，目前产量还相对较低，但在不远的将来有望实现完全商业化生产；微藻制油技术由于成本较高，目前仍处于中试阶段，但在技术发展和商业运作方面已经有了一些有益的尝试，未来实现产业化的可能性很大。

1. 提高生物质原料的转化特性

合成生物学应用于植物生物工程学，辅助生物质原料作物的筛选和分子设计，有助于提高单位产量和抗菌抗病能力，进而提高生物质原料作物的光能利用效率，将其设计改造为高效的植物生物反应器。Mariam Sticklen等发现了能够降解玉米茎和叶片中纤维素的关键酶基因，并通过对玉米基因进行修饰，使玉米在收割后，其自身产生的酶能够对细胞壁进行自我降解。

法国农业科学研究院（INRA）证实了漆酶确有参与拟南芥的木质化过程。在茎中表达的漆酶基因若是未表达，木质素含量只会微量降低；但若是被删除，则在导致木质素含量减少40%的同时，促进细胞壁的糖化作用，这为科学家利用合成生物学改造能源作物减少木质素含量提供了参考依据。

近年来，芒类植物由于其生长快、产量高、易繁殖的特点，已作为一种具有重要开发利用前景的能源作物而受到高度关注。美国能源部和农业部联合资助的基因组学研究发现，其中"加快芒属植物驯化"项目对芒属植物的基因组结构、功能和组织的研究为进一步进行遗传改良和优质品种选育奠定了基础。

2. 开发绿色高效生物催化剂

酶的定向进化和新型酶与多酶体系的构建是与合成生物学相关的重要研究内容，能够帮助提高生物燃料的生物催化转化过程的效率，并有效降低成本。美国加州理工大学和基因合成公司DNA2.0的研究人员在从纤维素原料中提取酶方面迈出了新的一步，所提取的糖能够轻易地被转化为乙醇和丁醇等可再生燃料。德国RWE电力公司和BRAIN公司联合利用合成生物学技术，开发由二氧化碳转化为微生物质和生物分子的技术。两家公司期望通过微生物改造以产生新的酶，并开发创新的合成路径。

此外，自然界中资源丰富，还有很多高效酶有待于挖掘，设计高通量的筛选策略，从生物体（主要指微生物）中分离出具有更好性能的酶为下一步合成生物学改造提供材料。近年来兴起的宏基因组技术和比较基因组学为分离众多未培养微生物所产的新酶提供了有力的工具。例如，通过构建极端微生物的宏基因组文库可有效鉴定具有多种性能的新型酯酶；利用宏基因组技术从白蚁和牛胃中发现一些纤维素酶，为构建纤维素高效利用提供了材料。

3. 构建微生物细胞工厂

微生物在数十亿年的进化中形成了与人类日常生产生活关系密切的生物化学途径，几乎能合成地球上所有的有机化学品。认识并改造微生物自然代谢能力，提高微生物利用各种生物质的能力，并经过人为的重组和优化，重新分配微生物细胞代谢的物质流和能量流，使其成为服务于生物炼制的细胞工厂。这样，丰富的生物质资源才有可能真正成为替代石油的工业原料，高效地制备生物能源和替代石油化工原料的平台化合物。大肠杆菌、酵母和微藻等模式微生物由于其结构简单、遗传背景清楚、遗传操作手段成熟，被广泛用作合成生物学研究宿主。

美国加州大学伯克利分校的化学家们将一套酶系统的5个酶中的2个替换成来源于其他生物体的同源酶（来自丙酮丁醇梭菌、齿垢密螺旋体和富养罗尔斯通菌），然后再转化到大肠杆菌，进而避免正丁醇被重新转化成最初的化学原料。新改造的大肠杆菌每升原料可生产近5g的正丁醇，与野生梭菌产能量相近，是现有工业化微生物系统产量的10倍。通过提高少数几个瓶颈处的酶活性，可以将产量再增加2～3倍，并可以考虑扩大到工业化规模。同时研究小组还在调整新的合成途径以适应于酵母细胞。Tsai等在酵母中首次成功地构建人造纤维小体，与含有许多天然纤维小体的细菌相比，它对乙醇的耐受性更强。酵母纤维小体可使由酶催化纤维素水解同时进行发酵的一步法生物加工过程生产效率更高。因此，利用工程化酵母菌株使生物质生产生物乙醇的工艺流程更有效、更具经济价值。

科学家们希望通过对微生物群落的合成生物学改造，充分利用微生物群落的各种合成能力，用于生物燃料和其他有用产品的生产。而微生物群落一旦形成，组成菌群的细菌并非各个体的简单组合，而更像一个微生物的超级组织，可以完成更为复杂和高效的转化任务。

4. 设计合成多种生物燃料产品

随着合成生物学研究用于第二代生物乙醇、生物柴油等生物燃料产品的研发，并取得越来越多的技术进展，一些有发展前景的生物燃料产品已经步入准商业化生产进程。基于微生物代谢的合成生物学研究对于设计和制造多种新型生物燃料产品具有重要意义。

美国加州大学洛杉矶分校的研究人员通过改变大肠杆菌的氨基酸生物合成途径，使其更加适于长链醇燃料的生产，这是研究者首次成功合成长链醇。与乙醇相比，长链醇含有更多碳原子，能量密度更大，更易从水中分离，有望成为理想的替代生物燃料。Keasling等利用合成生物学原理敲除了大肠杆菌DH1菌株脂肪酸分解基因*fadD*以增加脂肪酸供应，并表达硫酯酶TesA、脂酰-CoA连接酶ACL、酯合成酶AtfA，从而构建了脂肪酸乙酯（生物柴油）生物合成途径。通过对生物合成途径优化改造将进一步提高脂肪酸乙酯产量。

美国Gevo公司集合了化学、发酵、加工和基因工程等多个领域的研究，近年重点研发异丁醇及其衍生物的生产平台与技术，其中三项关键技术已经帮助公司开始进行商业规模的生产。2011年，Keasling研究组以合成生物学的方式构建出一种大肠杆菌与一种酿酒酵母，成功生产没药烷型倍半萜烯，这种没药烯进行加氢反应生成的没药烷可作为新型的绿色生物燃料，有潜力成为D2柴油的替代品。

此外，在生物燃料生产过程中产生的副产品和废弃产品的再利用和转化方面，合成生物学研究也有一定的发展空间和前景。人们已经开始在相关研究中引入基因工程的实践。例如，美国莱斯大学开发利用基因改造的大肠杆菌把生物柴油生产的副产品甘油转化为高价值的化学制品的技术，所得到的琥珀酸等有机酸可作为生产塑料、制药和食品添加剂等产品的重要原料，能够提高燃料制造商的效益。

合成生物学在过去的十年中得到了飞速发展。大量高效而实用的合成生物学工具被开发和应用于生物燃料的微生物合成。通过在不同层面（酶、代谢途径和基因组）对微生物合成过程进行设计、调控和优化，人们不仅能够生产全新的生物燃料，而且能够使目标产物的产量达到最大化。随着各国对合成生物学研发投入的增加及研究人员的关注，生物燃料的未来将充满希望。

附　　录

一、染色液的配制

1. 亚甲基蓝染色液

甲液：亚甲基蓝 0.6g，95% 乙醇 30mL。

乙液：氢氧化钾 0.01g，蒸馏水 100mL。

分别配制甲、乙两液，配好后混合即可。

2. 草酸铵结晶紫染色液

甲液：结晶紫 2g，95% 乙醇 20mL。

乙液：草酸铵 0.8g，蒸馏水 80mL。

混合甲、乙两液，静置 48h 后过滤使用。

3. 碱性复红染色液（石炭酸复红染色液）

甲液：碱性复红 0.3g，95% 乙醇 10mL。

乙液：石炭酸 5.0g，蒸馏水 95mL。

将碱性复红在研钵中磨碎后，逐渐加入 95% 乙醇研磨使其溶解，配成甲液。

将石炭酸溶解于蒸馏水中，配成乙液。

混合甲液和乙液即成。通常可将此混合液稀释 5～10 倍使用，稀释液易变质失效，现用现配。

4. 卢戈碘液

碘片 1.0g，碘化钾 2.0g，蒸馏水 300mL。

先将碘化钾溶解在少量水中，再将碘片溶解在碘化钾溶液中，待碘全溶后，加足水即成。

5. 沙黄复染液

沙黄 2.5g，95% 乙醇 100mL。

取上述配好的沙黄乙醇溶液 10mL 与 80mL 蒸馏水混匀即成。

6. 荚膜染色液

（1）黑色素水溶液：黑色素 5g，蒸馏水 100mL，福尔马林（40% 甲醛）0.5mL。

将黑色素在蒸馏水中煮沸 5min，然后加入福尔马林作防腐剂。

（2）1% 甲基紫水溶液：甲基紫 1g，蒸馏水加至 100mL。

（3）碳素绘图墨水。

7. 芽孢染色液

孔雀绿染液：孔雀绿 5g，蒸馏水 100mL。

番红水溶液：番红 0.5g，蒸馏水 100mL。

8. 鞭毛染色液

甲液：20% 钾明矾液 20mL，5% 石炭酸液 50mL，20% 鞣酸液 20mL。

乙液：复红酒精饱和液。

取甲液9份、乙液1份混合后过滤，滤液放置6h后使用为佳。

二、指示液的配制

1. 中性红指示液

取中性红0.1g，95%乙醇300mL，蒸馏水适量，溶解后，加水至500mL。

2. 亚甲基蓝指示液

取亚甲基蓝0.5g，加水溶解成100mL。

3. 溴甲酚紫水溶液

取溴甲酚紫1.6g，加95%乙醇溶解成100mL，变色范围pH5.2～6.8（黄→紫）。

4. 溴麝香草酚蓝指示液

取溴麝香草酚蓝0.4g，加1mol/L氢氧化钠溶液0.64mL溶解，再加水至100mL。变色范围pH6.0～7.6（黄→蓝）。

5. 酸性品红指示液

取酸性品红0.5g，加水100mL溶解，再逐渐滴加1mol/L氢氧化钠溶液16mL，每加一滴需将溶液充分摇匀后再加第二滴，直至溶液呈草黄色；于沸水内保持15min，静置2h后，过滤，即得。优点：无色，在倒管内早期发酵易观察，不易被还原。变色范围pH6.0～7.4（红→黄）。

6. 厌氧指示液

① 液：取葡萄糖0.6g，加蒸馏水10mL。

② 液：取氢氧化钠（0.1mol/L）6mL，加蒸馏水至100mL。

③ 液：取亚甲基蓝指示液3mL，加蒸馏水至100mL。

临用时取①②③液各2mL混合，装试管内煮沸，当蓝色褪为无色时，立即置于厌氧培养基容器内。

7. 曙红钠指示液

取曙红钠2.0g，加水溶解成100mL。

三、培养基的配制

1. 牛肉膏蛋白胨琼脂培养基（培养细菌用）

牛肉膏3g或5g	蛋白胨10g
NaCl 5g	琼脂15～20g
蒸馏水1000mL	

制法：将除琼脂以外的各成分溶解于水中，调节pH值到7.2～7.4，加入琼脂，加热煮沸，使琼脂溶化，分装后，121℃高压蒸汽灭菌15min（若不加琼脂为肉膏蛋白胨培养基，若琼脂量3.5～5g为半固体培养基）。

2. 淀粉琼脂培养基（高氏1号培养基，培养放线菌用）

可溶性淀粉20g	KNO_3 1g
NaCl 0.5g	$MgSO_4$ 0.5g
$FeSO_4$ 0.5g	琼脂20g
蒸馏水1000mL	

制法：配置时先用少量冷水，使淀粉调至糊状，在火上加热，然后加水及其他药品，加热熔化并补足水分至1000mL。调节pH值到7.0～7.2。121℃高压蒸汽灭菌20min。

3. 查氏培养基（培养霉菌用）

$NaNO_3$ 2g	K_2HPO_4 1g
KCl 0.5g	$MgSO_4$ 0.5g
$FeSO_4$ 0.01g	蔗糖 30g
琼脂 15～20g	蒸馏水 1000mL

制法：自然pH值，蔗糖临灭菌前加入，121℃高压蒸汽灭菌20min。

4. 马铃薯培养基（简称PDA，培养真菌用）

马铃薯 200g	蔗糖（葡萄糖）20g
琼脂 15～20g	蒸馏水 1000mL

制法：马铃薯去皮，切成块煮沸半小时，然后用纱布过滤，再加糖及琼脂，融化后补充水至1000mL，pH值自然，121℃高压蒸汽灭菌20min。

5. 麦芽汁培养基（培养酵母菌用）

① 取大麦或小麦若干，用水洗净，浸水6～12h，置15℃阴暗处发芽，上盖纱布一块，每日早、中、晚淋水一次，麦芽伸长至麦粒的两倍时，即停止发芽摊开晒干，或烘干，储存备用。

② 将干麦芽磨碎，一份麦芽加四份水，在65℃水浴锅中糖化3～4h（糖化程度可用碘滴之）。

③ 将糖化液用4～6层纱布过滤，滤液如浑浊不清，可用鸡蛋清法（即一个鸡蛋之蛋白，加水约20mL，调匀至生泡沫时为度，然后再倒在糖化液中搅拌煮沸后再过滤）。

④ 将滤液稀释到5～6°Bé（波美度），pH值约为6.4，加入2%琼脂，即成。121℃高压蒸汽灭菌20min。

6. 孟加拉红琼脂培养基（用于霉菌、酵母菌的计数、分离、培养）

KH_2PO_4 1.0g	$MgSO_4 \cdot 7H_2O$ 0.5g
蛋白胨 5.0g	葡萄糖 10.0g
孟加拉红 0.0133g	琼脂 20g
蒸馏水 1000mL	

制法：除孟加拉红和葡萄糖外，其他成分依次加入水中混合，加热使其完全溶解后过滤，再加入孟加拉红和葡萄糖，充分溶解后测定并校正pH6.0±0.2，121℃高压蒸汽灭菌20min。

7. 伊红-亚甲基蓝培养基（EMB培养基，用于检测大肠杆菌）

蛋白胨 10g	乳糖 10g
磷酸氢二钾 2g	琼脂 20～30g
蒸馏水 1000mL	2%伊红水溶液 20mL
0.5%亚甲基蓝水溶液 13mL	蒸馏水 1000mL

制法：将蛋白胨、磷酸盐和琼脂溶解于蒸馏水中，调整pH值为7.2～7.4，分装于烧瓶内，121℃高压蒸汽灭菌15min备用。临用时加入乳糖并加热熔化琼脂，冷至50～55℃，加入伊红和亚甲基蓝溶液，摇匀，倾注平板。

8. 蛋白胨水培养基（靛基质试验用）

蛋白胨 10g	氯化钠 5g
蒸馏水 1000mL	pH7.4

制法：按上述成分配制，分装小试管，121℃高压蒸汽灭菌20min。

9. 疱肉培养基

牛肉浸液 1000mL	蛋白胨 30g
酵母浸膏 5g	磷酸二氢钠 5g
葡萄糖 3g	可溶性淀粉 2g
碎肉渣适量	pH7.8

制法：① 称取新鲜除脂肪和筋膜的碎牛肉 500g，加蒸馏水 1000mL 和 1mol/L 氢氧化钠溶液 25mL，搅拌煮沸 15min，充分冷却，除去表层脂肪，澄清，过滤，加水补足至1000mL。加入除碎肉渣外的各种成分，校正 pH 值。

② 碎肉渣经水洗后晾至半干，分装 15mm×150mm 试管约 2～3cm 高，每管加入还原铁粉 0.1～0.2g 或铁屑少许。将上述液体培养基分装至每管内超过肉渣表面约 1cm。上面覆盖熔化的凡士林或液状石蜡 0.3～0.4cm。121℃高压蒸汽灭菌 15min。

10. 麦康凯琼脂培养基（用于肠道致病菌的选择性分离培养）

蛋白胨 20g	猪胆盐（或牛、羊胆盐）5g
氯化钠 5g	琼脂 20～30g
乳糖 10g	蒸馏水 1000mL
0.01% 结晶紫水溶液 10mL	0.5% 中性红水溶液 5mL

制法：① 将蛋白胨、胆盐和氯化钠溶解于 400mL 蒸馏水中，校正 pH 值为 7.2。将琼脂加入 600mL 蒸馏水中，加热溶解。将两液合并，分装于烧瓶内，115℃高压蒸汽灭菌 20min备用。

② 临用时加热熔化琼脂，趁热加入乳糖，冷至 50～55℃时，加入结晶紫和中性红水溶液，摇匀后倾注平板。

注：结晶紫及中性红水溶液配好后须经高压灭菌。

11. 乳糖发酵管培养基

蛋白胨 20g	乳糖 10g
蒸馏水 1000mL	0.04% 溴甲酚紫水溶液 25mL

制法：将蛋白胨及乳糖溶于水中，校正 pH 值为 7.2～7.4，加入指示剂，按检测要求分装 30mL、10mL 或 3mL，并放入一个小倒管，115℃高压蒸汽灭菌 30min 备用。

注：双料乳糖发酵管除蒸馏水外，其他成分加倍，30mL 和 10mL 乳糖发酵管专供酱油及酱类检测用，3mL 乳糖发酵管供大肠菌群证实试验用。

12. 胆盐乳糖培养基（BL 增菌培养基）

蛋白胨 10g	乳糖 5.0g
磷酸二氢钾 1.3g	磷酸氢二钾 4.0g
去氧胆酸钠 0.5g（或牛胆盐）	蒸馏水 1000mL

制法：除乳糖、牛胆盐外，取上述成分，混合，加热溶解后，调整 pH 值为 7.2～7.4，煮沸，滤清，加入乳糖、牛胆盐，分装，灭菌。

13. 煌绿胆盐乳糖（BGLB）肉汤培养基

蛋白胨 20g	乳糖 10g
牛胆粉溶液 200mL	0.1% 煌绿水溶液 13.3mL
蒸馏水 1000mL	

制法：取蛋白胨、乳糖溶于约 500mL 蒸馏水中，加入牛胆粉溶液 200mL（将 20g 脱水牛胆粉溶于 200mL 蒸馏水中，pH7.0～7.5），用蒸馏水稀释到 975mL，调节 pH 值至 7.4，再加入 0.1% 煌绿水溶液 13.3mL，用蒸馏水补足到 1000mL，用棉花过滤后，分装到有玻璃小倒

管的试管中，每管10mL，121℃高压蒸汽灭菌15min。

四、药品微生物限度标准（2020年版《中国药典》）

非无菌药品的微生物限度标准是基于药品的给药途径和对患者健康潜在的危害以及药品的特性而制定的。药品生产、贮存、销售过程中的检验，药用原料、辅料、中药提取及中药饮片的检验，新药标准制定，进口药品标准复核，考察药品质量及仲裁等，除另有规定外，其微生物限度均以本标准为依据。

1. 制剂通则，品种项下要求无菌的及标示无菌的制剂和原辅料

应符合无菌检查法规定。

2. 用于手术、严重烧伤、严重创伤的局部给药制剂

应符合无菌检查法规定。

3. 非无菌化学药品制剂、生物制品制剂、不含药材原粉的中药制剂的微生物限度标准见附表1。

附表1　非无菌化学药品制剂、生物制品制剂、不含药材原粉的中药制剂的微生物限度标准

给药途径	需氧菌总数/（cfu/g、cfu/mL或cfu/10cm³）	霉菌和酵母菌总数/（cfu/g、cfu/mL或cfu/10cm³）	控制菌
口服给药[①]			不得检出大肠埃希菌（1g或1mL）；含脏器提取物的制剂还不得检出沙门菌（10g或10mL）
固体制剂	10^3	10^2	
液体及半固体制剂	10^2	10^1	
口腔黏膜给药制剂			不得检出大肠埃希菌、金黄色葡萄球菌、铜绿假单胞菌（1g、1mL或10cm²）
齿龈给药制剂	10^2	10^1	
鼻用制剂			
耳用制剂	10^2	10^1	不得检出金黄色葡萄球菌、铜绿假单胞菌（1g、1mL或10cm²）
皮肤给药制剂			
呼吸道吸入给药制剂	10^2	10^1	不得检出大肠埃希菌、金黄色葡萄球菌、铜绿假单胞菌、耐胆盐革兰阴性菌（1g或1mL）
阴道、尿道给药制剂	10^2	10^1	不得检出金黄色葡萄球菌、铜绿假单胞菌、白色念珠菌（1g、1mL或10cm²）；中药制剂还不得检出梭菌（1g、1mL或10cm²）
直肠给药			不得检出金黄色葡萄球菌、铜绿假单胞菌（1g或1mL）
固体及半固体制剂	10^2	10^2	
液体制剂	10^2	10^2	
其他局部给药制剂	10^2	10^2	不得检出金黄色葡萄球菌、铜绿假单胞菌（1g、1mL或10cm²）

[①]化学药品制剂和生物制品制剂若含有未经提取的动植物来源的成分及矿物质还不得检出沙门菌（10g或10mL）。

4．非无菌含药材原粉的中药制剂微生物限度标准见附表2。

附表2　非无菌含药材原粉的中药制剂的微生物限度标准

给药途径	需氧菌总数/（cfu/g、cfu/mL或cfu/10cm²）	霉菌和酵母菌总数/（cfu/g、cfu/mL或cfu/10cm²）	控制菌
固体口服给药制剂			不得检出大肠埃希菌（1g或1mL）；不得检出沙门菌（10g）；耐胆盐革兰阴性菌应小于10²cfu（1g）
不含豆豉、神曲等发酵原粉	10³（丸剂3×10³）	10²	
含豆豉、神曲等发酵原粉	10⁵	5×10²	
液体及半固体、口服给药制剂			不得检出大肠埃希菌（1g或1mL）；不得检出沙门菌（10g或10mL）；耐胆盐革兰阴性菌应小于10¹cfu（1g或1mL）
不含豆豉、神曲等发酵原粉	5×10²	10²	
含豆豉、神曲等发酵原粉	10³	10²	
固体局部给药制剂			不得检出金黄色葡萄球菌、铜绿假单胞菌（1g或10cm²）；阴道、尿道给药制剂还不得检出白色念珠菌、梭菌（1g或10cm²）
用于表皮或黏膜不完整	10³	10²	
用于表皮或黏膜完整	10⁴	10²	
液体及半固体局部给药制剂			不得检出金黄色葡萄球菌、铜绿假单胞菌（1g或1mL）；阴道、尿道给药制剂还不得检出白色念珠菌、梭菌（1g或1mL）
用于表皮或黏膜不完整	10²	10²	
用于表皮或黏膜完整	10²	10²	

5．非无菌的药用原料及辅料的微生物限度标准见附表3。

附表3　非无菌的药用原料及辅料的微生物限度标准

项目	需氧菌总数/（cfu/g或cfu/mL）	霉菌和酵母菌总数/（cfu/g或cfu/mL）	控制菌
药用原料及辅料	10³	10²	*

注：*表示未做统一规定。

6．中药提取物及中药饮片的微生物限度标准见附表4。

附表4　中药提取物及中药饮片的微生物限度标准

项目	需氧菌总数/（cfu/g或cfu/mL）	霉菌和酵母菌总数/（cfu/g、或cfu/mL）	控制菌
中药提取物	10³	10²	*
直接口服及泡服饮片	10⁵	10³	不得检出大肠埃希菌（1g或1mL）；不得检出沙门菌（10g或10mL）；耐胆盐革兰阴性菌应小于10⁴cfu（1g或1mL）

注：*表示未做统一规定。

7．有兼有途径的制剂

应符合各给药途径的标准。

8．除中药饮片外，非无菌药品的需氧菌总数、霉菌和酵母菌总数照"非无菌产品微生物限度检查：微生物计数法（通则1105）"检查；非无菌药品的控制菌照"非无菌产品微生物限度检查：控制菌检查法（通则1106）"检查。各品种项下规定的需氧菌总数、霉菌和酵母菌总数标准解释如下：

10¹cfu：可接受的最大菌数为20；

10^2cfu：可接受的最大菌数为200；

10^3cfu：可接受的最大菌数为2000；依此类推。

中药饮片的需氧菌总数、霉菌和酵母菌总数及控制菌检查照"中药饮片微生物限度检查法"（通则1108）检查；各品种项下规定的需氧菌总数、霉菌和酵母菌总数标准解释如下：

10^1cfu：可接受的最大菌数为50；

10^2cfu：可接受的最大菌数为500；

10^3cfu：可接受的最大菌数为5000；

10^4cfu：可接受的最大菌数为50000；依此类推。

9. 本限度标准所列的控制菌对于控制某些药品的微生物质量可能并不全面，因此，对于原料、辅料及某些特定的制剂，根据原辅料及其制剂的特性和用途、制剂的生产工艺等因素，可能还需检查其他具有潜在危害的微生物。

10. 除了本限度标准所列的控制菌外，药品中若检出其他可能具有潜在危害性的微生物，应从以下方面进行评估。

药品的给药途径：给药途径不同，其危害不同。

药品的特性：药品是否促进微生物生长，或者药品是否有足够的抑制微生物生长能力。

药品的使用方法：

用药人群：用药人群不同，如新生儿、婴幼儿及体弱者，风险可能不同；

患者使用免疫抑制剂和甾体类固醇激素等药品的情况；

存在疾病、伤残和器官损伤，等等。

11. 当进行上述相关因素的风险评估时，评估人员应经过微生物学和微生物数据分析等方面的专业知识培训。评估原辅料微生物质量时，应考虑响应制剂的生产工艺、现有的检测技术及原辅料符合该标准的必要性。

五、制药行业微生物检验室要求

药品微生物的检验结果受很多因素的影响，如样品中微生物可能分布不均匀、微生物检验方法的误差较大等。因此，在药品微生物检验中，为保证检测结果的可靠性，必须使用经过验证的检测方法，并严格按照药品微生物实验室规范要求进行检验。药品微生物实验室规范包括以下几个方面：人员、培养基、菌种、实验室的布局和运行、设备、文件、实验记录、结果的判断等。

（一）人员

从事药品微生物检验工作的人员应具备微生物学或相近专业知识的教育背景。

（二）培养基

培养基是微生物检验的基础，直接影响微生物检测结果。适宜的培养基制备方法、储藏条件和质量控制试验是提供优质培养基的保证。培养基可按处方配制，也可使用按处方生产的符合规定的脱水培养基。自配的培养基应标记名称、批号、配制日期等信息，并在已验证的条件下储藏。使用过的培养基（包括失效的培养基）应按照国家污染废物处理相关规定进行。实验室应对试验用培养基建立质量控制程序，以确保所用培养基符合相关检验的需要。

（三）菌种

1. 实验室菌种的处理和保藏的程序应标准化

试验过程中，生物样本可能是最敏感的，因为它们的活性和特性依赖于合适的试验操作和储藏条件，应尽可能减少菌种污染和生长特性的改变。按统一操作程序制备的菌株是微生物试验结果一致的重要保证。

2. 实验室必须建立和保存其所有菌种的记录

实验室必须建立和保存其所有菌种的进出、收集、储藏、确认试验以及销毁的记录，应有菌种管理的程序文件（从标准菌株到工作菌株）。该程序包括：标准菌种的申购记录，从标准菌株到工作菌株操作记录，菌种必须定期转种传代，并做纯度、特性等实验室所需关键指标的确认，并记录。每支菌种都应注明其名称、标准号、接种日期、传代数、菌种生长的培养基和培养条件、菌种保藏的位置和条件、其他需要的程序。

（四）实验室的布局和运行

实验室应具有进行微生物检验所需的适宜、充分的设施条件，实验室的布局与设计应充分考虑到良好微生物实验室操作规范和实验室安全的要求。实验室布局设计的基本原则是既要最大程度防止微生物的污染，又要防止检测过程对环境和人员造成危害。活动区域的合理规划及区分将提高微生物实验室操作的可靠性。

1. 实验室的区域划分

实验室通常应划分成相应的洁净区域和活菌操作区域，同时应根据试验目的，在时间和空间上有效分隔不相容的试验活动，将交叉污染的风险降到最低。

一般情况下，药物微生物检验的实验室应有符合无菌检查法和微生物限度检查法要求的，用于开展无菌检查、微生物限度检查、无菌采样等检测活动的，独立设置的洁净室（区）或隔离系统。并为上述检测配备相应的阳性菌实验室、培养室、试验结果观察区、培养基及实验用具准备（包括灭菌）区、样品接收和储藏区、标准菌株储藏区、污染物处理区和文档处理区等辅助区域，同时，应对上述区域明确标识。

2. 实验室应对进出洁净区域的人和物建立控制程序和标准操作规程

应按相关国家标准建立洁净室（区）和隔离系统的验证、使用和维护标准操作规程，对可能影响检验结果的工作能够有效地控制、监测并记录。

3. 实验室对所用的消毒剂种类应定期更换，使用的消毒剂应无菌

4. 不能在实验室的活菌操作区域或邻近区域进行抽样

采样时，应采用无菌操作技术进行取样，防止在取样过程中使样品受到微生物的污染而导致假阳性的结果。因此，实验设施应设计成保证样品在控制条件下抽样，包括能有效防止微生物污染的无菌设施及环境、适宜的无菌服、无菌抽样器具和合格的操作人员，并记录抽样环境的监测结果。如果可能，所有的样品应在具有无菌条件的特定抽样间进行无菌抽样。

5. 被检样品应有传递、储藏、处置和识别管理程序

待检样品应在合适的条件下储藏并能够保证其完整性而不改变其性状，应明确规定和记录储藏条件。

6. 实验室应有妥善处理废弃样品和有害废弃物的设施和制度

实验室应有妥善处理废弃样品和有害废弃物的设施和制度，还应针对类似于带菌培养物溢出的意外事件制定处理规程。例如，活的培养物洒出必须就地处理，不得使培养物污染、扩散。

（五）设备

1. 实验室设备

应有与检验能力和工作量相适应的仪器设备，其类型、测量范围和准确度等级应满足检验所采用的标准要求，设备的安装和布局应便于操作，易于维护、清洁和校准。

2. 实验室设备的养护

微生物实验室所用的仪器应根据日常使用的情况进行定期的校准，并记录。对于一些容易污染微生物的仪器设备如水浴锅、培养箱、冰箱和生物安全柜等应定期进行清洁和消毒。对试验需用的无菌器具应实施正确的清洗、灭菌措施，并形成相应的标准操作规程，无菌器具应有明确标识并与非无菌器具加以区别。

（六）文件

文件应当充分表明试验是在实验室里按可控的检验法进行的，一般包括以下方面：人员培训与资格确认；设备验收、验证、检定（或校准期间核查）和维修；设备使用中的运行状态（设备的关键参数）；培养基制备、储藏和质量控制；检验规程中的关键步骤；数据、记录与结果计算的确认；质量责任人对试验报告的评估；数据偏离的调查。

（七）实验记录

实验结果的可靠性依赖于试验严格按照标准操作规程进行，而标准操作规程应指出如何进行正确的试验操作。实验记录应包含所有关键的实验细节，以便确认数据的完整性。

实验记录写错时，用单线划掉并签字。原来的数据不能抹去或被覆盖。

所有实验室记录应存放在特定的地方并有登记。

（八）结果判断

由于微生物试验的特殊性，在进行实验结果分析时，应从各个可能的方面去考虑，不但要假设被污染，而且要考虑微生物在原料、辅料或试验环境中存活的可能性。此外，还应考虑微生物的生长特性。

六、药品微生物限度检查原始记录参考范本

药品微生物限度检查原始记录

检品编号：　　　　室温：　　　　湿度：

检品名称：	规格：
批号：	包装有效期：
生产单位：	检品数量：
供样单位：	收验日期
检验目的：	检验日期
检验依据：	报告日期

供试液制备：

1. 常规法

供试品_____g（mL）；pH7.0无菌氯化钠-蛋白胨缓冲液_____mL。

① 匀浆仪_____档_____min；② 研钵法；③ 保温振摇法。

2. 非水溶性供试品

供试品_____g（mL），加乳化剂_____g（mL）。

3. 抑菌性供试品处理方法

供试品_____g（mL）；pH7.0无菌氯化钠-蛋白胨缓冲液_____mL。

方法：

细菌数（30～35℃、48h）

项目	原液	10⁻¹	10⁻²	10⁻³	阴性对照
1					
2					
3					
平均					
结果			cfu/g（mL）		

霉菌（酵母菌）总数（25～28℃、72h）

项目	原液	10⁻¹	10⁻²	10⁻³	阴性对照
1					
2					
3					
平均					
结果			cfu/g（mL）		

大肠埃希菌检查

培养基	供试品	阴性对照
BL		
MUG 靛基质		
EMB 或 MacC		
革兰染色、镜检		
I		
MR		
V-P		
C		
乳糖发酵		
结果	/g（mL）	

沙门菌检查

培养基	供试品	阴性对照
营养肉汤		
TTB		
SS 或 DHL 平板		
EMB 或 MacC		
赖氨酸脱羧酶		
TSL 斜面		
I Ur		
KCN 动力		
O 多价 1		
结果	/ 10g（mL）	

活螨检查

供试品：瓶或盒	直接检查法	集螨法
结果		

梭菌的检查

供试品 g 0.1mL 葡萄糖疱肉培养基_____mL 产气、臭气 革兰染色镜检 过氧化氢酶试验 1. 2.	厌氧方法（36℃、72～92h）	阴性对照
结果： /g（mL）		

检验者：　　　　　　　　　　　　　　　　　　　　　　　校对者：

目标检测参考答案

模块一 认识微生物

一、选择题

（一）单项选择题

1. A 2. A 3. C 4. B 5. D

（二）多项选择题

1. ABE 2. ABCDE 3. ABCDE 4. AB 5. ABC

二、简答题

1. 微生物主要类群：

原核类——细菌、放线菌、支原体、立克次体、衣原体、蓝细菌、螺旋体等；

真核类——酵母菌、霉菌、原生动物、显微藻类；

非细胞类——病毒、亚病毒（类病毒、拟病毒、阮病毒等）。

特点：①个体微小，结构简单；②吸收多，转化快；③生长旺，繁殖快；④适应强、易变异；⑤分布广，种类多。

2.（略）

3.（略）

三、实例分析

1.（1）正常的葡萄酒和啤酒是由酵母菌发酵产生的，而酒变酸是由细菌引起的发酵过程，并不是发酵或腐败产生了细菌。酒中的细菌不是自然发生的，而是在酒的生产、保存、使用中被细菌污染，细菌在酒中繁殖所致。

（2）50℃的温度下加热并密封，杀死了酒中的细菌，使其无法繁殖。密封可防止外界细菌的进入，使酒得以保存。采用不太高的温度加热杀死微生物，用以对葡萄酒、食用的牛奶等保鲜。该方法就是巴氏消毒法。

2. 直到2003年，伊万斯美教授又对实验室进行了全面研究后才发现："生物圈二号"的问题并非出在生物圈本身，而是出在混凝土墙壁上。土壤里的细菌在分解土壤有机质的过程中耗费了大量氧气，而它们释放出的供植物生长所需的二氧化碳却被混凝土墙壁吸收，从而使模拟的生物圈全面崩溃。微生物、动植物和自然界之间共同推动着生物圈内的物质循环，使生态系统保持平衡。空气中的大量氮气只有依靠微生物的作用才能被植物吸收，二氧化碳是由微生物的生命活动产生的，供植物生长用。土壤中的微生物能将动、植物蛋白转化为无机含氮化合物，以供植物生长的需要，而植物又为人类和动物所利用。因此，没有微生物，植物就不能新陈代谢，而人类和动物也将无法生存。

模块二　微生物基础知识

项目一　原核微生物

一、选择题

（一）单项选择题

1. C　2. B　3. A　4. A　5. D　6. A　7. C　8. C　9. C　10. A
11. C　12. A　13. A　14. A　15. B

（二）多项选择题

1. ACD　2. CDE

二、简答题（略）

项目三　病毒

一、单项选择题

1. D　2. C　3. C　4. B　5. B　6. C　7. A　8. C　9. A　10. D

二、简答题（略）

三、实例分析（略）

模块三　微生物技能操作

项目一　微生物的营养及生长测定技术

一、选择题

（一）单项选择题

1. C　2. A　3. C　4. B　5. D　6. B　7. A　8. C　9. A　10. B

（二）多项选择题

1. ABDE　2. BCDE

二、简答题（略）

三、实例分析（略）

项目二　微生物的分布与控制技术

一、选择题

（一）单项选择题

1. C　2. B　3. C　4. B　5. B　6. D　7. C　8. D　9. B　10. A

（二）多项选择题

1. ACE　2. ABD

二、简答题（略）

三、实例分析（略）

项目三　药品生产过程中微生物控制技术

一、单项选择题

1. D　2. A　3. D　4. D　5. C　6. A　7. C　8. B　9. A　10. B

二、简答题（略）

三、实例分析（略）

项目四　微生物菌种保藏技术

一、选择题

（一）单项选择题

1. D　2. C　3. A　4. D　5. A　6. D　7. B　8. C

（二）多项选择题

1. ABC　2. CDE

二、简答题（略）

三、实例分析（略）

项目五　免疫学技术

一、选择题

（一）单项选择题

1. D　2. C　3. D　4. D　5. C　6. D　7. B　8. A　9. A　10. D
11. B　12. B　13.B　14.A　15. A

（二）多项选择题

1. ACDE　2. ABC　3. ABE　4. ABCE　5. ABCE　6. ACD

二、简答题（略）

三、实例分析（略）

项目六　环境微生物检测技术

一、选择题

（一）单项选择题

1. D　2. A　3. B　4. C

（二）多项选择题

1. BDE　2. AD

二、判断题：1. ×　2. ×　3. ×　4. ×

三、简答题（略）

参考文献

[1] 周德庆. 微生物学教程. 4版. 北京：高等教育出版社，2020.

[2] 辛明秀，黄秀梨. 微生物学. 4版. 北京：高等教育出版社,2020.

[3] 刘春兰，盛贻林. 药学微生物. 2版. 北京：化学工业出版社，2016.

[4] 于淑萍. 应用微生物技术. 3版. 北京：化学工业出版社，2017.

[5] 张中杜，祝玲. 药品微生物检测技术. 西安：第四军医大学出版社，2011.

[6] 任茜. 微生物检定技术. 2版. 北京：机械工业出版社，2016.

[7] 钱存柔，黄仪秀，等. 微生物学实验教程. 2版. 北京：北京大学出版社，2013.

[8] 甘晓玲，刘文辉. 病原生物学与免疫学. 北京：中国医药科技出版社，2017.

[9] 王宜磊. 微生物学. 北京：化学工业出版社，2010.

[10] 沈萍，陈向东. 微生物学. 8版. 北京：高等教育出版社，2016.

[11] 沈萍，陈向东. 微生物学实验. 5版. 北京：高等教育出版社，2018.

[12] 国家药典委员会编. 中华人民共和国药典. 北京：中国医药科技出版社，2020.

[13] 中国食品药品检定研究院. 中国药品检验标准操作规范2019年版. 北京：中国医药科技出版社，2019。

[14] 药品生产质量管理规范. 2016年修订.

[15] 生活饮用水卫生标准. GB 5749—2022.

[16] 徐胜楠. 哈尔滨师范大学梦溪湖细菌总数测定. 科学技术创新，2021（12）：7-8.

[17] 梁美丹，肖剑，易云婷，等. 食品微生物能力验证霉菌酵母菌计数——检验方法比较. 轻工科技，2015，31（07）：5-6.

[18] 刘桐，刘爽，司南，等. 霉菌和酵母菌检测技术的研究进展. 农产品加工，2018（12）：73-75.

[19] 贾倩倩，李宏锋，白福军，等. 霉菌酵母快速检测测试片的优化. 食品安全导刊，2021（31）：37-39.

[20] 姚芸霞，刘怡萱，马红梅，等. 楚河水体总大肠菌群和粪大肠菌群检测及其治理对策. 环境生态学，2021，3（09）：22-26，64.

[21] 刘鹏，车子凡，张徐祥. 水环境中病毒检测技术研究进展. 环境监控与预警，2021，13（03）：1-7.

[22] 叶磊，谢辉. 微生物检测技术. 2版. 北京：化学工业出版社，2016.

[23] 张秋艳，唐静，祝素珍，等. 基质辅助激光解吸电离飞行时间质谱分析技术在微生物鉴定与分型中的应用. 食品安全质量检测学报，2021，12（19）：7549-7555.

[24] Hesse C，Schulz F，Bull CT，et al. Genome-based evolutionary history of Pseudomonas spp. Environ Microbiol，2018，20（6）：2142-2159.

[25] 聂聪，刘艳丽，侯宝翠，等. 利用荧光免疫层析技术检测新冠病毒IgG抗体. 中国国境卫生检疫杂志，2021，44（03）：156-161.

[26] 胡金强，雷俊婷，詹丽娟，等. 免疫学技术在食源性微生物检测中的应用综述. 郑州轻工业学院学报（自然科学版），2014，29（03）：7-11.

[27] 蒋原. 食源性病原微生物检测技术图谱. 北京：科学出版社，2019.

[28] 乐毅全，王士芬. 环境微生物学. 3版. 北京：化学工业出版社，2018.

[29] 廖莎，薛冬，李晓姝，等. 微藻固碳技术基础及其生物质应用研究进展. 当代化工，2020，49（6）：1175-1179，1183.

[30] 赵欣. 二氧化碳固定的微藻培养系统研究进展. 净水技术，2020，39（s2）：155-160，166.

[31] 项磊，等. 碳中和背景下微藻技术对PPCPs的污染控制. 净水技术，2021，40（11）：6-15，27.